D773d   Dresch, Aline.
        Design science research : método de pesquisa para avanço da ciência e tecnologia / Aline Dresch, Daniel Pacheco Lacerda, José Antonio Valle Antunes Júnior. – Porto Alegre : Bookman, 2015.
        xxii, 181 p. : il. ; 25 cm.

    ISBN 978-85-8260-298-0

        1. Método de pesquisa. 2. Design science. I. Lacerda, Daniel Pacheco. II. Antunes Júnior, José Antonio Valle. III. Título.

CDU 167

Catalogação na publicação: Poliana Sanchez de Araujo – CRB 10/2094

Aline Dresch
Daniel Pacheco Lacerda
José Antonio Valle Antunes Júnior

DESIGN SCIENCE RESEARCH
MÉTODO DE PESQUISA PARA AVANÇO DA CIÊNCIA E TECNOLOGIA

2015

Gerente editorial
Arysinha Jacques Affonso

Colaboraram nesta edição

Editora
Maria Eduarda Fett Tabajara

Capa
Paola Manica

Preparação de original
Maria Lúcia Badejo

Ilustrações
Tâmisa Trommer

Editoração eletrônica
Kaéle Finalizando Ideias

Reservados todos os direitos de publicação, em língua portuguesa, à
BOOKMAN EDITORA LTDA., uma empresa do GRUPO A EDUCAÇÃO S.A.
Av. Jerônimo de Ornelas, 670 – Santana
90040-340 Porto Alegre RS
Fone: (51) 3027-7000 Fax: (51) 3027-7070

É proibida a duplicação ou reprodução deste volume, no todo ou em parte,
sob quaisquer formas ou por quaisquer meios (eletrônico, mecânico, gravação,
fotocópia, distribuição na Web e outros), sem permissão expressa da Editora.

SÃO PAULO
Av. Embaixador Macedo Soares, 10.735 – Pavilhão 5
Cond. Espace Center – Vila Anastácio
05095-035 – São Paulo – SP
Fone: (11) 3665-1100 – Fax: (11) 3667-1333

SAC 0800 703-3444 – www.grupoa.com.br

IMPRESSO NO BRASIL
PRINTED IN BRAZIL

Autores

ALINE DRESCH

Mestre em Engenharia de Produção e Sistemas pela Universidade do Vale do Rio dos Sinos (Unisinos). Graduada em Engenharia de Produção pela Universidade do Vale do Rio dos Sinos (2010) e em Formação Pedagógica pela Universidade do Sul de Santa Catarina (2011).Atua profissionalmente na Unisinos como professora no Bacharelado em Engenharia de Produção e da Gestão da Produção Industrial. Também atua como pesquisadora do Grupo de Pesquisa em Modelagem para Aprendizagem - GMAP | Unisinos. Tem experiência na área de engenharia, atuando principalmente nos seguintes temas: metodologia da pesquisa, processos, produção enxuta, teoria das restrições e pensamento sistêmico. Obteve reconhecimento, por meio do Prêmio ABEPRO, de melhor dissertação de mestrado acadêmico em 2013.

DANIEL PACHECO LACERDA

Doutor em Engenharia de Produção pela COPPE/UFRJ, Mestre em Administração pela Unisinos (2005) e Bacharel em Administração de Empresas pela Instituição Educacional São Judas Tadeu (2002). Atua como Coordenador do Bacharelado em Engenharia de Produção/Unisinos. Tem experiência profissional e acadêmica nas áreas de Operações e Estratégia, Engenharia de Processos, Custos e Teoria das Restrições. Atualmente, é pesquisador do Programa de Pós-Graduação em Engenharia de Produção e Sistemas – PPGEPS/Unisinos e coordenador acadêmico do GMAP | Unisinos (Grupo de Pesquisa em Modelagem para Aprendizagem). Desenvolve projetos de pesquisa aplicada em empresas como FIOCRUZ/Bio-Manguinhos, PETROBRAS, TRANSPETRO, JBS, AGDI, SEBRAE/RS e VALE. Obteve distinção com o Outstanding Paper Award for Excellence da Emerald Literati Network, orientação das dissertações premiadas pela ABEPRO em 2013/2014 e a bolsa de Produtividade em Desenvolvimento Tecnológico e Extensão Inovadora do CNPq.

JOSÉ ANTONIO VALLE ANTUNES JÚNIOR (JUNICO ANTUNES)

Doutor em Administração pela Universidade Federal do Rio Grande do Sul (1998), Mestre em Engenharia de Produção pela Universidade Federal de Santa Catarina (1988) e Especialista em Engenharia Mecânica com ênfase em Engenharia Térmica pela Universidade Federal de Santa Catarina (1985) e em Engenharia de Manutenção Mecânica pela Engenharia de Manutenção Mecânica da Petroquisa Petrobrás (1982). É graduado em Engenharia Mecânica pela Universidade Federal do Rio Grande do Sul (1981). Atualmente, é professor titular da Unisinos, Diretor da Produttare Consultores Associados e Sócio da Efact Software. Tem experiência na área de Administração, com ênfase em Administração de Empresas, atuando principalmente nos seguintes temas: Teoria das Restrições, Sistema Toyota de Produção, Sistemas de Produção com Estoque Zero.

Agradecimentos

Aline Dresch

Antes de mais nada, agradeço pela oportunidade de ter escrito este livro. Esperamos, sinceramente, que ele contribua para o avanço e fortalecimento das pesquisas científicas e tecnológicas. Destaco que muitas pessoas foram fundamentais para o desenvolvimento e materialização deste texto, mas destaco aqui alguns agradecimentos especiais. Primeiramente, gostaria de agradecer ao Prof. Ricardo Cassel (Escola de Engenharia/UFRGS) por ter me incentivado a avançar na carreira acadêmica. Esse importante passo em minha carreira profissional me colocou em contato com pessoas brilhantes e com atividades desafiadoras (dentre elas, a escrita deste livro). Agradeço também às inúmeras contribuições dos professores Adriano Proença (GPI/DEI/COPPE/UFRJ), Carlos Torres Formoso (NORIE/PPGEC/UFRGS) e Michel Thiollent (UNIGRANRIO/PPGA), que foram muito relevantes na consolidação dessa pesquisa. Agradeço, ainda, aos colegas do Grupo de Pesquisa em Modelagem para Aprendizagem (GMAP I Unisinos), pois as discussões que travamos diariamente foram fundamentais para a construção deste livro: Prof. Dieter Brackmann Goldmeyer, Prof. Douglas Rafael Veit, Prof. Luis Felipe Riehs Camargo, Prof.ª Maria Isabel Wolf Motta Morandi e Prof. Secundino Luis Henrique Corcini Neto. Cada um deles, à sua maneira, ajudou na concretização deste livro. Em especial, gostaria de agradecer ao Prof. Luis Henrique Rodrigues (coordenador geral do GMAP | Unisinos) por ter me acolhido no grupo de pesquisa de forma tão generosa: muito obrigada pelas palavras de amizade, pelas risadas e, principalmente, por todas as aprendizagens. Também aproveito para agradecer ao Prof. Junico Antunes pelas contribuições, críticas e sugestões que nortearam a construção deste livro. Além disso, agradeço por ser um grande defensor dessa causa. Por fim, mas não menos importante, gostaria de agradecer especialmente ao Prof. Daniel Pacheco Lacerda por, em 2011, ter me proposto o desafio de escrevermos este livro e, acima de tudo, por me fazer acreditar que isso seria possível. Sou e sempre serei muito grata pela oportunidade, pela confiança e pelas aprendizagens. Daniel, és, sem dúvida, um exemplo a ser seguido. Também agradeço imensamente à minha família, em especial ao meu pai e à minha mãe. Obrigada pelo apoio incondicional que vocês sempre me deram. Agradeço, inclusive, por terem me incentivado a ler e escrever ainda na infância, o que foi fundamental para que esse desafio se tornasse prazeroso. Finalmente, gostaria de agradecer ao meu amor, Natanael, pela paciência, pelo bom humor e por toda dedicação. Obrigada por me ajudar a ser uma pessoa melhor desde sempre!

Daniel Pacheco Lacerda

Devemos, aqui, agradecer àqueles que tiveram um papel importante no desenvolvimento deste trabalho. Gostaria de agradecer ao Prof. Dr. Ricardo Cassel (Escola de Engenharia/UFRGS) por ter nos chamado a atenção para esse tema disseminando, primeiramente, um texto relativo à *design science*. Agradeço aos colegas do programa Pró-Engenharias, financiado pela CAPES, no projeto Modelo de Gestão de Operações em Organizações Inovadoras – MGOOI. Esse projeto teve a participação de vários programas de pós-graduação: PPGEPS/Unisinos, PEP/COPPE/UFRJ, PEP-PE/UFPE, AI/INPI e Poli/USP. Esse projeto foi liderado pelo Prof. Dr. Adriano Proença (GPI/DEI/COPPE/UFRJ), um entusiasta do tema. Seu brilho intelectual, suas reflexões e contribuições foram centrais para o desenvolvimento da nossa pesquisa. Agradeço, também, ao Prof. Carlos Formoso (NORIE/PPGEC/UFRGS) pelos importantes comentários e textos relativos à *design science*. Agradeço aos colegas da COPPE/UFRJ, instituição determinante na minha formação, André Ribeiro (UERJ), Édison Renato (UNIRIO), Guido Vaz (UFF), Priscila Ferraz (Bio-Manguinhos) e ao meu orientador, Prof. Dr. Heitor Caulliraux (COPPE/UFRJ), meu eterno respeito e admiração. Certamente, esse livro não se materializaria se não estivesse em um ambiente estimulante. Dessa forma, preciso agradecer àqueles que são a base desse ambiente. Agradeço à Prof.ª Dr.ª Ione Bentz (PPGD/Unisinos) por acreditar e contribuir decisivamente para a constituição do GMAP | Unisinos (Grupo de Pesquisa em Modelagem para Aprendizagem). Sua visão sobre a pesquisa, sobre a ciência e sobre o fazer acadêmico me inspiram hoje e sempre. Agradeço a todos os colegas do GMAP | Unisinos (já estamos indo para o ano 5, quem diria!). Em especial, ao Prof. Luis Felipe Camargo, à Prof.ª Maria Isabel Morandi e o Prof. Secundino Luis Henrique Corcini Neto. Agradeço profundamente ao Prof. Dr. Luis Henrique Rodrigues (coordenador geral do GMAP | Unisinos) por todos os ensinamentos e aprendizagens. Ontem meu orientador, hoje um grande companheiro e, principalmente, um amigo-irmão. Como você mesmo diria: "Estamos juntos!". Agradeço ao Prof. Junico Antunes pela constante parceria, os belos embates e construções intelectuais que tão bem fazem aos nossos mestrandos e doutorandos do PPGEPS/Unisinos (infelizmente, cada vez mais, raros no ambiente acadêmico). Agradeço, profundamente, à Aline Dresch por acreditar e colocar o melhor de si no desenvolvimento da pesquisa e desse trabalho. Ao longo desses 4 anos, adquiriste minha admiração e apreço e, como diria a torcida Geral do imortal (Grêmio Porto-Alegrense): "O sentimento não se termina". Por fim e mais importante, agradeço à minha família: Carina (Xuxu), Caio e, em breve, Serena Lacerda. Carina, és coautora das principais obras da minha vida. São obras oriundas e que vêm sendo construídas com muito amor. Nossos filhos nos ensinaram o real sentido dessa palavra tão vulgarizada e em que acredito tanto: amor. Muito obrigado pelo companheirismo, pelo suporte e pela inspiração desde o início, hoje e, pretendo, sempre. Eu te amo mais do que podes compreender! Por fim, deixo uma sabedoria popular de vida e que acredito muito: "Só o amor constrói". Tanto pessoal quanto profissionalmente, isso me orienta. Tenham certeza de que este livro foi construído com o meu melhor.

Junico Antunes (José Antonio Valle Antunes Júnior)

Inicialmente, gostaria de fazer um reconhecimento: o tema da *design science research* chegou ao meu conhecimento por meio de um conjunto de *papers* repassados pelo professor Ely Paiva. Como a Engenharia de Produção carece de métodos que possam contribuir para a realização de trabalhos de cunho prescritivo, as reflexões sobre o método *design science research* foram essenciais para complementar e avançar em relação aos métodos que temos utilizado com frequência, o estudo de caso e a pesquisa-ação. Sem dúvida alguma, o professor Ricardo Cassel também foi essencial, na medida em que procurou disseminar textos associados à *design science* entre os alunos e professores do PPGEPS/Unisinos.

Em função de nossa parceria histórica com o GPI/COPPE, de imediato passamos os textos e encetamos reflexões sobre o método da *design science research* com os nossos parceiros de longa data, os professores Adriano Proença e Heitor Mansur Caulliraux. Além disso, incentivamos os alunos do PPGEPS/Unisinos a tratarem do tema com a máxima profundidade possível, sendo que as dissertações desenvolvidas nos últimos anos foram fundamentais para levar adiante este projeto.

De imediato, também tratamos do tema junto ao projeto Modelo de Gestão de Operações em Organizações Inovadoras – MGOOI, financiado pelo CAPES no contexto do programa Pró-Engenharias. No âmbito desse projeto, com a participação das instituições PPGEPS/UNISINOS, PEP/COPPE/UFRJ, PEP-PE/UFPE, AI/INPI e Poli/USP, várias discussões relevantes foram travadas, em particular com os professores Adriano Proença e Mário Sérgio Salerno, o que contribuiu de forma significativa e proativa para a elaboração deste livro.

Foram relevantes também os contatos com o Professor Carlos Formoso, que está desenvolvendo e coordenando vários trabalhos de pesquisa utilizando os princípios da *Design Science* no NORIE/PPGEC/UFRGS.

Minha inserção objetiva ao tema do método foi feito durante o período de realização do doutorado em Administração da UFRGS (1996/1999), particularmente incentivado pelo professor Francisco Araújo Santos. A partir daí, venho ministrando a disciplina do método científico desde o final da década de 90 em cursos de mestrado e doutorado em Administração e Engenharia de Produção: PPGEP/UFRGS, o PPGEPS/UNISINOS e o PPGA/UNISINOS. Nesse contexto, gostaria de destacar a parceira com a professora Yeda Swirsky, com quem tenho trocado várias conversas e ideias sobre a temática do método, tema realmente multifacetado, fascinante e relevante, ao longo dos últimos 13 anos. Aliás, cabe destacar a contribuição efetiva do ambiente da Unisinos, particularmente a Escola de Negócios/PPGA e o PPGEPS, para o conjunto de trabalhos de cunho científico e tecnológico desenvolvidos nos últimos tempos.

Agradeço também a parceria com o professor Daniel Lacerda, com quem tenho tido constantes e sistemáticos embates teóricos e feito construções práticas relevantes no ambiente da PPGEPS/UNISINOS durante os últimos anos. À Aline Dresch, profissional com futuro na Engenharia de Produção, devemos os esforços essenciais que levaram à concepção, consolidação e operacionalização deste livro.

Finalmente, agradeço à minha esposa, Verônica Verleine Horbe Antunes, minha mãe, Maria da Graça Moraes Antunes, ao meu pai, José Antonio Valle Antunes (*in memorian*) e ao meu filho, Juandres Horbe Antunes, agora cursando Engenharia de Produção na UFPEL, pelo apoio irrestrito as minhas atividades acadêmicas desenvolvidas ao longo dos últimos 30 anos.

Apresentação I

Este livro proporciona um valioso passo adiante no desenvolvimento e na difusão de conhecimentos sobre *design science* e *design science research*. Em resumo, a *design science* (DS) pode ser conceituada como um conjunto de conhecimentos em *design* e *designing*, produzidos por pesquisas rigorosas, que tem a *design science research* (DSR) como o método de pesquisa que produz esse tipo de conhecimento. Em áreas como engenharia e medicina, a DSR é a principal forma de pesquisa. Em outras áreas, ainda não. Mas a DSR está ganhando cada vez mais espaço.

Ainda existem mal-entendidos sobre a natureza da DS, que é diferente do conhecimento explicativo de muitas investigações em voga e das estratégias de pesquisa normalmente utilizadas. Muitos acadêmicos ainda sentem que a missão de *toda* a pesquisa acadêmica é entender o mundo como ele é e têm receio do tipo de pesquisa que procura desenvolver o conhecimento válido para melhorar o mundo, lidando, assim, com a forma como o mundo pode ser.

Por isso é importante que livros como este sejam publicados. Seu objetivo é prover conhecimento sobre o desenvolvimento da DS e DSR após a publicação seminal de Herbert Simon, em 1969, *As Ciências do Artificial*. Foi escrito para apoiar pesquisadores e estudantes (da graduação à pós-graduação) nas diversas áreas de gestão. Ele também pode ser de grande valor para pesquisadores e estudantes das áreas de engenharia, na medida em que eles não estão interessados apenas na concepção de sistemas materiais, como máquinas, redes de telefonia móvel ou pontes, mas também no contexto social em que são construídos e utilizados.

O livro começa com uma discussão sobre alguns aspectos da pesquisa acadêmica da área de gestão, lamentando (assim como eu lamento) a lacuna existente entre a pesquisa e a prática, conduzindo para a possibilidade de que a DS e a DSR possam preencher essa lacuna. Em seguida, é feita uma discussão geral de abordagens, estratégias e métodos de pesquisa acadêmica em geral. Os Capítulos 2 e 3 tratam do assunto principal do livro: a *design science* e a *design science research*, incluindo uma discussão sobre a evolução histórica das ideias sobre DS e DSR. Cabe destacar que a consultoria visa melhorar uma situação pontual, por meio do desenvolvimento e da aplicação de intervenções específicas, mas a pesquisa acadêmica tem como objetivo desenvolver o conhecimento genérico. Assim, também a DSR tem como objetivo desenvolver o conhecimento genérico. Portanto, o Capítulo 4 discute as classes de problemas e de artefatos, a base para o desenvolvimento do conhecimento genérico. Os autores prosseguem propondo um procedimento de 12 passos, explicando como conduzir o método da DSR.

Um capítulo à parte discute um método para fazer revisões sistemáticas da literatura. Isso se explica, de um lado, pelo fato de que uma revisão sistemática da literatura foi uma das bases para desenvolvimento do livro; por outro lado, essa é, juntamente com a síntese de pesquisa, uma componente importante da DSR. Na pesquisa explicativa, podem-se dar várias explicações, uma após a outra, mas, ao agir para melhorar, é necessário fazer uma escolha definitiva de ação. Em pesquisas baseadas em evidências ou na prática baseada em informação e conhecimento, essa escolha é baseada em uma síntese dos resultados de uma revisão sistemática da literatura sobre o problema em questão.

Desejo que este livro seja lido por muitos. Bom para esses leitores, bom para a disseminação de conhecimentos sobre DS e DSR e bom para pesquisas acadêmicas da área de gestão e para seu potencial de apoiar questões práticas.

Prof. Joan van Aken, Ph. D.
Professor Emeritus of Organization Science
School of Industrial Engineering
Eindhoven University of Technology – Holanda

Apresentação 2

A *design science research*, também conhecida como *constructive research*, é uma abordagem metodológica que consiste em construir artefatos que trazem benefícios às pessoas. É uma forma de produção de conhecimento científico que envolve o desenvolvimento de uma inovação, com a intenção resolver problemas do mundo real e, ao mesmo tempo, fazer uma contribuição científica de caráter prescritivo. Esse tipo de pesquisa produz como resultado um artefato que representa uma solução para uma ampla gama de problemas, também denominado conceito de solução, que deve ser avaliado em função de critérios relacionados à geração de valor ou utilidade.

O interesse por essa abordagem de pesquisa científica tem crescido recentemente em diferentes áreas do conhecimento, como sistemas de informação, administração de empresas e contabilidade, principalmente devido às críticas que algumas dessas comunidades acadêmicas têm recebido pela falta de relevância de suas pesquisas. Ela ocupa um espaço intermediário entre as abordagens científicas tradicionais, de caráter descritivo, e o conhecimento prático para a solução de problemas desenvolvido em contextos reais.

De fato, a *design science research* tem sido apontada como uma abordagem de pesquisa adequada quando pesquisadores necessitam trabalhar de forma colaborativa com as organizações para testar novas ideias em contextos reais. Assim, pode ser usada como uma forma de produção de conhecimento para alcançar dois diferentes propósitos em projetos de pesquisa: produzir conhecimento científico e ajudar as organizações a resolver problemas reais.

A literatura sobre *design science research* é ainda muito escassa, mas este livro apresenta uma descrição bastante completa sobre esse modo de realizar pesquisas. É apresentada uma perspectiva histórica sobre o tema e são introduzidos os principais conceitos envolvidos em *design science research*, o que é realizado por meio de comparação aos métodos de pesquisa descritivos, normalmente usados nas ciências naturais ou nas ciências sociais. Além disso, é apresentada uma interessante discussão sobre a natureza do processo de investigação em *design science research* e sobre os produtos típicos desse tipo de pesquisa acadêmica.

É um grande prazer apresentar este livro, pois ele é resultado do trabalho de um grupo de pessoas, Aline Dresch, Dr. Daniel Lacerda e Dr. José Antonio Valle Antunes Júnior, quem têm buscado, por meio deste trabalho, contribuir para a melhoria da qualidade da pesquisa na Engenharia, tanto em termos de rigor como de relevância.

É interessante apontar que este livro pode ser considerado o artefato produzido em um projeto de pesquisa que envolveu os três autores, sendo um recurso útil para pesquisadores interessados em aplicar a *design science research*. Embora este livro possa despertar interesse de diversas áreas do conhecimento, ele preenche uma importante lacuna de livros sobre método de pesquisa na engenharia. Está bem fundamentado na literatura e, em algumas partes do texto, são apresentados exemplos ilustrativos, extraídos de projetos de pesquisa da área de engenharia de produção.

Finalmente, deve-se reconhecer que essa abordagem metodológica ainda é bastante recente, necessitando de mais estudos para ser entendida e definida sob uma perspectiva epistemológica. Em parte, isso pode ser obtido por meio de discussão e reflexão sobre os resultados de pesquisas que adotam *design science research*. Entretanto, tenho certeza de que este livro faz uma importante contribuição para essa jornada. Por essa razão, o recomendo fortemente para ser usado em cursos sobre metodologia de pesquisa, particularmente por estudantes de engenharia e *design*.

Carlos Torres Formoso
Professor Associado do Núcleo Orientado pela Inovação
  da Edificação (NORIE)
Escola de Engenharia
Universidade Federal do Rio Grande do Sul (UFRGS)

Apresentação 3

O que afinal a sociedade espera da pesquisa em tecnologia?

Estudando e pesquisando em Engenharia de Produção, em Gestão de Operações, essa pergunta sempre se colocou para este escriba quando da perspectiva de um próximo projeto de pesquisa, de uma iniciativa de investigação em conformação. Ou na definição de tema, objeto e método em dissertações de mestrado e teses de doutorado. É a partir desse ponto de vista que se desenvolve esta apresentação.

Pela voz de comunidades, organizações, empresas, líderes, gestores, alunos, o que chega à academia é a demanda por conceber, desenvolver, projetar e colocar em prática soluções. E as questões postas envolvem se tais e quais caminhos realmente são os mais eficientes, os mais eficazes, os mais efetivos dentre os viáveis nas situações "a" ou "b". A informação e o conhecimento sobre as soluções mais avançadas, bem como sobre seu grau de sucesso em suas aplicações vigentes, a implicação desse sucesso no progresso da tecnologia em pauta como um todo e a possibilidade de se desenvolver uma solução nova, de criar, de empurrar a fronteira tecnológica mais um pouco adiante devem ser considerados como alternativas, contemplados como percurso e informar os trabalhos, sempre de forma submissa ao critério definitivo de seu desempenho concreto no mundo da vida, em diferentes dimensões.

Talvez milhares de estudos acadêmicos em Gestão de Operações – tomada aqui como ilustração de uma área tecnológica – tenham sido conduzidos no Brasil na forma de descrição de soluções reais em funcionamento, a causalidade de resultados por elas alcançados, por meio de estudos de caso, ou o que acontecia em determinado setor, a partir de *surveys* apoiadas em questionários e entrevistas. Estuda-se o que acontece/aconteceu, ou levanta-se a opinião/percepção dos grandes números. Desenvolvem-se análises para explicar o encontrado e predizer o que aconteceria em tais e quais situações, segundo aquele ou esse modelo, essa ou aquela "teoria". Emulam-se os métodos das ciências sociais, espelha-se a ambição das ciências da natureza. É uma agenda.

A "ruptura" que este livro traz é a de recuperar e afirmar que essa não é a única, e talvez nem seja "a" agenda de pesquisa, por exemplo, em Gestão de Operações. Este livro parte do reconhecimento de que existem ciências projetuais, ou, para manter o termo em inglês, *design sciences*. Uma *design science* guarda objetivos e ambições específicos. Ela busca estabelecer artefatos de diferentes naturezas voltados para a solução de determinados problemas (de "classes de problemas" – confira o Capítulo 4 deste livro).

Pesquisar em uma *design science* – nos termos deste livro: realizar *design science research* – é diferente de pesquisar no âmbito de uma ciência social ou da natureza. Para começo de conversa, no âmbito do entendimento pragmático deste escriba, uma *design science* não é "ciência aplicada"[1]. Ela tem por objeto não a mera tradução em prática dos enunciados explanatórios das ciências social ou da natureza, mas sim a formulação e validação de re-

---

[1] Veja SILVA, E.R.; PROENÇA JR., D. *Não ser não é não ter*: engenharia não é ciência (nem mesmo ciência aplicada). [S.I]: Mimeo, 2012.

gras de *design* – de concepção, projeto e concretização em circunstâncias definidas – a serem acionadas pelos profissionais do campo quando julgadas pertinentes.

Além disso, uma *design science* reconhece, desde sua definição, que profissionais em campo não se reduzem a meros aplicadores dos resultados de suas descobertas – ou seja, não são meros aplicadores de regras tecnológicas estabilizadas. Diante da infinidade de situações que podem encontrar, e da própria complexidade e dinamismo do mundo real, profissionais como os de Gestão de Operações acionam sua "caixa de ferramentas", ou, nos termos com que B. Koen define o que seja Engenharia (veja o Capítulo 5 deste livro), acionam as "heurísticas [que conhecem] para causar a melhor mudança possível em uma situação pobremente compreendida, com os recursos disponíveis"[2].

Prover esse profissional em campo de regras tecnológicas, ou proposições (veja o Capítulo 4 deste livro) confiáveis, testadas e validadas, de artefatos tangíveis ou intangíveis de comportamentos cientificamente – é dizer, lógica [expressa, p.ex. em teorias, modelos, ou *frameworks*] e empiricamente – validados, é o sentido da pesquisa em uma *design science*. A pesquisa nesse contexto volta-se para alcançar resultados teóricos, experimentais e empíricos que informem o ato de projetar. Eles se somarão, no campo, a *insights* oriundos das ciências sociais e de natureza, às práticas vigentes de concepção e projeto da profissão, à criatividade do profissional (i.e., ao que ele inventa) e ao que ele infere, eventualmente apenas de forma tácita, de sua experiência prática[3].

A *design science* em Gestão de Operações, para seguir no contexto de nossa ilustração de referência, terá um papel-chave não só no processo de conceber e projetar, mas também no questionar, testar e validar artefatos cognitivos ou estruturados (p.ex., métodos de projeto, soluções de organização e gestão, políticas operacionais, procedimentos). De fato, os artefatos, por vezes, são apresentados aos profissionais e estudiosos sob fanfarras e descrições de exaltação em publicações de variados tipos, como se fossem panaceias universais – p.ex., em não poucos casos da chamada "literatura de aeroporto". Cabe à pesquisa desvendar o real alcance de tais pretensões e, se possível, avançar em novas propostas derivadas de suas descobertas.

A pesquisa em *design science*, por exemplo, seguiu a pista oferecida pelo sucesso real da Toyota no Japão e nos Estados Unidos ao final dos anos 70 para descrever sistematicamente o funcionamento do Sistema Toyota de Produção (STP) em livros e artigos. Depois, estabeleceu as circunstâncias e os contextos em que as políticas e estruturas componentes desse sistema funcionavam a contento, registrando onde sua superioridade em resultados era efetivamente constatável, e só então, indo mais fundo, apreendeu e descreveu o método pelo qual Taiichi Ohno e Shigeo Shingo pensaram e responderam os desafios emergentes ao longo do desenvolvimento do STP[4]. Este, o melhor ponto de partida para tradução do que se aprendeu com o STP para a realidade temporal/espacial enfrentada pelo *designer*/projetista encarregado de tratar de uma situação real: seu problema mal compreendido, a ser

---

[2] KOEN, B. V. *Discussion of the method*: conducting the engineer's approach to problem solving. New York: Oxford University Press, 2003.

[3] Esta lista reflete a discussão empreendida por VINCENTI, W. G. *What engineers know and how they know it*: analytical studies from aeronautical history. Baltimore: John Hopkins University Press, 1990 (apud SILVA; PROENÇA JR., 2012).

[4] Para uma apresentação pioneira deste aspecto, veja ANTUNES, J.A.V. O mecanismo da função produção: análise dos sistemas produtivos do ponto de vista de uma rede de processos e operações. *Produção*, v. 4, n. 1, p. 33-46, jul. 1994. Uma operação de natureza cognitiva semelhante aparentemente tomou forma quando a equipe do MIT que estabeleceu o termo "produção enxuta" desenvolveu, posteriormente, a ideia de "pensamento enxuto".

resolvido sob diversas restrições. Método, contexto e circunstâncias de sucesso, políticas e soluções robustas: eis um exemplo de artefato testado e validado até onde é humanamente possível. E sempre sob o reconhecimento de que esse artefato não traz "automaticamente" a solução em si, mas informa, como poderosa heurística disponível, o processo de criação da "nova solução" num dado contexto, por definição (espacial e temporalmente) singular.

Este livro estrutura como se faz pesquisa rigorosa no âmbito de uma *design science*, particularmente naquelas que se identificam com o campo mais amplo da Gestão, em que essa perspectiva ainda não está amplamente aceita. Uma sólida revisão bibliográfica permite identificar os pontos de convergência presentes nessa literatura, em particular em suas vertentes mais recentes. Ele procura ainda (re)situar os métodos de ida a campo para que se possa compreender qual é seu melhor uso no âmbito da pesquisa em *design science*. Trata-se de discutir e revisar como se desenvolve um estudo de caso ou uma *survey* quando os objetos e objetivos de pesquisa se referem a artefatos cognitivos e praticados, como projetá-los, as circunstâncias de sua utilização e os resultados esperáveis (veja o Capítulo 1 deste livro).

Ao juízo deste escriba, o Brasil carece brutalmente de progresso nessa área. Há sinais de enorme resistência à aceitação de tal perspectiva. Um artigo sobre o tema, proposto para publicação em uma prestigiosa revista acadêmica nacional, foi objeto, certamente em boa parte por suas deficiências, de comentários fortemente negativos pelos *referees* anônimos que o recusaram. Surpreendente dentre estes, entretanto, foi a identificação de toda a problemática da Gestão como uma *design science* com um mero rol de questões já resolvidas por técnicas de desenvolvimento de produto, e a perplexidade e crítica ao alcance e relevância concedidos à contribuição de H. Simon, prêmio Nobel de Economia, e autor de livro seminal sobre as *Design Sciences*[5], para o texto (para dimensionar o que tal posição pareceu implicar, veja os Capítulos 2 e 3 deste livro).

Esse e outros sinais oriundos da academia brasileira sugerem que este livro pode suprir uma lacuna importante e contribuir para ampliar o necessário debate sobre as políticas e práticas de pesquisa em desenvolvimento tecnológico no país. De fato, num momento em que, ao menos aparentemente, forja-se consenso nacional sobre a necessidade de aumento da produtividade da economia brasileira, a incorporação dos notáveis avanços recentes da tecnologia – seja no nível das tecnologias de informação e comunicação, seja no nível de materiais e da biotecnologia, dentre vários a considerar – precisará ser feita de forma inteligente, metódica e criteriosa, caso pretenda ser eficiente, eficaz e efetiva.

Não há tempo histórico disponível para nos atrasarmos nessa senda. Devem-se incorporar as melhores heurísticas de concepção, projeto e implementação disponíveis, e fazer avançar a fronteira do estado da técnica e, quando possível, da arte. Testar, aprender, incorporar, avançar. Desenvolver nossas *design sciences* locais e com elas ampliar as fronteiras das possibilidades de futuro do Brasil. Penso que o que a sociedade pede à pesquisa em tecnologia é não menos do que cumprir seu papel histórico de contribuir concretamente para o desenvolvimento do país. Que este livro ajude, em particular à academia, a participar efetivamente desse processo.

Prof. Dr. Adriano Proença
Professor Adjunto da Escola Politécnica
Departamento de Engenharia Industrial
Universidade Federal do Rio de Janeiro (UFRJ)

---

[5] SIMON, H.A. *The sciences of the artificial*. Cambridge, MA: MIT Press, 1969.

Sumário

Introdução 1

1 Sobrevoo pela pesquisa 13
Ciência e produção do conhecimento 13
Estrutura para condução da pesquisa científica...15
    Métodos científicos 17
        Método indutivo 18
        Método dedutivo 19
        Método hipotético-dedutivo 20
    Métodos de pesquisa..22
        Estudo de caso 23
        Pesquisa-ação 25
        Survey 26
        Modelagem 26
    Método de trabalho 30
    Técnicas de coleta e análise de dados 32
        Técnicas de coleta de dados 33
        Técnicas de análise de dados 35
Contextualização da evolução científica..38
    Origens da produção do conhecimento: indução e dedução......................38
    Programas de pesquisa 40
    Paradigmas de pesquisa 41
    Anarquismo epistemológico 41
    A nova produção do conhecimento 42
Pense conosco 44
Referências 44
Leituras recomendadas 46

2 *Design science*, a ciência do artificial 49
Crítica às ciências tradicionais 49
Surgimento e evolução da *design science* 51
Estrutura da *design science* 56
    Conceitos fundamentais 57
    Design science versus ciências tradicionais 59
Pense conosco 64
Referências 65
Leituras Recomendadas 66

3 Design science research 67
Características da *design science research* e fundamentos para sua condução 67
    Os artefatos e a base do conhecimento 69
    Os sete critérios fundamentais 69
    A importância e o bom desenvolvimento do método 69
Métodos formalizados para operacionalizar a *design science* 72
    Um histórico dos métodos 72
        Mário Bunge (1980) 72
        Hideaki Takeda et al. (1990) 73
        Johan Eekels e Norbert Roozenburg (1991) 74
        Jay F. Nunamaker, Minder Chen e Titus Purdin (1991) 76
        Joseph Walls, George Wyidmeyer e Omar El Sawy (1992) 77
        Vijay Vaishnavi e Bill Kuechler (2004) 79
        Joan Ernst van Aken, Hans Berends e Hans van der Bij (2012) 80
        Robert Cole et al. (2005) 81
        Neil Manson (2006) 83
        Ken Peffers et al. (2007) 84
        Shirley Gregor e David Jones (2007) 85
        Richard Baskerville, Jan Pries-Heje e John Venable (2009) 87
        Ahmad Alturki, Guy Gable e Wasana Bandara (2011) 89
    Semelhanças entre os métodos 91
Escolha do método de pesquisa 93
    Elementos a serem considerados 93
    Comparação entre os três métodos de pesquisa 93
    O objetivo determina o melhor método 95
Validade das pesquisas que utilizam a *design science research* 96
    Avaliação de artefatos 96
        Avaliação observacional 96
        Avaliação analítica 97
        Avaliação experimental 97
        Teste 98
        Avaliação descritiva 98
        Grupos focais: outra abordagem de avaliação 98
    Considerações sobre a escolha do método de avaliação 100
Pense conosco 100
Referências 101
Leituras Recomendadas 102

4 Classes de problemas e artefatos 103
Classes de problemas 103
    Construção de classes de problemas 106
Artefatos 107
    Processo de desenvolvimento de artefatos 109
    Tipos de artefatos 110
        Constructos 111
        Modelos 112

Métodos 112
Instanciações 112
Design propositions 113
Fases do desenvolvimento de teorias 115
Síntese 116
Trajetória para o desenvolvimento da pesquisa em *design science* 116
Pense conosco 118
Referências 119
Leituras Recomendadas 121

5 Proposta para a condução de pesquisas utilizando a *design science research* 123
Contextualização para a proposição do método 124
Etapas propostas para a condução de pesquisas utilizando
a *design science research* 124
Identificação do problema 126
Conscientização do problema 126
Revisão sistemática da literatura 128
Identificação dos artefatos e configuração das classes de problemas 128
Proposição de artefatos para resolução do problema 130
Projeto do artefato 131
Desenvolvimento do artefato 131
Avaliação do artefato 132
Explicitação das aprendizagens e conclusão 132
Generalização para uma classe de problemas e comunicação dos resultados 133
Aplicação das heurísticas 133
Protocolo de pesquisa 133
Outros parâmetros para assegurar o rigor da pesquisa 138
Pense conosco 139
Referências 139
Leituras recomendadas 140

6 Revisão sistemática da literatura 141
Fundamentos de uma revisão sistemática 142
Trajetória da revisão sistemática 142
Benefícios da revisão sistemática 143
Etapas para a condução das revisões sistemáticas 143
Lacunas a serem preenchidas 143
A participação dos *stakeholders* 145
Método integrado 146
Definição do tema central e do *framework* conceitual 146
Escolha da equipe de trabalho 148
Estratégia de busca 148
Busca, elegibilidade e codificação 154
Avaliação da qualidade 157
Síntese dos resultados 159
RSL e DSR: uma conexão possível e necessária 166

    O método da RSL adaptado para a DSR 166
    Sobre a questão de revisão 167
    Sobre a estratégia de busca.. 167
    Sobre a síntese dos resultados 168
  Pense conosco..170
  Referências 170
  Leituras recomendadas 172

7 Perspectivas...173

Índice...177

Introdução

Se você é um cientista ou um gestor, você não está muito interessado na descrição do sistema. Você está mais interessado na dificuldade de controlar e predizer o seu comportamento, especialmente quando mudanças são introduzidas.

Eliyahu Moshe Goldratt, em *The Choice* (2008)

PROBLEMA DA APLICAÇÃO DA PESQUISA EM GESTÃO

A pesquisa em gestão deve buscar a aproximação de duas realidades – teórica e prática. Embora possam parecer distantes entre si, tanto a teoria quanto a prática procuram gerar conhecimentos que possam ser aplicados a fim de garantir melhorias nos sistemas existentes ou auxiliar no projeto e na concepção de novos sistemas, produtos ou serviços. No entanto, grande parte das pesquisas desenvolvidas na academia não chega a ser aplicada ou conhecida pelos profissionais nas organizações. Diante dessa questão, podemos classificar as pesquisas de acordo com duas perspectivas: i) rigor; ii) relevância. A Tabela I.1 apresenta a classificação proposta por Hodgkinson, Kerriot e Anderson (2001).

Às pesquisas que apresentam um baixo rigor teórico-metodológico e baixa relevância denominamos **pesquisas indesejadas**. Do nosso ponto de vista, podem ser assim consideradas por não fornecerem resultados úteis aos gestores e não apresentarem uma sustentação adequada de seus resultados em termos teórico-metodológicos. Em geral, possuem uma fra-

QUADRO I.1

"No Brasil, a pesquisa acadêmica não se transforma em produtos ou serviços úteis a sociedade [...]", opina o ex-presidente do Instituto Brasileiro de Geografia e Estatística, Simon Schwartzman, em entrevista publicada na revista *Veja*. Mas essa não parece ser uma questão exclusivamente brasileira, a julgar pelas palavras do professor da London Business School. Consultor nas áreas de estratégia e inovação, Freek Vermeulen (2012) afirma em artigo publicado no site da revista *Forbes*: "[...] nós precisamos traduzir melhor a nossa pesquisa para os gestores [...]". O que seria isso? Ele próprio responde: descrever os achados da pesquisa em linguagem mais acessível, sem grandes explicações metodológicas ou teóricas, ajudaria os executivos a identificar a relevância e usufruir das constatações.

Levantamento da revista *The Economist* de agosto de 2007 revela que os periódicos acadêmicos publicam mais de 20.000 artigos por ano. A maior parte da pesquisa é altamente quantitativa, orientada à hipóteses e esotérica. Como resultado disso, é quase que universalmente não lida pelos gestores do mundo real.

☑ TABELA 1.1
Classificação das pesquisas em termos de rigor e relevância

		Relevância	
		Baixo	Alto
Rigor teórico e metodológico	Baixo	Pesquisa indesejada	Pesquisa leviana
	Alto	Pesquisa autocentrada	Pesquisa necessária

ca revisão teórica, uma baixa sustentação das decisões metodológicas e uma incipiente condução da pesquisa que suporte as conclusões do estudo. No que tange à relevância, não há uma clareza do público que se beneficiará da solução, das limitações das soluções existentes e dos benefícios comparativos da solução proposta.

Por sua vez, consideramos como **pesquisa leviana** aquela que apenas enfatiza a utilidade para uma empresa ou para um conjunto de empresas. Em geral, esses estudos se sustentam nas aplicações bem-sucedidas a que se propõem em um contexto específico. Pouca atenção é dedicada a compreender as condições que proporcionaram os resultados, os mecanismos alternativos e/ou concorrentes que poderiam ser utilizados na situação. Também há uma incipiente revisão da literatura associada e uma condução metodológica fracamente justificada e demasiadamente focada na solução do problema. Dessa forma, o trabalho possui poucas condições de diálogo com o conhecimento estabelecido e difícil avaliar sua contribuição para a expansão do conhecimento técnico-científico.

Em outro quadrante denominamos a **pesquisa autocentrada**. Essa pesquisa possui um foco demasiado, senão exclusivo, na comunidade acadêmica com a qual quer dialogar. Em geral, os mecanismos de incentivo acadêmico (periódicos, bolsas, processos seletivos) mobilizam estudantes e pesquisadores nesse sentido. As pesquisas dessa natureza possuem sólida revisão da literatura e reflexão crítica, bem como consistente fundamentação e escolha dos método de pesquisa. Os resultados, em linhas gerais, são importantes para a comunidade para a qual foram escritos. Esses resultados podem ampliar as fronteiras de conhecimento tanto em termos exploratórios quanto descritivo-explicativos.

No entanto, a pesquisa autocentrada apresenta baixa preocupação com sua utilização pela sociedade. Seus resultados são de difícil tradução para o ambiente das organizações. Ainda assim, pesquisas dessa natureza são importantes para avançar no conhecimento sobre um determinado fenômeno. Tanto a pesquisa leviana quanto a pesquisa autocentrada apresentam limitações, mas são úteis para os públicos a que se destinam. O perigo, em ambos os casos, é o foco demasiado em uma ou outra perspectiva.

Por fim, entendemos ser a **pesquisa necessária** aquela que conjuga o rigor teórico-metodológico e utilidade prática para a sociedade. Precisamos desenvolver trabalhos que efetivamente avancem em termos de geração de conhecimento (descritivo explicativo e, também, prescritivo) e em termos de contribuições para a realidade concreta das organizações. De fato, há uma necessidade premente de gerar conhecimento tanto sobre o projeto de soluções (posteriormente nomeadas artefatos) quanto sobre seus limites. Isso significa expandir nossa compreensão do que seja o conhecimento em nossa área de pesquisa. Não basta compreender profundamente um fenômeno (o fenômeno em si, seus antecedentes, suas consequências, seus mediadores). Precisamos desenvolver conhecimentos sobre como intervir em determinada situação (com vistas a um conjunto de situações) e gerar os resultados desejados. Como já escreveu Goldratt, (1986, p.7), "[...] o conhecimento que nos rodeia não é um objetivo a ser alcançado por si só. Ele deve ser perseguido, acredito, para tornar o nosso mundo um lugar melhor e a vida mais gratificante [...]".

A falta de relevância das pesquisas para os profissionais pode levar a um distanciamento (*gap*) entre o que se desenvolve na academia (teoria) e o que é, de fato, aplicado nas organizações (prática). Relatório de 2011 da National Science Foundation, agência federal americana que financia cerca de 24% das pesquisas desenvolvidas em universidades e *colleges* daquele país, identificou um desperdício de mais de 3 bilhões de dólares decorrentes de má administração. "Isto inclui dezenas de milhões de dólares gastos em estudos questionáveis, grande quantidade de recursos para pesquisa que já expiraram que não retornaram ao Tesouro, práticas inadequadas de contratação que aumentam os custos, e uma falta de métricas para demonstrar os resultados." (Coburn, 2011). Os exemplos são de chorar: estudo sugerindo que jogar FarmVille no Facebook ajuda os adultos a desenvolver e manter relacionamentos; sobre quão rápido os pais aderem a nomes de bebê que estão na moda; e se os usuários de *sites* de namoro são racistas em suas escolhas; e por aí afora.

O fato de ser relevante para os profissionais não dispensa a pesquisa da necessidade de ser reconhecida pela comunidade acadêmica, garantindo, assim, o avanço do conhecimento, segundo Daft e Lewin (2008). O rigor é outro predicado que deve estar presente desde a sua condução até a apresentação dos resultados (Van Aken, 2005; Hatchuel, 2009). A maioria dos professores argumentam que é justo que *journals* acadêmicos sejam escritos com outros acadêmicos em mente. A revisão por pares assegura rigor, afinal de contas. No entanto, há uma crença crescente, dentro e fora das escolas, que deve ser rigorosa o suficiente para se publicada em um jornal e relevante o suficiente para fazer sentido no mundo empresarial, constata *The Economist* (Business, 2007). Vermeulen (2012) acrescenta: o rigor sozinho, infelizmente, não é uma condição suficiente para garantir relevância.

De acordo com Hatchuel (2009), o rigor da pesquisa pode ser alcançado com a utilização de métodos de pesquisa alinhados com a natureza do problema que se deseja estudar. Starkey, Hatchuel e Tempest (2009) afirmam que um dos desafios da pesquisa é elaborar um procedimento no qual a relevância seja uma das condições para o rigor.

O maior rigor metodológico ajuda-nos a assegurar a validade da pesquisa e, consequentemente, seu reconhecimento como estudo confiável e bem conduzido. Susman e Evered (1978) entendem que ainda que os métodos de pesquisas utilizados para o estudo das organizações tenham se sofisticados ao longo do tempo, isso não garante que o conhecimento gerado seja, de fato, útil para a resolução de problemas práticos. A discussão não é nova, mas pouco se tem avançado nessa direção.

A IMPORTÂNCIA DE UTILIZAR O MÉTODO DE PESQUISA CORRETO

No que diz respeito aos **métodos de pesquisa**, podemos conceituá-los como um conjunto de passos reconhecidos pela comunidade acadêmica e utilizados pelos pesquisadores para a construção do conhecimento científico (Andery et al., 2004). A adequada condução do método de pesquisa é um dos pré-requisitos para a construção de um conhecimento científico confiável. Assim, um diversificado portfólio de métodos de pesquisa pode contribuir para o avanço do conhecimento de determinada área de estudo, uma vez que são necessários métodos adequados aos diferentes problemas de pesquisa. A preocupação com a ampliação do portfólio de métodos de pesquisa e a adequada caracterização e condução desses procedimentos têm se tornado comum em áreas como a gestão (Craighead; Meredith, 2008; Slack; Lewis; Bates, 2009; Taylor, A. Taylor, M., 2009).

Os estudos que discutem a pesquisa na área de gestão têm como referência, principalmente, os objetivos e as práticas da pesquisa realizada sob o paradigma das ciências naturais e sociais. Romme (2003) e Van Aken (2004), por exemplo, afirmam que a maioria das pesquisas em gestão considera que o objetivo da ciência é explorar, descrever, explicar e, eventualmente, predizer. Dessa forma, os estudos da área da gestão têm como principal foco o desenvolvimento de pesquisas que orientem a construção de teorias embasadas na exploração, descrição e explicação de como a realidade, principalmente a organizacional, funciona (Craighead; Meredith, 2008; Taylor, A. Taylor, M., 2009). Entretanto, essa forma tradicional de construção do conhecimento, comumente aplicada na área de gestão, tem enfrentado uma série de críticas. Hambrick (2007) afirma que a excessiva atenção às teorias descritivas dificulta o desenvolvimento de estudos na área de gestão que ampliem as perspectivas de pesquisas futuras. Espera-se, portanto, que, além de explorar, descrever e explicar certo problema ou fenômeno, a pesquisa na área de gestão possa se ocupar também do estudo do projeto e da criação de artefatos.

Esses artefatos projetados e desenvolvidos, por meio das pesquisas, podem ser compreendidos como objetos artificiais caracterizados segundo objetivos, funções e adaptações (Simon, 1996). Podemos discuti-los em termos descritivos, no que tange à comunicação e detalhamento dos principais componentes e informações acerca do artefato em si, e em termos imperativos no sentido de determinar as questões normativas que envolvem a construção e aplicação desse artefato.

Os artefatos são projetados com o intuito de inserir alguma mudança em um sistema, resolvendo problemas e possibilitando seu melhor desempenho. O resultado do estudo dos artefatos tem uma natureza prescritiva, voltada à solução de problemas (Van Aken; Berends; Van Der Bij, 2012). No entanto, em função da influência das ciências tradicionais e da engenharia no campo da gestão, algumas investigações realizadas nessas áreas forçosamente são enquadradas como pesquisas de natureza exploratória, descritiva ou explicativa.

Percebemos, assim, a necessidade de discutir uma base epistemológica e um método de pesquisa alternativo que sustentem as pesquisas de natureza prescritiva e seu conhecimento derivado. As pesquisas que resultam em prescrições são comuns em áreas como a engenharia de produção, a arquitetura e a administração, mas podem sofrer um enquadramento metodológico tradicional e nem sempre adequado ao tipo de investigação em curso. Ou seja, mesmo quando os resultados obtidos por meio da pesquisa são de ordem prescritiva, os pesquisadores apontam utilizam algum método de pesquisa tradicional (como estudo de caso, pesquisa ação, p. ex..), fundamentado na ciência tradicional (faremos a distinção entre os tipos de ciência posteriormente neste capítulo e, detalhadamente, a partir do Capítulo 2).

Tais métodos de pesquisa se baseiam, essencialmente, em pesquisas exploratórias, explicativas ou descritivas. Sabe-se, entretanto, que a utilização correta de um método de pesquisa e a sua adequação ao problema em estudo são fatores preponderantes para chegar ao rigor necessário à investigação. Os periódicos internacionais tendem a valorizar os artigos que se mostram rigorosos no uso dos métodos de pesquisa, principalmente se forem reconhecidos nas ciências tradicionais (Daft; Lewin, 1990; Saunders; Lewis; Thornhill, 2012). Portanto, necessitamos tanto de uma base epistemológica quanto de um método de pesquisa que contribua para o arcabouço estabelecido.

Nesse sentido, Daft e Lewin (1990) defendem a necessidade de modernizar os métodos de pesquisa utilizados no estudo das organizações e sugerem a utilização de métodos prescritivos, que empreguem os conceitos da *design science* – traduzida como ciência do projeto ou ciência do artificial. Esses novos métodos de pesquisa deveriam, ainda, considerar a inclusão e integração com outras disciplinas, além daquelas tradicionalmente conhecidas, para a condução da pesquisa (Daft; Lewin, 1990; Gibbons et al., 1994). A integração entre as diversas disciplinas proporciona uma visão mais ampla do problema a ser estudado, aumentando, assim, a possibilidade de a pesquisa se tornar mais relevante para os profissionais.

Com a integração de disciplinas (em vez da aplicação de apenas uma na realização de uma pesquisa), Gibbons et al. (1994) afirmam que existem dois tipos de produção do conhecimento:

- ✓ a produção do conhecimento do tipo 1 – puramente acadêmica, refere-se a uma única disciplina;
- ✓ a produção do conhecimento do tipo 2 – transdisciplinar, voltada à resolução de problemas e ocorre normalmente no contexto de aplicação.

Van Aken (2005) afirma que a aplicação do conhecimento tipo 2 poderia contribuir para o aumento da relevância dos resultados das pesquisas, o que motivaria os profissionais nas organizações a utilizar tais resultados para melhorar seus processos ou, até mesmo, solucionar seus problemas. A abordagem da produção do conhecimento do tipo 2 tem forte relação com os objetivos da *design science*, considerando que a missão dessa ciência é desenvolver conhecimentos que possam ser utilizados pelos profissionais na solução de seus problemas cotidianos (Van Aken, 2005).

Platts (1993) ressalta a necessidade de aumentar a relevância das pesquisas que estudam as organizações. Sua ideia se fundamenta no fato de que, embora as organizações mostrem a necessidade de aperfeiçoar seus processos, as pesquisas acadêmicas, mesmo utilizando métodos consagrados, nem sempre conseguem contribuir adequadamente para tal (Platts, 1993). Os estudos voltados às organizações, para serem mais relevantes, devem incluir a *design science* como forma de produzir conhecimento e de conduzir pesquisas na área (Romme, 2003). É necessário, portanto, um estudo que una os conceitos da *design science* aos problemas que os pesquisadores estão procurando responder, o que contribuiria para o aumento da relevância das pesquisas.

RELEVÂNCIA DESTE LIVRO

Para operacionalizar os conceitos da *design science* e garantir que sejam utilizados com rigor, é necessário o estudo de um método de pesquisa denominado *design science research* (March; Smith, 1995; Cantamessa, 2003; Hevner et al., 2004; Manson, 2006; Jarvinen, 2007; Chakrabarti, 2010). A *design science research* também contribui para aumentar a relevância dos trabalhos realizados, diminuindo a distância entre o que se desenvolve na academia e o que é aplicado nas organizações.

Este livro surge dessa necessidade e busca discutir a possibilidade de utilização de outros conceitos e métodos para a condução das pesquisas nas áreas de gestão e engenharia, como a *design science*, que, segundo Bayazit (2004) é um tema cujo estudo merece aprofundamento também na área de gestão. Ademais, por meio deste livro, procuramos propiciar um maior entendimento a respeito da *design science research* como um possível método para condução de pesquisas prescritivas.

Avaliamos que o conhecimento existente acerca da *design science* avançou de maneira dispersa ao longo do tempo, a partir do livro escrito por Simon (1996). Nosso livro, tem, então, como um dos seus objetivos, organizar e alinhar este conhecimento. Especificamente, na área de gestão de operações e na engenharia de produção, por exemplo, há pouco conhecimento acerca da *design science* e da *design science research*. Nós temos percebido, inclusive, um aumento do distanciamento entre teoria e prática nestas áreas. Temos que estabelecer a distinção conceitual entre o paradigma científico da *design science* e o método de pesquisa que a operacionaliza (*design science research*), sendo este último o responsável pela projeto, construção e avaliação dos artefatos e a *design science*, o corpo de conhecimento gerado sobre os artefatos e seu processo generativo.

Para atender os objetivos propostos, os seguintes pontos serão abordados ao longo dos capítulos:

- ✓ contextualização histórica e exposição dos fundamentos da *design science*;
- ✓ apresentação dos conceitos relativos a *design science research* como um método de pesquisa para estudos prescritivos;
- ✓ proposição de um método para a condução de pesquisas fundamentadas na *design science*, considerando os produtos gerados em cada uma das etapas e as questões relativas ao rigor e à validade da pesquisa.

Cabe destacar que, embora os conceitos da *design science* e da *design science research* sejam relativamente recentes, eles têm amadurecido, principalmente nas áreas de tecnologia, gestão da informação e gestão em geral, como atestam inúmeros trabalhos de pesquisadores importantes como Van Aken (2004, 2005), Van Akem e Romme (2009), Starkey e Madan (2001), Burgoyne e James (2006). Parte destes trabalhos estão publicados em periódicos de alto reconhecimento no Brasil e no mundo, como o *British Journal of Management*. Entretanto, não foi possível identificar uma síntese desses estudos e conceitos para as áreas de gestão e engenharia, bem como sua sistematização e consolidação com o intuito de aplicá-los nas investigações dessas áreas.

Para o desenvolvimento deste livro, utilizamos uma abordagem metodológica teórico--conceitual baseada em uma ampla revisão bibliográfica e na compilação de conceitos provenientes de textos de diversos autores que estudam a *design science* e a *design science research*. Por meio de uma revisão sistemática da literatura, foi possível identificar uma série e artigos que abordam tais conceitos e sua aplicação de diversos pontos de vista.

A partir da leitura e organização desses artigos foram identificadas quatro categorias – aplicação, métodos de investigação, problematização e teorização –, que contribuíram para a melhor compreensão dos conceitos da *design science* e da *design science research*. A organização das categorias nos permitiu também a identificação dos artigos que apresentavam estudos que comparavam ou criticavam a *design science* e a ciência tradicional. Por meio das categorias, ainda, identificamos em que campos a *design science research* foi estudada ou aplicada.

Tais categorias permitem a visualização de como estão dispostas as pesquisas que abordam a *design science* ou a *design science research*, e, assim, que se identifique a lógica de organização dos textos que abordam esse paradigma e esse método de pesquisa. As categorias e subcategorias que identificamos estão expostas na Figura 1.1.

A categoria aplicação agrupa os artigos que demonstram a aplicação dos conceitos da *design science research*, tendo sido dividida em seis subcategorias, de acordo com a área em que os conceitos foram aplicados: arquitetura, ciências sociais, educação, engenharia, gestão e sistemas de informação. Observe que os paradigmas da *design science* e da *design science research* como método de pesquisa têm sido aplicados nas mais diversas áreas do conhecimento. Neste livro, o enfoque será a aplicação dessa ciência e desse método nas áreas de gestão e engenharia. Contudo, a aplicação dos conceitos da *design science* e do próprio método *design science research* pode ser expandida para outras áreas do conhecimento que também tenham como objetivo a solução de problemas e a construção de artefatos.

A categoria métodos de investigação abrange os artigos que confrontam, de alguma maneira, os conceitos da *design science research* com outros métodos de pesquisa e assuntos correlatos. As subcategorias definidas para os métodos de investigação foram: estudo de caso, pesquisa-ação, técnicas de coleta de dados e validação dos artefatos.

Na categoria problematização reunimos os artigos que tratam de críticas a *design science research* e aqueles que debatem a dicotomia teoria/prática enfrentada pelos pesquisadores. Suas duas subcategorias são críticas a *design science research* e dicotomia teoria/prática.

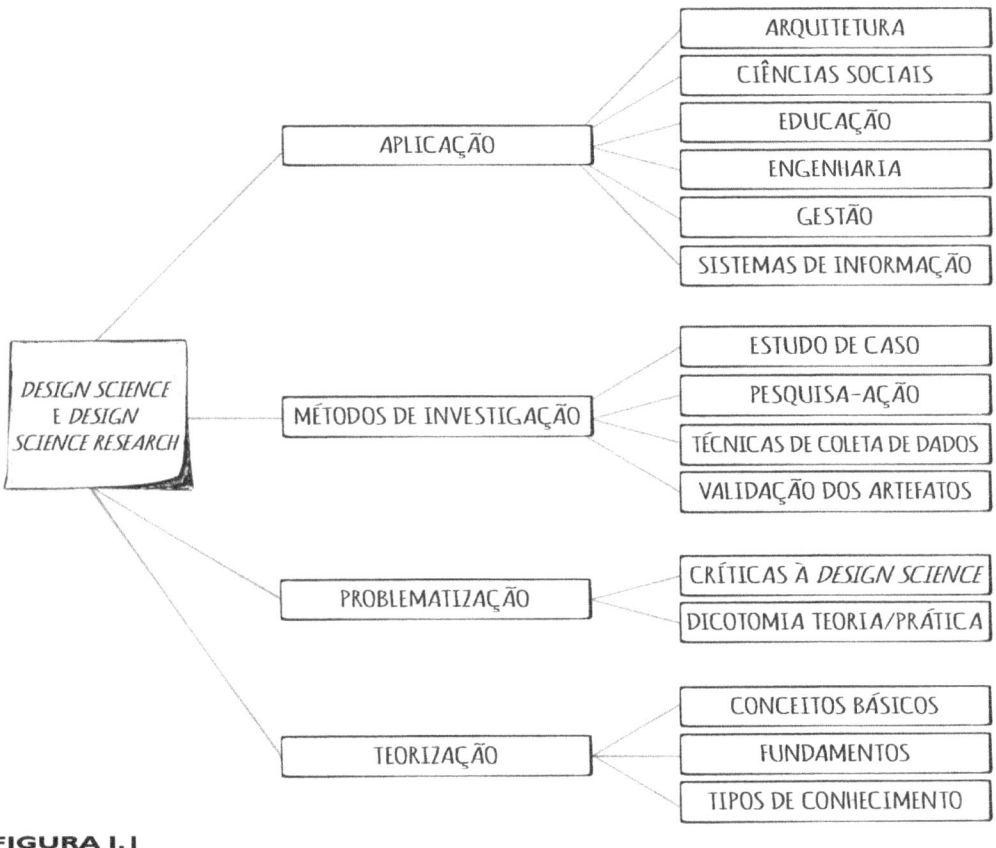

FIGURA 1.1

Categorias e subcategorias para análise dos artigos.

A última categoria que definimos foi teorização, dividida em três subcategorias: conceitos básicos, fundamentos e tipos de conhecimento. Essa categoria é de suma importância para o entendimento do contexto da *design science*, bem como para compreender como ocorre a produção do conhecimento quando se utiliza essa abordagem.

A partir da definição das categorias e da classificação dos artigos em cada uma delas, identificamos quantos artigos pesquisados estavam presentes em cada categoria (ver Tabela I.2).

Alguns pontos apresentados na Tabela I.2 merecem destaque. Por exemplo, constatamos que existiam muitos artigos na área de educação, principalmente quando foi utilizada como palavra-chave a expressão *design based research*. Outro ponto a ser destacado é que, na categoria em que se buscou relacionar a *design science research* com outros métodos ou ferramentas de investigação (realização de pesquisas), evidenciou-se que a relação desse método com a pesquisa-ação sobressai em relação aos demais métodos ou técnicas de pesquisa.

Na categoria problematização, por sua vez, identificamos que a maioria dos artigos trazia discussões acerca da dicotomia teoria/prática, com muitos autores afirmando o quanto a *design science research* pode aproximar esses dois âmbitos e diminuir o distanciamento (*gap*) existente entre eles. Por fim, na categoria teorização, a maior parte dos artigos apresentava questões fundamentais acerca da *design science* e da *design science research*.

Outro ponto que destacamos, no que se refere às buscas realizadas nas bases de dados, é o número de ocorrências ao longo dos anos de artigos referentes ao tema em questão. É possível perceber que a *design science* e a *design science research* vêm ganhando espaço

TABELA I.2

Categorias e subcategorias dos artigos analisados

Categoria	Subcategoria	Número artigos
Aplicação (uso) da *design science research*	Arquitetura	1
	Ciências sociais	1
	Educação	15
	Engenharia	1
	Gestão	2
	Sistemas de informação	1
Métodos de investigação e a *design science research*	Estudo de caso	5
	Pesquisa-ação	8
	Técnicas de coleta de dados	2
	Validação dos artefatos	6
Problematização	Críticas à *design science*	7
	Dicotomia teoria/prática	17
Teorização	Conceitos básicos	28
	Fundamentos	28
	Tipos de conhecimento	4

na área acadêmica, embora o número de artigos publicados ainda seja pouco expressivo. A Figura I.2 ilustra o número de artigos encontrados e analisados em cada ano do horizonte temporal definido (1990-2013).

Uma vez que os principais tópicos relacionados à *design science* foram conhecidos, após a leitura dos artigos categorizados, foi possível estruturar os capítulos que compõem este livro. O Capítulo 1, "Sobrevoo pela pesquisa", apresenta os conceitos da ciência tradicional e também suas diferenças em relação à *design science*. São apresentados, ainda, os conceitos e tipos de pesquisa que guardam relação com a temática do livro. Posteriormente, são expostos os conceitos e métodos de pesquisa comumente utilizados pelos pesquisadores da área de gestão e engenharia, conceito de método de trabalho e conceito e tipos de técnicas para coleta e análise dos dados. Por fim, é feita uma reflexão sobre a trajetória da ciência e as formas e tipos de produção do conhecimento.

O Capítulo 2, "*Design science*, a ciência do artificial", traz os conceitos relativos à *design science*, seu histórico e contextualização. Além disso, é apresentamos um comparativo teórico entre a *design science* e as ciências tradicionais (natural e social).

No Capítulo 3, "*Design science research*", são apresentados os conceitos desse método, bem como seus fundamentos e críticas. Também são explicitados uma série de métodos que foram propostos para operacionalizar a *design science* em diversas áreas e alguns cuidados que o pesquisador deve ter durante a condução das pesquisas fundamentadas na *design science*, buscando assegurar sua validade.

O Capítulo 4, "Classes de problemas e artefatos", trazemos uma reflexão sobre a importância de se definirem as classes de problemas para a realização de pesquisas mais relevantes e para o avanço do conhecimento de forma geral. São abordados, ainda, os conceitos e tipos de artefatos e a relação destes com a classe de problemas da área de gestão de operações.

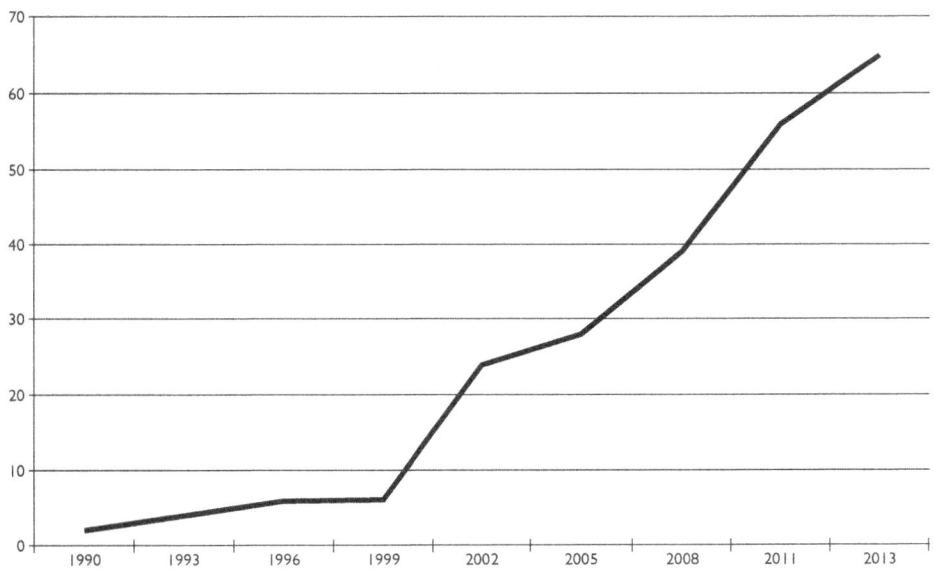

FIGURA I.2

Número de artigos encontrados no horizonte temporal definido.

O Capítulo 5, "Proposta para a condução de pesquisas utilizando a *design science research*, descreve as principais etapas e traz recomendações para os pesquisadores que desejam utilizar a *design science research* como método de pesquisa para conduzir as suas investigações.

O Capítulo 6, "Revisão sistemática da literatura", aporta conceitos básicos e alguns métodos que podem ser utilizados para a condução de uma revisão sistemática da literatura, destacando a importância dessa revisão para as pesquisas realizadas sob o paradigma da *design science*.

> **☑ TERMOS-CHAVE**
>
> pesquisa indesejada, pesquisa leviana, pesquisa autocentrada, pesquisa necessária, método de pesquisa.

PENSE CONOSCO

1. Converse com profissionais/executivos e busque ouvir sua opinião acerca da pesquisa realizada na academia.
2. Converse com profissionais/executivos e verifique quais são os principais temas e/ou autores que eles lembram terem contribuído para melhor entendimento ou solução de uma determinada situação na empresa.
3. Após ler este capítulo, o que você entende como rigor e relevância no que tange à pesquisa científica?
4. Procure 10 trabalhos acadêmicos (monografias de graduação/especialização, dissertações, teses e artigos científicos) e classifique na matriz que propomos no começo deste capítulo.
5. Você sabe dizer como as pesquisas científicas brasileiras no campo da gestão e da engenharia de produção, por exemplo, têm ajudado as empresas brasileiras a aumentar sua competitividade internacional?
6. Você estaria disposto a viabilizar uma pesquisa acadêmica em sua organização?
7. Como a pesquisa e desenvolvimento existente em sua organização contribuem para o avanço do conhecimento existente?
8. Você sabia que há pesquisas conduzidas dentro de empresas já obtiveram o prêmio Nobel? Por exemplo, veja: 2013 IBM Fellows. Disponível em: <http://www.ibm.com/ibm/ideasfromibm/us/awards/phd_fellowship_awards/2013_index.shtml>. Acesso em: 01 set. 2014. Você conhece outros exemplos?

REFERÊNCIAS

ANDERY, M. A. et al. *Para compreender a ciência*: uma perspectiva histórica. Rio de Janeiro: EDUC, 2004.

BAYAZIT, N. Investigating design : a review of forty years of design research. *Massachusetts Institute of Technology*: design issues, v. 20, n. 1, p. 16-29, 2004.

BORTOLOTTI, M. É preciso ir à luta. *Veja*, n. 2059, 2008.

BURGOYNE, J.; JAMES, K. T. Towards best or better practice in corporate leadership development: operational issues in mode 2 and design science research. *British Journal of Management*, v. 17, p. 303-316, 2006.

BUSINESS schools and research: practically irrelevant? *The Economist*, 2007. Disponível em: <http://www.economist.com/node/9707498>. Acesso em: 28 ago. 2014.

CANTAMESSA, M. An empirical perspective upon design reserach. *J. Eng. Design*, v. 14, n. 1, p. 1-15, 2003.

CHAKRABARTI, A. A course for teaching design research methodology. *Artificial Intelligence for Engineering Design, Analysis and Manufacturing*, v. 24, n. 3, p. 317-334, 2010.

COBURN, T. *The national science foundation:* under the microscope. [S.l.: s.n.], 2011.

CRAIGHEAD, C. W.; MEREDITH, J. M. Operations management research: evolution and alternative future paths. *International Journal of Operations & Production Management*, v. 28, n. 8, p. 710-726, 2008.

DAFT, R. L.; LEWIN, A. Y. Can organizations studies begin to break out of the normal science straitjacket? An editorial essay. *Organization Science*, v. 1, n. 1, p. 1-10, 1990.

DAFT, R. L.; LEWIN, A. Y. Rigor and relevance in organization studies: idea migration and academic journal evolution. *Organization Science*, v. 19, n. 1, p. 177-183, 2008.

FORD, E. W. et al. Mitigating risks, visible hands, inevitable disasters, and soft variables: management reasearch that matters to managers. *Academy of Management Executive*, v. 17, n. 1, p. 46-60, 2003.

GIBBONS, M. et al. *The new production of knowledge:* the dynamics of science and research in contemporary societies. London: Sage, 1994.

GOLDRATT, E. M. *The Choice*. Great Barrington: The North River Press, 2008.

GOLDRATT, E. M.; COX, R. E. *A meta*. São Paulo: IMAM, 1986.

HAMBRICK, D. C. The field of management's devotion to theory: too much of a good thing? *Academy of Management Journal*, v. 50, n. 6, p. 1346-1352, 2007.

HATCHUEL, A. A foundationalist perspective for management research: a European trend and experience. *Management Decision*, v. 47, n. 9, p. 1458-1475, 2009.

HEVNER, A. R. et al. Design science in information systems research. *MIS Quaterly*, v. 28, n. 1, p. 75-105, 2004.

HODGKINSON, G. P.; KERRIOT, P.; ANDERSON, N. Re-aligning the stakeholders in management research: lessons from industrial, work and organizational psychology. *British Journal of Management*, v. 12, p. 41-48, 2001.

JÄRVINEN, P. Action research is similar to design science. *Quality & Quantity*, v. 41, n. 1, p. 37-54, 2007.

MANSON, N. J. Is operations research really research? *ORiON*, v. 22, n. 2, p. 155-180, 2006.

MARCH, S. T.; SMITH, G. F. Design and natural science research on information technology. *Decision Support Systems*, v. 15, p. 251-266, 1995.

PLATTS, K. W. A process approach to researching manufacturing strategy. *International Journal of Operations & Production Management*, v. 13, n. 8, p. 4-17, 1993.

ROMME, A. G. L. Making a difference : organization as design. *Organization Science*, v. 14, n. 5, p. 558-573, 2003.

SAUNDERS, M.; LEWIS, P.; THORNHILL, A. *Research methods for business students*. 6. ed. London: Pearson Education Limited, 2012.

SIMON, H. A. *The sciences of the artificial*. 3. ed. Cambridge: MIT Press, 1996.

SLACK, N.; LEWIS, M.; BATES, H. The two worlds of operations management research and practice: can they meet, should they meet? *International Journal of Operations & Production Management*, v. 24, n. 4, p. 372-387, 2009.

STARKEY, K.; HATCHUEL, A.; TEMPEST, S. Management research and the new logics of discovery and engagement. *Journal of Management Studies*, v. 46, n. 3, p. 547-558, 2009.

STARKEY, K.; MADAN, P. Bridging the relevance gap: aligning stakeholders in the future of management research. *British Journal of Management*, v. 12, p. 3-26, 2001.

SUSMAN, G. I.; EVERED, R. D. An assessment of the scientific merits of action research. *Administrative Science Quarterly*, v. 23, n. 4, p. 582-603, 1978.

TAYLOR, A.; TAYLOR, M. Operations management research: contemporary themes, trends and potential future directions. *International Journal of Operations & Production Management*, v. 29, n. 12, p. 1316-1340, 2009.

VAN AKEN, J. E. Management research as a design science: articulating the research products of mode 2 knowledge production in management. *British Journal of Management*, v. 16, n. 1, p. 19-36, 2005.

VAN AKEN, J. E. Management research based on the paradigm of the design sciences: the quest for field-tested and grounded technological rules. *Journal of Management Studies*, v. 41, n. 2, p. 219-246, 2004.

VAN AKEN, J. E.; BERENDS, H.; VAN DER BIJ, H. *Problem solving in organizations*. 2. ed. Cambridge: University Press Cambridge, 2012.

VAN AKEN, J. E.; ROMME, G. Reinventing the future: adding design science to the repertoire of organization and management studies. *Organization Management Journal*, v. 6, n. 1, p. 5-12, 2009.

VERMEULEN, F. The translation fallacy – writing up academic research for dummies? *Forbes*, 2012. Disponível em: <http://www.forbes.com/sites/freekvermeulen/2012/06/13/the-translation-fallacy-writing-up-academic-research-for-dummies/>. Acesso em: 28 ago. 2014.

LEITURAS RECOMENDADAS

DENYER, D.; TRANFIELD, D.; VAN AKEN, J. E. Developing design propositions through research synthesis. *Organization Studies*, v. 29, n. 3, p. 393-413, 2008.

LEE, A. S.; HUBONA, G. S. A scientific basis for rigor in information systems research. *MIS Quaterly*, v. 33, n. 2, p. 237-262, 2009.

PANDZA, K.; THORPE, R. Management as design, but what kind of design? An appraisal of the design science analogy for management. *British Journal of Management*, v. 21, n. 1, p. 171-186, 2010.

PEFFERS, K. et al. A design science research methodology for information systems research. *Journal of Management Information Systems*, v. 24, n. 3, p. 45-77, 2007.

PLSEK, P.; BIBBY, J.; WHITBY, E. Practical methods for extracting explicit design rules grounded in the experience of organizational managers. *The Journal of Applied Behavioral Science*, v. 43, n. 1, p. 153-170, 2007.

ROMME, A. G. L.; DAMEN, I. C. M. Toward science-based design in organization development: codifying the process. *The Journal of Applied Behavioral Science*, v. 43, n. 1, p. 108-121, 2007.

TREMBLAY, M. C.; HEVNER, A. R.; BERNDT, D. J. Focus groups for artifact refinement and evaluation in design research. *Communications of the Association for Information Systems*, v. 26, p. 599-618, 2010.

WORREN, N. A.; MOORE, K.; ELLIOTT, R. When theories become tools: toward a framework for pragmatic validity. *Human Relations*, v. 55, n. 10, p. 1227-1250, 2002.

XU, L.; CHEN, J. Technological rules based business models analysis: a design science approach. *International Journal of Business and Management*, v. 6, n. 9, p. 113-122, 2011.

I
Sobrevoo pela pesquisa

A ciência converteu-se no eixo da cultura contemporânea. E, sendo motor da tecnologia, a ciência acabou por controlar indiretamente a economia dos países desenvolvidos. Por conseguinte, quem quiser adquirir uma ideia adequada da sociedade moderna precisa estudar o mecanismo de produção científica, bem como a estrutura e o sentido de seus produtos.

Mário Bunge, em *Epistemologia* (1980)

☑ OBJETIVOS DE APRENDIZAGEM

- Apresentar os conceitos da ciência tradicional e da *design science*.
- Definir o posicionamento metodológico de suas pesquisas a partir do pêndulo.
- Classificar os métodos de pesquisa e técnicas para coleta e análise de dados.
- Construir conhecimento por meio de reflexões realizadas acerca da lógica de construção do conhecimento científico.

CIÊNCIA E PRODUÇÃO DO CONHECIMENTO

A sociedade do conhecimento, como a que vivemos, tem na ciência o seu principal eixo. É fácil reconhecer que os países líderes também o são em termos de produção científica. Ou seja, não bastam os recursos naturais, o desdobramento da história, o tamanho do território ou do mercado interno. A educação é um fator primordial e ela naturalmente inclui a produção científica.

Segundo Ander-Egg (1976, p.15), a **ciência** é "[...] um conjunto de conhecimentos racionais, certos ou prováveis, obtidos metodicamente, sistematizados e verificáveis, que fazem referência a objetos de uma mesma natureza [...]." A ciência não tem subjetividade; o conhecimento gerado a partir dela é confiável, uma vez que pode ser provado (Chalmers, 1999; Popper, 1979). A função da ciência, portanto, é explicar o mundo. Em uma definição mais formal do seu objetivo, fala-se em desenvolver o conhecimento sobre o que existe ou auxiliar na compreensão de sistemas, por meio da descoberta dos princípios que determinam suas características, funcionamento e os resultados que produzem (Romme, 2003).

A ciência pode ser classificada em ciência fatual e ciência formal. A **ciência fatual** é aquela que explora, descreve, explica e prediz fenômenos. Ela é validada quando apresenta alguma evidência empírica, enquanto a ciência formal independe disso. As ciências formais englobam áreas como lógica e matemática, que não abordaremos neste livro. As ciências fatuais, por sua vez, são divididas tradicionalmente em **ciências naturais**, que incluem disciplinas como física, química e biologia, e **sociais**, nas quais estão agrupadas áreas como sociologia, política, economia, antropologia e história (Hegenberg, 1969).

O objetivo das ciências naturais é compreender fenômenos complexos. O conhecimento gerado tem uma abordagem descritiva e analítica. A produção do conhecimento ocorre por meio da busca por conhecimentos gerais e válidos e na formulação de hipóteses (Romme, 2003). "Uma ciência natural é um corpo de conhecimentos acerca de uma classe de seres – objetos ou fenômenos – do mundo: ocupa-se das suas características e propriedades; de como se comportam e interagem." (Simon, 1996, p. 1). Dessa forma, preocupam-se em descobrir como as coisas são e explicar o porquê. As pesquisas que utilizam a abordagem das ciências naturais devem ser fiéis aos fatos observados, além de ter certa habilidade em predizer futuras observações (March; Smith, 1995). Uma vez que os principais conceitos das ciências naturais forem compreendidos, é válido explicitar alguns conceitos das ciências sociais – ciências que buscam descrever, entender e refletir sobre o ser humano e suas ações (Romme, 2003).

O conhecimento surge a partir do que as pessoas pensam a respeito de determinado objeto. Nas pesquisas que utilizam a abordagem das ciências sociais, o cientista costuma ter certa proximidade com seu objeto de estudo (pessoas). Todavia, as pesquisas realizadas nas ciências sociais costumam ser questionadas em função da sua subjetividade, pois nem sempre conseguem demonstrar facilmente o quão rigorosa é a sua condução (Romme, 2003).

Do alto de sua experiência de mais de três décadas de vida no Brasil, o sociólogo francês Michell Thiollent afirma que a ciência social no país sofre uma dicotomia, porque costuma ser desenvolvida entre uma tendência científica, com uma abordagem mais quantitativa, e uma tendência humanística, que considera as pessoas como fatores-chave e defende que assim devem ser entendidas para a realização das pesquisas.

Tanto as pesquisas sustentadas nas ciências sociais quanto aquelas alicerçadas nas ciências naturais têm como missão a busca pela verdade, sendo seus objetivos descrever, explicar e predizer, com o intuito de desenvolver o conhecimento em determinada área (Denyer; Tranfield; Van Aken, 2008). Os pesquisadores da área de gestão, em geral, buscam encontrar soluções para certos problemas ou, ainda, projetar e criar artefatos que sejam aplicáveis pelos profissionais no dia a dia. Logo, um estudo que descreva ou explique uma determinada situação nem sempre é suficiente para o avanço do conhecimento.

Precisamos, portanto, de uma ciência que amplie a compreensão do que é feito em gestão, isto é, uma ciência capaz, inclusive, de prescrever soluções para problemas reais. A resposta está na *design science*, que engloba áreas como a medicina, a engenharia e, também, a gestão.

O conceito de *design science* foi introduzido por Herbert Simon, pesquisador americano e vencedor do Prêmio Nobel de Economia, em seu livro *As ciências do artificial* — publicado originalmente em 1969 e, no Brasil, em 1981. Nessa obra, Simon faz a distinção entre a ciência natural e a *design science*, traduzida como ciência do projeto ou ciência do artificial. A Tabela 1.1 apresenta uma síntese das principais características das ciências naturais, sociais e da *design science*.

TABELA 1.1
Ciências naturais, ciências sociais e *design science*

Elemento	Ciências naturais	Ciências sociais	*Design science*
Propósito	Entender fenômenos complexos, descobrir como as coisas são e justificar o porquê de serem dessa forma.	Descrever, entender e refletir sobre o ser humano e suas ações.	Projetar e produzir sistemas que ainda não existem e modificar situações existentes para alcançar melhores resultados com foco na solução de problemas.
Objetivo da pesquisa	Explorar, descrever, explicar e predizer.	Explorar, descrever, explicar e predizer.	Prescrever. As pesquisas são orientadas à solução de problemas.
Áreas que costumam utilizar esse paradigma científico	Física, química e biologia.	Antropologia, economia, política, sociologia e história.	Medicina, engenharia e gestão.

Fonte: Elaborada pelos autores com base em Hegenberg (1969), Denyer, Tranfield e Van Aken (2008), March e Smith (1995), Romme (2003) e Simon (1996).

ESTRUTURA PARA CONDUÇÃO DA PESQUISA CIENTÍFICA

O progresso da ciência e o avanço do conhecimento científico só são possíveis com o uso de pesquisa, seja para comprovar determinadas teorias, seja para propor soluções para problemas pontuais. Assim, **pesquisa** pode ser definida como uma investigação sistemática, cujo objetivo central costuma ser o desenvolvimento ou refinamento de teorias e, em alguns casos, a resolução de problemas. A pesquisa é muitas vezes necessária diante da falta de informação adequada e sistematizada para responder a um determinado problema.

As motivações para a realização de uma pesquisa podem ser de ordem teórica ou prática. A pesquisa com um caráter mais teórico costuma ser chamada de **pesquisa básica**, ou pesquisa pura, e tem como objetivo principal garantir o progresso científico, sem preocupação de utilizar o conhecimento gerado na prática. Esse é o tipo de pesquisa realizada na academia. A pesquisa de ordem prática é também chamada de **pesquisa aplicada**, e seu principal interesse é que os resultados auxiliem os profissionais na solução de problemas do dia a dia. Embora distintas, as pesquisas básica e aplicada não são excludentes.

Para o desenvolvimento de uma pesquisa, em particular a pesquisa científica, é necessário seguir alguns procedimentos que garantam a confiabilidade dos resultados. A Figura 1.1 apresenta a estrutura tradicionalmente utilizada para a produção do conhecimento científico, que se fundamenta nas ciências naturais e sociais. Para ilustrar as relações de dependência e a necessidade de alinhamento entre cada uma das etapas consideradas na condução de uma pesquisa científica, utilizamos a representação de um pêndulo de Newton.

O ponto de partida para a realização de uma pesquisa científica é a *definição de uma razão* para dar início à investigação. Essa investigação, segundo Booth, Colomb e Williams

ESTRATÉGIA PARA CONDUÇÃO DE PESQUISAS CIENTÍFICAS

1 - RAZÕES PARA REALIZAR UMA PESQUISA
2 - OBJETIVOS DA PESQUISA
3 - MÉTODOS CIENTÍFICOS
4 - MÉTODOS DE PESQUISA
5 - MÉTODO DE TRABALHO
6 - TÉCNICAS DE COLETA E ANÁLISE DE DADOS
7 - RESULTADOS CONFIÁVEIS

FIGURA 1.1

Pêndulo representativo da condução de pesquisas científicas.

(2008), autores de *The craft of research* (obra que já vendeu mais de 400 mil cópias em sua três edições em língua inglesa), pode estar fundamentada em três pontos principais:

✓ o desejo do investigador de compartilhar uma nova e interessante informação;
✓ buscar a resposta para uma questão importante;
✓ compreender um fenômeno em profundidade.

O processo de pesquisa também pode ser motivado pela observação da realidade ou pelo desejo de, com base na literatura e nos conhecimentos prévios, encontrar uma lacuna que sirva como ponto de partida para a pesquisa.

Além de definir o ponto de partida, o pesquisador deve estabelecer o *objetivo* que deseja atingir com a investigação, ou seja, se deseja explorar, descrever, explicar ou, ainda, predizer algum comportamento do fenômeno que está estudando. Para atingir esse objetivo, o pesquisador deve escolher o *método científico* que irá orientar a sua pesquisa. O método científico sofrerá influência direta do ponto de partida da pesquisa em si, isto é, se a pesquisa teve início com a observação da realidade ou com a identificação de uma lacuna teórica.

Determinados o objetivo da pesquisa e a abordagem científica que irá orientar a investigação, é necessário decidir que *método de pesquisa* melhor se aplica à condução do estudo. Isso auxilia o pesquisador na definição de seu próprio *método de trabalho*, que, por sua vez, assegurará a correta execução da pesquisa.

O método de trabalho vai orientar e apoiar o pesquisador na condução da sua pesquisa ao mesmo tempo em que irá garantir a replicação por outros. As *técnicas de coleta e análise de dados* devem ter igualmente suas escolhas bem justificadas.

Um aspecto que merece ser destacado é a necessidade de alinhamento entre os elementos do pêndulo expostos na Figura 1.1. A falta de alinhamento entre esses elementos pode comprometer e, principalmente, enviesar os *resultados da pesquisa*. O desalinhamento também dificulta a compreensão sistêmica e sistemática dos procedimentos adotados e de como eles contribuem para que a pesquisa atinja seus objetivos.

É necessário, portanto, que o pesquisador conheça cada um dos elementos do pêndulo, posicione-se e justifique suas escolhas metodológicas, o que irá evidenciar os cuidados adotados na condução da pesquisa. Por meio desse processo de definição, o pesquisador também amadurece suas escolhas metodológicas, o que lhe permitirá sustentar os resultados da pesquisa que conduziu.

Em especial, é necessário explicar os procedimentos e suas justificativas para a configuração do método de trabalho e das técnicas de coleta e análise de dados. Para isso, algumas decisões anteriores são necessárias e influenciarão tanto a configuração do método de trabalho quanto as escolhas das técnicas de coleta, tratamento e análise dos dados.

Métodos científicos

O **método científico** é uma perspectiva ou premissa sobre como o conhecimento é construído. A escolha da abordagem ou método científico utilizado em uma investigação deve levar em conta:

- ✓ o ponto de partida da pesquisa (p.ex., uma lacuna teórica, um problema de ordem prática ou a observação direta de algum fenômeno);
- ✓ o objetivo da pesquisa, isto é, se o que se deseja é explicar, descrever, explorar ou predizer.

Esses fatores interferem na escolha do método científico e do método de pesquisa a ser empregado. Veja a seguir os métodos de pesquisa mais utilizados em estudos na área de gestão.

FIGURA 1.2

Pêndulo para condução de pesquisas científicas: métodos científicos.

Método indutivo

O método de mais fácil aplicação no mundo real é o indutivo, superando de longe outros tipos de pesquisa, segundo levantamento do professor da London Business School Patrick Barwise. No mundo acadêmico, entretanto, essa popularidade não se repete. "A pesquisa indutiva tende a atrair sarcasmo dos editores dos periódicos acadêmicos [...]" (Barwise, 2007), comenta ele, "[...] e lá predominam as pesquisas orientadas à construção de teoria [...]". (Barwise, 2007).

O **método indutivo** se fundamenta em premissas e na inferência de uma ideia a partir de dados previamente constatados ou observados. Para um pesquisador indutivista, a ciência é baseada na observação. Ela é chave para a construção do conhecimento científico. A partir da definição de proposições originadas pela observação do cientista, é possível generalizar o conhecimento, propondo uma lei universal. Ou seja, a partir de determinados dados, devidamente observados, o cientista faz uma inferência a respeito do que está sendo pesquisado.

O cientista que utiliza o método indutivo parte do pressuposto de que é possível construir o conhecimento científico observando, de maneira repetitiva, um determinado objeto de pesquisa. Ele propõe fundamentos teóricos sobre o objeto de pesquisa a partir de suas observações. Logo, do ponto de vista do indutivista, a experiência é fundamental para alicerçar o conhecimento, mas a observação não deve sofrer interferência das opiniões pessoais do pesquisador, que deve ser o mais imparcial possível (Chalmers, 1999).

As três etapas básicas da pesquisa baseada no método indutivo estão representadas na Figura 1.3.

FIGURA 1.3

Etapas que compõem o método indutivo.
Fonte: Elaborada pelos autores com base em Chalmers (1999) e Saunders, Lewis e Thornhill (2012).

Muitas são as críticas ao método indutivo. Entre elas está o chamado "salto indutivo", ou seja, a generalização de alguns fenômenos observados para todos os fenômenos, mesmo os que não foram observados e até aqueles que não é possível observar.

É comum a aplicação do método indutivo nas pesquisas em gestão. Muitas vezes as constatações surgem a partir da observação da realidade. A partir daí o pesquisador passa a construir conjecturas que podem contribuir tanto para a solução de um problema prático, como para a fundamentação de novas teorias.

> **QUADRO 1.1**
>
> **Método indutivo na pesquisa em gestão**
>
> Henry Mintzberg, professor da McGill University, reconhecido pesquisador na área de gestão publicou o livro *The Nature of Managerial Work* baseado em sua tese de doutorado pela Sloan School of Management (MIT). Nesse estudo, ele observou a vida profissional de cinco CEOs durante uma semana, procurando entender como era o trabalho de um gestor. Tanto em seu trabalho original quanto no livro *Managing*, o método científico foi o mesmo. Suas conclusões foram extraídas de suas observações. "Minha intenção não era testar uma hipótese ou provar algo específico, apenas entender melhor a gestão em todas as suas variantes". Para mais detalhes, veja: https://www.youtube.com/watch?v=_NRWtd_SiU8.

Método dedutivo

No **método dedutivo**, o cientista parte de leis e teorias para propor elementos que poderão servir para explicar ou prever certos fenômenos. Os argumentos lógicos válidos se caracterizam pelo fato de que, se a premissa do argumento é verdadeira, a conclusão também deve ser verdadeira.

Utilizando a dedução e conhecendo leis e teorias universais, o cientista pode, a partir desse conhecimento, construir outros, com o intuito de explicar e prever o comportamento do objeto de pesquisa. A Figura 1.4 mostra o processo de produção do conhecimento segundo as abordagens de indução e dedução.

FIGURA 1.4

Produção do conhecimento segundo abordagens indutiva e dedutiva.
Fonte: Adaptada de Chalmers (1999, p. 29).

O método dedutivo se caracteriza pelo uso da lógica para a construção do conhecimento. Uma diferença significativa entre os métodos indutivo e o dedutivo é que, para desenvolver o primeiro, deve-se obrigatoriamente partir da observação de fenômenos, ou seja, ter uma base empírica. Já o segundo parte da proposição das leis e teorias que abrangem determinado fenômeno e o conhecimento é construído a partir da definição de premissas e análise da relação entre elas.

> **QUADRO 1.2**
>
> **Método dedutivo na pesquisa em gestão**
>
> Diversos estudos em gestão têm utilizado o método científico dedutivo para melhorar a compreensão dos fenômenos e, principalmente, para avaliar os possíveis efeitos/resultados. Camerer (1985) defende a utilização do método dedutivo para o desenvolvimento de políticas de negócio e estratégia. "Acredito que o uso dedutivo da matemática e conceitos econômicos é a melhor maneira de responder (e questionar) problemas em estratégia corporativa." (Camerer, 1985, p. 1).
>
> Chen et al. (2000) procuraram quantificar o "Efeito Chicote" em uma cadeia de suprimentos simples. Nesse estudo, foram deduzidos os impactos da centralização da previsão de demanda na variabilidade em cada um dos estágios da cadeia de suprimentos. A fim de atingir seus objetivos, a pesquisa deduz e propõe diversos teoremas para sustentar suas conclusões. Ao final, a pesquisa reconhece que o modelo não captura muitas complexidades envolvidas na realidade das cadeias de suprimento. Apesar disso, o trabalho aprofunda o entendimento sobre os aspectos que impactam no "Efeito Chicote" presente nas cadeias de suprimento.
>
> Outro estudo que utilizou a dedução para seu desenvolvimento foi conduzido por Kapuscinski e Tayur (2007). Nessa pesquisa, Kapuscinski e Tayur (2007) estudaram um modelo que poderia ser utilizado por empresas de manufatura *make to order*. O modelo construído abrange duas classes de consumidores distintas e objetiva indicar qual é a melhor política para informar os clientes acerca do lead time de produção de cada um dos itens comprados. A partir dos resultados, Kapuscinski e Tayur (2007) puderam propor algumas possibilidades para posterior implementação da política identificada e constataram que as políticas sugeridas por eles mostram-se bastante efetivas e superiores às heurísticas existentes até o momento.

Um exemplo de aplicação do método dedutivo nas pesquisas da área de gestão é a construção de modelos conceituais. O pesquisador parte de conhecimentos teóricos prévios e, de maneira lógica, propõe certas relações entre as variáveis. Posteriormente, busca dados concretos para confrontar seu modelo com a realidade. A partir dos resultados obtidos, o pesquisador pode explicar ou mesmo prever alguns comportamentos do sistema que está sendo estudado.

Método hipotético-dedutivo

Grande crítico do método indutivo, o filósofo Karl Popper sugeriu o **método hipotético-dedutivo** como tentativa de desenvolver um método científico adequado à busca pela verdade. Esse método se caracteriza por, a partir de conhecimentos prévios, identificar um problema, propor e testar hipóteses que poderão resultar em previsões e explicações (Shareef, 2007).

A lógica hipotético-dedutiva é aquela empregada pelos cientistas falsificacionistas, que acreditam que mais vale refutar uma ideia ou teoria do que confirmá-la. Para eles, o avanço da ciência ocorre quando uma ideia é refutada. Conforme Chalmers (1999), mesmo não sendo possível afirmar que uma teoria é verdadeira, pode-se dizer que ela é a melhor disponível até o momento.

Segundo Popper (1979), sempre que passamos a explicar uma lei ou teoria conjectural por meio de uma nova teoria conjectural de grau de universalidade superior, estamos descobrindo mais sobre o mundo. Assim, sempre que conseguimos tornar falsa uma teoria dessa espécie, fazemos uma descoberta importante. Essa declaração reflete a defesa do **falsificacionismo**.

O falsificacionista acredita que a ciência é um conjunto de hipóteses que podem ser propostas e testadas, com o intuito de descrever ou explicar certo comportamento do objeto de pesquisa. Além disso, para ser reconhecida como científica, uma hipótese deve ser falsificável (Chalmers, 1999). De maneira simplificada, pode-se dizer que o método hipotético-dedutivo é composto pelas quatro etapas apresentadas na Figura 1.5.

FIGURA 1.5

Etapas que compõem o método hipotético-dedutivo.
Fonte: Elaborada pelos autores com base em Chalmers (1999) e Shareef (2007).

O método hipotético-dedutivo de Popper sugere que, a partir de um conhecimento previamente construído e de determinada lacuna observada, o pesquisador pode propor novas teorias, em formato de hipóteses ou proposições, e colocá-las à prova. Se, depois de testadas, as hipóteses se confirmarem verdadeiras, significa que foram corroboradas pelas experiências anteriores, mas, se apresentarem um resultado negativo, ou seja, forem falseadas nos testes, então serão refutadas.

O método hipotético-dedutivo pode ser encontrado nas pesquisas em gestão quando o problema a ser investigado tem relação com a medição da qualidade de produtos ou serviços, por exemplo. O pesquisador gera hipóteses e as coloca à prova para verificar se são falseáveis ou podem ser corroboradas.

Os métodos científicos, como dissemos, podem ser complementares. Sua complementariedade tem como objetivo ampliar nossa compreensão sobre os fenômenos e, principalmente, fundamentar racionalmente nossas conclusões. Além disso, diversos autores têm apresentado métodos científicos alternativos. Por exemplo, Ormerod (2010) argumenta sobre as limitações do método dedutivo e expõe o pensamento probabilístico como um método alternativo. Nesse sentido, Mahootian e Eastman (2009) também sugerem os métodos hipotético-indutivo e observacional-indutivo.

> **QUADRO 1.3**
>
> **Método hipotético-dedutivo na pesquisa em gestão**
>
> "A descrição das Organizações de Alta Confiabilidade (*High-Reliability Organizations* – HROs), feita em 2001 pelos professores de administração Karl Weick e Kathleen Sutcliffe, da University of Michigan, é um excelente exemplo do falsificacionismo de Popper – critério para o progresso da construção e desenvolvimento de teorias. HROs são empresas que respondem à turbulência do ambiente, buscando por falhas em procedimentos ou teorias existentes. Weick (2003) relata que as HROs possuem uma "fascinação pela falha" que serve como um catalizador para aperfeiçoar a construção de teoria. Uma vez que a tomada de decisão tem como premissa uma estrutura teórica popperiana, os líderes nas HROs entendem que os planos estratégicos são apenas experimentais e buscam por evidências do ambiente que são incongruentes com os procedimentos baseados nas teorias existentes, a fim de desenvolver um aprendizado inteligente e contínuo.
>
> Weick (2003) argumenta que as HROs estão preocupadas com as falhas porque seus líderes perceberam que os melhores planos estratégicos e o aprendizado institucional somente poderão emergir se a organização identificar as pequenas falhas antes que possam ameaçar a sobrevivência organizacional. Além disso, ele e Sutcliffe (Weick; Sutcliffe, 2001, p. 129) observaram que as HROs contam com uma cultura aberta e propícia à identificação e apontamento de falhas: "Visto que culturas de segurança são dependentes do conhecimento obtido a partir de incidentes raros, erros, quase acidentes, e 'lições aprendidas', eles devem ser estruturados de modo que as pessoas sintam-se dispostas a 'confessar' seus próprios erros.". Consequentemente, Weick (2003) sugere que as instituições deveriam tanto recompensar empregados por apontar as falhas (Shareef, 2000) nos procedimentos operacionais como incorporar ativamente a narração (*storytelling*) sobre esses indivíduos na cultura organizacional.
>
> Adicionalmente, Weick e Sutcliffe (2001) condenam a prática organizacional de procurar pela confirmação das políticas e práticas, uma vez que essa busca leva à confirmação das expectativas e evita a evidência que as invalida (i.e. expectativas). Dois grandes problemas institucionais e de tomada de decisão, inevitavelmente, resultam de uma cultura organizacional de confirmação: negligenciar o acúmulo de evidências de que os eventos não estão sendo desenvolvidos conforme planejado e superestimar a validade das expectativas atualmente mantidas (Weick; Sutcliffe, 2001).
>
> Weick e Sutcliffe (2001) sabem (assim como Popper) que a busca por confirmação permite aos pesquisadores seletivamente olhar para o que confirma as crenças arraigadas e ignorar dados que minam essas crenças (Weick, 1995). Consequentemente, os líderes das HROs procuram substituir seus planos estratégicos, por meio de *frameworks* teóricos T1, T2, ..., sempre que uma pequena falha na performance ocorre – antes que essas falhas cresçam e levem à uma catástrofe organizacional. Aqui, os planos estratégicos são substituídos por planos estratégicos melhores, como resultado do reconhecimento das falhas observadas.
>
> O educador Schön (1995) concluiu que o conhecimento projetado para melhorar a teoria da área de administração não poderia ser entendido por meio da ciência normal de Kuhn, nem poderia tal epistemologia ser projetada para satisfazer os parâmetros da ciência normal. O conceito de HRO defendido por Weick e Sutcliffe valida a declaração de Schön. O *framework* teórico da HRO responde aos desafios operacionais, buscando invalidar ou falsificar políticas organizacionais existentes ou constructos teóricos baseados apenas no *feedback* empírico do ambiente. Esse *framework* para construção de teorias somente se encaixa com o conceito de ciência revolucionária de Popper. Também parece que a construção de uma teoria para o projeto de estruturas organizacionais adaptativas e flexíveis como as HROs só é possível por meio da utilização do modelo cognitivo de Popper.
>
> Extraído de: Shareef (2007).

Métodos de pesquisa

A Figura 1.6 ilustra como o **método de pesquisa** se relaciona com as demais questões que devem ser consideradas pelo pesquisador para definir sua estratégia de pesquisa.

Definir um método de pesquisa e justificar sua escolha ajuda o pesquisador a garantir que a sua investigação, de fato, resolverá o problema da pesquisa. Além disso, o uso adequado do método de pesquisa também favorece o reconhecimento da investigação pela comunidade científica, evidenciando que a pesquisa é confiável e válida para a área. Dentre tantos métodos existentes, quatro merecem destaque e serão descritos a seguir.

ETAPA 4: MÉTODOS DE PESQUISA

- ESTUDO DE CASO
- PESQUISA-AÇÃO
- *SURVEY*
- MODELAGEM

FIGURA 1.6

Pêndulo para condução de pesquisas científicas: métodos de pesquisa.

Estudo de caso

O **estudo de caso** é uma pesquisa empírica que busca melhor compreender um fenômeno contemporâneo, normalmente complexo, no seu contexto real. Os estudos de caso são considerados valiosos, uma vez que permitem descrições detalhadas de fenômenos normalmente baseados em fontes de dados diversas.

Esse método de pesquisa é particularmente adequado para investigar problemas complexos dentro do contexto em que ocorrem. Os estudos de caso asseguram que a investigação e o entendimento do problema sejam feitos em profundidade.

Os estudos de caso são constituídos de uma combinação de métodos de coleta de dados, como entrevistas, questionários, observações, etc. As evidências coletadas, que servirão de subsídio para o pesquisador, podem ser tanto quantitativas quanto qualitativas. Os estudos de caso se fundamentam na comparação dos dados coletados, buscando identificar o surgimento de categorias teóricas que possam, ainda, servir de base para a proposição de novas teorias. Os principais objetivos do estudo de caso são descrever um fenômeno, testar uma teoria e criar uma teoria.

Tendo em vista as características gerais do estudo de caso, bem como seus objetivos, é possível perceber sua natureza indutiva. Uma das razões para tal associação é o ponto de partida da pesquisa, uma vez que o estudo de caso parte de observações e análises de fenômenos reais. Outra razão é o fato de o método científico pressupor a geração de teorias, o que é, inclusive, um dos objetivos do estudo de caso.

Contudo, não há impedimento à utilização do estudo de caso para testar teorias e hipóteses. Nesse caso, é necessário um modelo teórico construído e hipóteses formuladas. No limite, bastaria um caso que não se ajustasse a teoria para falseá-la. Estudos de caso dessa natureza são muito bem-vindos na pesquisa científica, pois contribuem para melhor compreender a teoria existente e ampliar as possibilidades de pesquisa. Além disso, essa reflexão permite entender que a busca pelo alinhamento entre os métodos científicos e métodos de pesquisa não se caracteriza por um engessamento. De fato, devemos procurar uma profunda compreensão dessas dimensões e justificar as escolhas metodológicas de maneira consistente.

Para alcançar os objetivos que se pretende com um estudo de caso, algumas atividades devem ser realizadas. As principais estão ilustradas na Figura 1.7.

DEFINIR A ESTRUTURA CONCEITUAL
- CONSULTAR A LITERATURA EXISTENTE ACERCA DO TEMA
- DESCREVER PROPOSIÇÕES E DEMARCAR OS LIMITES DA INVESTIGAÇÃO

PLANEJAR O(S) CASO(S)
- SELECIONAR AS UNIDADES DE ANÁLISE
- DEFINIR OS MEIOS DE COLETA E ANÁLISE DE DADOS
- ELABORAR O PROTOCOLO PARA COLETA DE DADOS
- DEFINIR FORMAS DE CONTROLE DA PESQUISA

CONDUZIR O TESTE PILOTO
- TESTAR OS PROCESSOS DE APLICAÇÃO
- ANALISAR A QUALIDADE DOS DADOS COLETADOS
- SUBSIDIAR A PROPOSIÇÃO DE AJUSTES QUANDO NECESSÁRIO

COLETAR DADOS
- CONTATAR E SOLICITAR AUTORIZAÇÃO DOS CASOS A SEREM ESTUDADOS
- REGISTRAR OS DADOS COLETADOS
- LIMITAR A ATUAÇÃO DO PESQUISADOR COMO OBSERVADOR, BUSCANDO ABSTER-SE DE SUAS OPINIÕES

ANALISAR DADOS
- ELABORAR UMA NARRATIVA COM OS DADOS COLETADOS, BUSCANDO AGRUPÁ-LOS SEGUNDO SIMILARIDADE
- IDENTIFICAR RELAÇÕES DE CAUSALIDADE

GERAR RELATÓRIO
- DEMONSTRAR AS IMPLICAÇÕES TEÓRICAS DO ESTUDO
- FORNECER UMA ESTRUTURA QUE PERMITA A REPLICAÇÃO DO CASO

FIGURA 1.7

Atividades do estudo de caso.

Fonte: Elaborada pelos autores com base em Cauchick Miguel (2007, p. 221).

Vale ressaltar que o estudo de caso é fundamentalmente empírico, e o pesquisador atua como um observador, não devendo intervir na pesquisa. Logo, para conduzir o estudo de caso, é necessária habilidade. A realização do teste piloto é muito recomendada para os iniciantes no estudo de caso. Além de não intervir diretamente na pesquisa, o pesquisador deve analisar com cuidado os dados coletados, a fim de verificar possíveis padrões de comportamento e explicar os fenômenos adequadamente (Ellram, 1996).

O rigor desse método de pesquisa costuma ser questionado pela comunidade acadêmica. Assim, é fundamental que os procedimentos utilizados na condução do estudo de caso fiquem explícitos, conferindo-lhe maior credibilidade. Somente com os procedimentos explícitos os leitores do estudo podem julgar a solidez e adequação do método aplicada. Além disso, o estudo de caso costuma ser exploratório, descritivo e explicativo, típico das ciências sociais.

Pesquisa-ação

A **pesquisa-ação** tem como objetivo resolver ou explicar problemas encontrados em certo sistema. Busca, além disso, produzir conhecimento tanto para a prática quanto para a teoria. Assim como o estudo de caso, tem um cunho exploratório, descritivo e explicativo.

No entanto, diferentemente do estudo de caso, na pesquisa-ação o pesquisador deixa de ser um observador e passa a ter um papel ativo na investigação; ele contribui e interage com o objeto de estudo. Quando esse método de pesquisa é utilizado, pressupõem-se a cooperação e o envolvimento entre os pesquisadores e os integrantes do sistema que está sendo analisado.

Na pesquisa-ação, o pesquisador pode desempenhar dois papéis: pode ser um participante na implementação de um sistema e, ao mesmo tempo, pode querer avaliar uma técnica de intervenção. Para uma pesquisa ser classificada como pesquisa-ação, deve haver, de fato, uma ação das pessoas no problema que está sendo estudado; não uma ação trivial, mas caracterizada como importante para o contexto de estudo, justificando a investigação. O ciclo para condução da pesquisa-ação, bem como suas principais atividades, são apresentados na Figura 1.8.

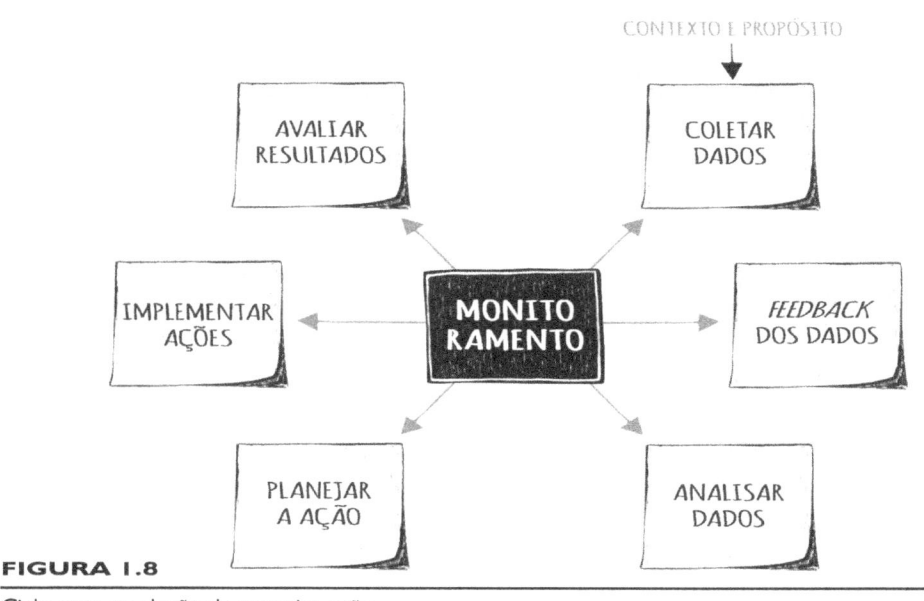

FIGURA 1.8

Ciclo para condução da pesquisa-ação.
Fonte: Coughlan e Coughlan (2002).

Dois pontos merecem destaque no ciclo proposto por Paul Coughlan e David Coughlan (2002). Primeiro, é fundamental que o pesquisador compreenda o contexto em que ocorrerá a pesquisa, bem como quais são os resultados esperados. O entendimento do contexto e dos objetivos pode ser descrito como uma etapa prévia do ciclo da pesquisa-ação, necessário para o bom desenvolvimento da pesquisa.

O segundo ponto que destacamos é a etapa de monitoramento, que deve ser considerada uma metaetapa, pois deve ocorrer ao longo de todo o ciclo previsto para a condução da pesquisa-ação.

Esse método de pesquisa é fundamentalmente empírico, com uma abordagem qualitativa. Ao final do estudo, deve haver o confronto dos resultados da pesquisa com a base teórica existente. Ademais, a implementação das soluções propostas é imprescindível para avaliar seus resultados.

Survey

Uma pesquisa conduzida pela abordagem tipo *survey* tem como objetivo desenvolver conhecimento em uma área específica. A investigação é conduzida por meio da coleta de dados e/ou informações, com o intuito de avaliar o comportamento das pessoas e/ou dos ambientes em que elas se encontram. A partir da coleta e análise dos dados, o pesquisador consegue obter conclusões acerca do fenômeno ou da população em estudo.

A *survey*, assim como o estudo de caso e a pesquisa-ação, tem como objetivos explorar, descrever e explicar, mas, dependendo do objetivo que deseja alcançar, pode apresentar certas particularidades. Por isso, é classificada em três diferentes grupos: as *surveys* exploratórias, as *surveys* descritivas e as *surveys* explanatórias (Cauchick Miguel; Ho, 2011; Forza, 2002). A Tabela 1.2 apresenta as principais características de cada um dos tipos de *survey*.

Independentemente do objetivo da pesquisa e do tipo de *survey* realizada, alguns passos devem ser seguidos. Esses passos buscam, acima de tudo, assegurar o rigor da pesquisa (veja a Figura 1.9).

A *survey*, ao contrário do estudo de caso e da pesquisa-ação, tem uma abordagem quantitativa. Além disso, um dos objetivos das pesquisas conduzidas com essa abordagem é gerar dados confiáveis que possibilitem uma análise estatística robusta.

Ela pode contribuir significativamente com as pesquisas em áreas como gestão de operações. Essa contribuição parece ainda mais interessante quando o objetivo da pesquisa é desenvolver uma visão descritiva acerca de determinado fenômeno, ou ainda, quando se deseja testar teorias existentes.

Modelagem

A **modelagem**, como método de pesquisa, apoia os investigadores para o melhor entendimento dos problemas, uma vez que os modelos são representações simplificadas da realidade e permitem uma compreensão do ambiente que está sendo estudado (Morabito Neto; Pureza, 2011; Pidd, 1998). Quando se trata de modelagem na área de gestão, é comum que se esteja versando sobre a pesquisa operacional.

O conceito de modelagem é bastante amplo e pode ser utilizado de forma abrangente. O professor Michael Pidd, da Universidade de Lancaster, explica em seu livro *Modelagem*

TABELA 1.2
Características de cada tipo de survey

Elemento	Tipo de survey		
	Exploratória	Descritiva	Explanatória
Unidade(s) de análise	Claramente definidas	Claramente definidas e apropriadas às questões e hipóteses da investigação.	Claramente definidas e apropriadas às hipóteses de investigação.
Respondentes	Representativos da unidade de análise	Representativos da unidade de análise.	Representativos da unidade de análise.
Hipóteses de pesquisa	Não necessária	Questões claramente definidas.	Hipóteses claramente estabelecidas e associadas ao nível teórico.
Critérios de seleção da amostra	Por aproximação	Explícitos, com argumento lógico; escolha baseada em alternativas.	Explícitos, com argumento lógico; escolha baseada em alternativas.
Representatividade da amostra	Não é necessário	Sistemática e com propósitos definidos; escolha aleatória.	Sistemática e com propósitos definidos; escolha aleatória.
Tamanho da amostra	Suficiente para incluir parte do fenômeno de interesse	Suficiente para representar a população de interesse e realizar testes estatísticos.	Suficiente para representar a população de interesse e realizar testes estatísticos.
Pré-teste do questionário	Realizado com uma parte da amostra	Realizado com uma parte substancial da amostra.	Realizado com uma parte substancial da amostra.
Taxa de retorno	Não tem mínimo	Maior que 50% da população investigada.	Maior que 50% da população investigada.
Uso de outros métodos para coleta de dados	Múltiplos métodos	Não é necessário.	Múltiplos métodos.

Fonte: Forza (2002, p. 188).

DEFINIR RELAÇÃO COM A TEORIA

- DEFINIÇÕES OPERACIONAIS
- DEFINIÇÃO DE HIPÓTESES
- ANÁLISE DAS UNIDADES E POPULAÇÃO A SEREM ESTUDADAS

ELABORAR O PROJETO DA *SURVEY*

- EXPLICITAR AS RESTRIÇÕES E NECESSIDADES DE DADOS
- DEFINIR O OBJETIVO
- DEFINIR O MÉTODO DE COLETA DE DADOS
- ELABORAR OS INSTRUMENTOS PARA A COLETA DE DADOS

CONDUZIR O TESTE PILOTO

- TESTAR OS PROCESSOS DE APLICAÇÃO DA *SURVEY*
- ANALISAR A QUALIDADE DOS PROCEDIMENTOS

COLETAR DADOS PARA TESTE DA TEORIA

- APLICAR A *SURVEY*
- CADASTRAR DADOS COLETADOS
- AVALIAR A QUALIDADE DOS DADOS COLETADOS

ANALISAR DADOS

- ANÁLISE PRÉVIA DOS DADOS
- FAZER TESTE DE HIPÓTESES

GERAR RELATÓRIO

- DEMONSTRAR AS IMPLICAÇÕES TEÓRICAS
- FORNECER UMA ESTRUTURA QUE PERMITA A REPLICAÇÃO DA PESQUISA

FIGURA 1.9

Atividades da *survey* para teste de teoria.
Fonte: Elaborada pelos autores com base em Forza (2002).

Empresarial que a modelagem pode ser dividida em duas abordagens: a *hard* e a *soft*. Tais abordagens não são excludentes entre si e podem, inclusive, ser complementares. A Tabela 1.3 apresenta algumas diferenças que podem ser observadas entre essas abordagens.

Pidd recomenda a abordagem *hard*, fundamentada em bases matemáticas, quando o problema a ser estudado está bem estruturado e compreendido. Já a abordagem *soft*, que considera todo o contexto em que o problema se encontra, deve ser utilizada em quando há a necessidade de considerar questões comportamentais e contextuais.

Algumas técnicas da abordagem *hard*, aplicáveis inclusive à realidade da pesquisa na área de gestão, são programação linear, simulação computacional, heurísticas e teoria das filas, as quais costumam ser utilizadas na busca pela otimização dos sistemas.

TABELA 1.3
Abordagens *hard* versus *soft*

Elementos	Abordagens *hard*	Abordagens *soft*
Definição do problema	Vista como direta, unitária	Vista como problemática, pluralista
Organização	Assumida tacitamente	Requer negociação
Modelo	Uma representação do mundo real	Uma forma de gerar debate e *insight* a respeito do mundo real
Resultado	Um produto ou recomendação	Progresso por meio da aprendizagem

Fonte: Pidd (1998, p. 115).

Destacamos como técnica de modelagem *hard* a simulação computacional, especialmente indicada para estudar situações nas quais ocorrem transformações com frequência e com certa complexidade. A técnica de simulação é especialmente indicada quando se busca explorar ou experimentar uma determinada situação.

QUADRO 1.4
A construção de teoria por meio da simulação

Embora a simulação não seja comumente utilizada para este fim, Davis, Eisenhardt e Bingham (2007) propõem um roteiro para que pesquisadores possam construir teorias a partir da simulação. Esse roteiro é composto por sete passos:
- Iniciar com uma questão de pesquisa.
- Identificar uma teoria simples.
- Selecionar uma abordagem de simulação.
- Criar uma representação computacional.
- Verificar a representação computacional.
- Realizar experimento para construir a nova teoria.
- Validar com dados empíricos.

Para saber mais, consulte Davis, Eisenhardt e Bingham (2007).

O uso da simulação computacional em uma pesquisa permite que o investigador encontre respostas com um custo relativamente baixo, com alta segurança e rapidez em comparação com experimentações em um contexto real. Ademais, a utilização da simulação computacional como técnica de modelagem é indicada, principalmente, quando os problemas que estão sendo estudados são dinâmicos, interativos e complicados.

A abordagem *soft*, por sua vez, apresenta técnicas como a *soft system methodology* (SSM), inicialmente proposta por Checkland (1981), com o intuito de tratar de situações complexas, nas quais a abordagem *hard* se mostrava insuficiente. Uma das características da *soft system methodology* como abordagem para a modelagem é que ela enfatiza o processo de aprendizagem gerado ao longo da sua aplicação. Além disso, permite que sejam feitos modelos de situações complexas, que podem servir de referência tanto para a compreensão dos problemas como para apoiar sua resolução. Cabe destacar que a utilização da *soft system methodology* está fortemente relacionada aos conceitos do pensamento sistêmico (Andrade et al., 2006).

O **pensamento sistêmico** é base para a construção do método sistêmico, cujo objetivo é apoiar a solução de problemas complexos e gerar aprendizagens acerca do problema e da situação em que ele ocorre. É recomendado quando a visão deve ser mais abrangente e completa, pois permite analisar as inter-relações entre as partes componentes de um sistema, e não apenas eventos. Tais características contribuem para a modelagem de problemas complexos abordados pelos pesquisadores.

Método de trabalho

O **método de trabalho** define a sequência de passos lógicos que o pesquisador seguirá para alcançar os objetivos de sua pesquisa. É essencial que o método de trabalho esteja muito bem estruturado e que seja seguido adequadamente, a fim de assegurar a replicabilidade do estudo (Mentzer; Flint, 1997). Um método de trabalho adequadamente definido também permite maior clareza e transparência na condução da pesquisa, o que possibilita que a sua validade seja, de fato, reconhecida por outros pesquisadores.

No método de trabalho, o pesquisador deve desdobrar e detalhar o método de pesquisa selecionado, fundamentando-se no método científico definido. Ademais, para construir seu método de trabalho, ele precisa definir as técnicas de coleta e análise de dados que serão utilizadas. Essa definição irá apoiá-lo, inclusive, para a explicitação dos procedimentos que serão utilizados para a triangulação.

Além de esclarecer a seleção das técnicas de coleta e análise de dados, o investigador deve explicitar as razões que motivaram suas escolhas. Todas as decisões tomadas devem ser justificadas.

Os métodos de pesquisa são orientações metodológicas genéricas. A escolha por um método de pesquisa depende de um posicionamento anterior do pesquisador em relação ao método científico. Contudo, os métodos de pesquisa possuem um nível de generalidade para serem aceitos como procedimentos válidos por uma comunidade científica. Precisamos, porém, adaptar e contextualizar o método de pesquisa para a investigação que será conduzida em particular.

Quando forem articulados vários métodos na mesma pesquisa, é no método de trabalho que essa articulação deve ser explicitada. Assim, o método de trabalho apresentará detalhadamente os passos dados ao longo de toda a pesquisa, justificando a realização dessas atividades e, principalmente, apontando como elas contribuem para alcançar as conclusões da pesquisa ou aumentar sua confiabilidade.

No método de trabalho, as técnicas de coleta e análise de dados devem estar posicionadas. Por exemplo, caso o pesquisador utilize diferentes técnicas de coleta de dados, é necessário expor se elas foram conduzidas de maneira sequencial ou paralela. É preciso expor como as técnicas de análise foram utilizadas sobre cada uma das técnicas de coleta. Ou seja, é no método de trabalho que os procedimentos para a triangulação (de teorias, de métodos, de técnicas, de dados) (Mangan; Lalwani; Gardner, 2004) deverão ser expressas e justificadas. A Figura 1.10 exemplifica um método de trabalho que foi desdobrado a partir do método de pesquisa do estudo de caso.

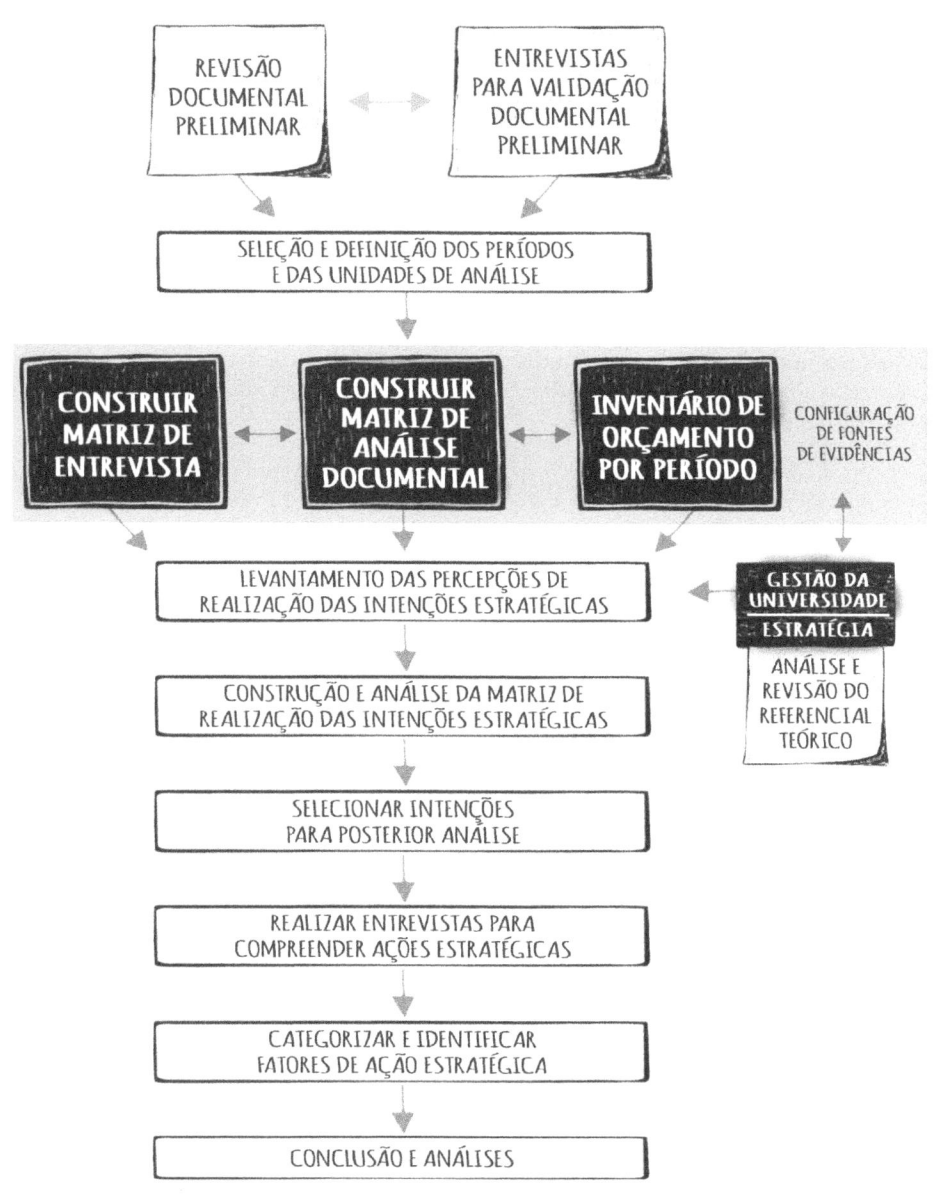

FIGURA 1.10

Exemplo de método de trabalho.
Fonte: Lacerda, Cauliraux e Spiegel (2014).

    A partir da compreensão do conceito de método de trabalho, expomos algumas das técnicas de pesquisa que apoiam o pesquisador na condução de suas investigações. Apresentaremos as técnicas de pesquisa na próxima seção, que estão divididas em duas partes. A primeira se refere às técnicas de coleta de dados e a segunda, às técnicas para análise de dados.

Técnicas de coleta e análise de dados

As **técnicas de coleta e análise de dados** são fundamentais para garantir a operacionalização dos métodos de pesquisa e do método de trabalho definido pelo pesquisador. Para selecionar a técnica que irá utilizar, é necessário que ele faça algumas reflexões sobre os dados que está buscando, como e quando serão encontrados e quem poderá disponibilizá-los. Ainda, a escolha das técnicas de coleta e análise dos dados deve ser adequadamente justificada pelo pesquisador. De acordo com Amaratunga et. al. (2002), para justificá-la, ele deve considerar que:

- ✓ a definição de como será feita a análise dos dados pode determinar quais são os limites da sua coleta de dados e a própria disseminação dos resultados;
- ✓ a análise e a interpretação dos dados correspondem a uma significativa contribuição gerada a partir da sua pesquisa.

ETAPA 6: TÉCNICAS DE COLETA E ANÁLISE DOS DADOS

- DOCUMENTAL
- BIBLIOGRÁFICA
- ENTREVISTA
- GRUPO FOCAL
- QUESTIONÁRIOS
- OBSERVAÇÃO DIRETA
- ANÁLISE DE CONTEÚDO
- ANÁLISE DO DISCURSO
- ESTATÍSTICA MULTIVARIADA

FIGURA 1.11
Pêndulo para condução de pesquisas científicas: técnicas para coleta e análise dos dados.

Além disso, é fundamental que o pesquisador, à medida que define as técnicas de coleta e análise de dados que utilizará, considere com qual comunidade científica o seu trabalho pretende dialogar, a fim de respeitar os critérios e parâmetros utilizados por essa comunidade no que tange aos procedimentos para coleta e análise dos dados.

As técnicas que apresentamos nesta seção são comumente empregadas na pesquisa realizada no campo da gestão. As técnicas para coleta e análise dos dados abrangem uma série de instrumentos utilizados pelos pesquisadores para conduzir as atividades previstas em suas investigações. A coleta e a análise de dados pode ser realizada de diversas maneiras, de acordo com o objetivo da pesquisa e com o método de pesquisa que está sendo utilizado.

A seguir, abordaremos algumas das técnicas de coleta e análise de dados que são recomendadas para a operacionalização dos métodos de pesquisa discutidos anteriormente. Essa é uma etapa fundamental na pesquisa, que deve ser bem planejada e executada com rigor, evitando que as conclusões realizadas sejam tendenciosas ou falsas.

O objetivo dessa abordagem não é detalhar a aplicação de cada uma das técnicas, mas apresentar uma visão geral sobre essa temática, destacando as técnicas que são usualmente aplicadas nas pesquisas da área da gestão. A Tabela 1.4 apresenta as principais técnicas que serão tratadas.

TABELA 1.4

Técnicas de coleta e análise de dados

Objetivo	Técnicas
Coleta de dados	Documental Bibliográfica Entrevistas Grupo focal Questionários Observação direta
Análise dos dados	Análise de conteúdo Análise do discurso Estatística multivariada

Técnicas de coleta de dados

De acordo com os professores britânicos Mark Saunders, Philip Lewis e Adrian Thornhill em seu livro *Research Methods for Business Students* (2012), a **técnica documental** costuma ser o primeiro passo para a operacionalização de uma pesquisa, pois permite coletar informações prévias sobre os tópicos que serão pesquisados. Podem ser usados documentos verbais ou não verbais, como fotografias, gravações de áudio ou vídeo, etc. Os documentos são classificados como fontes primárias ou secundárias. Documentos primários são aqueles compilados ou criados pelo próprio pesquisador, enquanto os secundários foram transcritos de fontes primárias ou, então, tratam-se de gravações, fotografias, etc., produzidos por outras pessoas. Já a **pesquisa bibliográfica** procura levar o pesquisador a ter contato com o que foi dito ou escrito a respeito de determinado assunto, permitindo o estudo sob novo enfoque e mesmo novas descobertas sobre o assunto. Nessa técnica de coleta de dados, o pesquisador pode utilizar livros, artigos em periódicos científicos e anais de congressos, entre outros.

Uma terceira técnica bastante usada para a coleta de dados é a **entrevista**, cujo objetivo é investigar determinada situação ou diagnosticar certos problemas. Dicicco-Bloom e Crabtree (2006) classificam as entrevistas em dois tipos:

✓ padronizada/estruturada: nesse caso, o entrevistador define e segue um roteiro previamente estabelecido. O entrevistador não pode adaptar/modificar suas perguntas conforme a situação;
✓ despadronizada/não estruturada: o entrevistado pode desenvolver as situações conforme julgar adequado. Assim os assuntos podem ser explorados de maneira mais ampla. As perguntas são abertas e podem ser respondidas em uma conversa informal.

A entrevista é um instrumento flexível, permitindo a reformulação de perguntas em busca de um maior entendimento dos dados coletados. Feita pessoalmente, permite também a observação de atitudes frente às perguntas. Ademais, a entrevista é uma oportunidade de coletar dados que não são normalmente encontrados em fontes bibliográficas.

Entre as desvantagens estão uma possível dificuldade de comunicação entre entrevistador e entrevistado e a dificuldade de interpretação, tanto das perguntas quanto das respostas. Durante a entrevista, pode incidir viés por parte do entrevistador/pesquisador. Além disso, o entrevistado pode reter informações importantes, o que não pode ser controlado pelo pesquisador.

O **grupo focal** (*focus group*) é uma outra importante forma de coletar dados. Técnica de natureza qualitativa, tem como objetivo buscar o entendimento das considerações que um grupo de pessoas teve a partir de uma experiência, ideia ou evento. Trata-se de uma entrevista em profundidade, realizada em grupos com sessões estruturadas, que contemplam a proposta, o tamanho, os componentes e o procedimento para condução do grupo.

Segundo Plummer-d'Amato (2008), uma particularidade do grupo focal, ante a entrevista clássica, é que ele permite a **interação** entre os participantes, uns influenciando as respostas dos outros. Para conduzir um grupo focal, o pesquisador deve definir, em um primeiro momento, os membros que participarão, o conteúdo das entrevistas e como será a interação com o moderador, entre outros aspectos

Durante a condução do trabalho, o pesquisador deve ficar atento ao tempo de cada atividade, explicando claramente o que será feito e o objetivo. Embora seja uma técnica para coleta de dados, o grupo focal pressupõe uma análise em profundidade do que foi obtido a partir da sua condução. Essa análise deve ser feita de maneira sistemática e centrada no objetivo do grupo focal .

O **questionário** consiste na aplicação de uma série de perguntas a um entrevistado. Recomenda-se que ele responda ao questionário por escrito, para facilitar a análise posterior das respostas pelo pesquisador .

O pesquisador pode definir a forma das perguntas do questionário de acordo com o objetivo da pesquisa e a técnica de coleta de dados e de análise dos resultados que será empregada. As perguntas de um questionário são normalmente classificadas em três categorias

✓ perguntas abertas: utilizadas para investigações em maior profundidade e com mais precisão. No entanto, a interpretação e análise dos resultados é mais complexa;
✓ perguntas fechadas: apresentam alternativas para o respondente, restringem as respostas, mas, ao mesmo tempo, facilitam a análise dos dados em função da objetividade;
✓ perguntas de múltipla escolha: também são perguntas fechadas, como as anteriores, mas apresentam mais alternativas de resposta para o respondente. Pode trazer informações mais detalhadas sobre o objeto que está sendo pesquisado.

Por fim, outra opção para realizar a coleta de dados é a **observação direta**. Essa técnica permite que o investigador identifique certas características do fenômeno ou sistema em estudo que muitas vezes passam despercebidas pelos indivíduos que fazem parte desse sistema. Portanto, essa técnica é mais adequada para alguns estudos do que a própria entrevista ou questionários em geral.

No entanto, para ter validade científica, a observação deve ser precedida de um elaborado planejamento. Pode ser feita de forma estruturada ou não, individualmente ou por uma equipe e num ambiente real ou controlado em laboratório. O observador pode ser, ou não, um participante ativo.

Técnicas de análise de dados

A análise de dados procura dar sentido a um conjunto de informações levantadas. Uma das técnicas utilizadas com esse fim é a **análise de conteúdo**. Segundo Bardin (1993, p. 38), a análise de conteúdo pode ser entendida como "[...] um conjunto de técnicas de análise das comunicações que utiliza procedimentos sistemáticos e objetivos de descrição do conteúdo das mensagens.". Esse tipo de análise tem como objetivo inferir conclusões acerca do conteúdo das mensagens proferidas por alguém. A inferência pode explicar:

✓ o que causou a mensagem, isto é, o que conduziu a pessoa a proferir certo tipo de mensagem;
✓ quais são as consequências dessa mensagem, ou seja, quais são os efeitos que essa mensagem terá.

A análise de conteúdo está presente em duas questões importantes que circundam as pesquisas científicas: o rigor da objetividade e da subjetividade. Dessa forma, a análise de conteúdo, buscando diminuir a subjetividade comum às pesquisas qualitativas, procura elaborar indicadores, tanto quantitativos quanto qualitativos, que possam apoiar o pesquisador no entendimento e compreensão das mensagens que estão sendo comunicadas. A partir desse entendimento o pesquisador poderá inferir resultados acerca do objeto e da problemática que está estudando (Capelle; Melo; Gonçalves, 2003).

Cabe destacar que a análise de conteúdo tem duas funções principais: função heurística e função de administração de prova. A primeira tem como objetivo deixar a pesquisa mais robusta, aumentando a possibilidade de ocorrerem descobertas por parte do pesquisador. Além disso, ela visa proporcionar a concepção de hipóteses quando a investigação se refere a conteúdos pouco explorados em outras pesquisas (Bardin, 1993). A segunda função tem como objetivo servir de prova para a comprovação de hipóteses. Essas hipóteses podem estar tanto em forma de questões como de afirmações provisórias (Bardin, 1993). Além disso, para atingir seus objetivos, a análise de conteúdo deve estar sistematizada em três grandes etapas, conforme apresentado na Figura 1.12.

A análise de conteúdo em si é influenciada pelo objetivo da pesquisa. O problema de pesquisa e os conhecimentos prévios do pesquisador também irão influenciar na condução da análise de conteúdo (Capelle; Melo; Gonçalves, 2003). Por isso, o pesquisador deve tomar decisões durante a utilização dessa técnica, a fim de obter o melhor resultado possível na análise dos dados da sua pesquisa.

Outra técnica também utilizada na análise de dados é a **análise do discurso**. A análise de discurso procura entender os mecanismos que estão, de certa forma, escondidos sob a linguagem. Não se trata de uma técnica que busca descrever ou explicar algum fenôme-

PRÉ-ANÁLISE
- ORGANIZAR E SISTEMATIZAR IDEIAS
- SELECIONAR DOCUMENTOS A SEREM ANALISADOS
- REVISAR AS HIPÓTESES E OS OBJETIVOS DA PESQUISA
- ELABORAR INDICADORES

EXPLORAÇÃO DO MATERIAL
- CODIFICAR DADOS BRUTOS
- COMPREENDER O TEXTO

TRATAMENTO E INTERPRETAÇÃO DOS RESULTADOS OBTIDOS
- SUBMETER DADOS À OPERAÇÕES ESTATÍSTICAS
- INFERIR A PARTIR DOS DADOS
- INTERPRETAR DADOS DE ACORDO COM AS HIPÓTESES E OBJETIVOS PREDEFINIDOS
- IDENTIFICAR NOVAS DIMENSÕES TEÓRICAS, QUANDO HOUVER

FIGURA 1.12
Etapas da análise de conteúdo.
Fonte: Elaborada pelos autores com base em Capelle, Melo e Gonçalves (2003).

no, mas sim estabelecer uma crítica sobre algo que já existe. Em outras palavras, a análise do discurso se ocupa do sentido do texto e como este pode influenciar um determinado ambiente ou contexto (Caregnato; Mutti, 2006). A Figura 1.13 apresenta as grandes etapas necessárias para a condução da análise do discurso.

ANÁLISE DAS PALAVRAS DO TEXTO

ANÁLISE DA CONSTRUÇÃO DAS FRASES

CONSTRUÇÃO DE UMA REDE SEMÂNTICA (SOCIAL E GRAMATICAL)

CONSIDERAÇÕES ACERCA DA PRODUÇÃO SOCIAL DO TEXTO

FIGURA 1.13
Etapas para a análise do discurso.
Fonte: Elaborada pelos autores com base em Capelle, Melo e Gonçalves (2003).

Já a análise de dados quantitativos por meio da **estatística multivariada** é uma técnica utilizada com o intuito de gerar informações úteis a partir de dados previamente coletados fim de orientar a tomada de decisão e gerar conhecimentos acerca de uma determinada problemática ou situação.

O livro clássico de Joseph F. Hair Jr. sobre o assunto descreve análise multivariada como "[...] todas as técnicas estatísticas que simultaneamente analisam múltiplas medidas sobre indivíduos ou objetos de investigação." (Hair Junior et al., 2009). Contudo, para que o pesquisador alcance sucesso na utilização da análise multivariada, devem ser consideradas algumas diretrizes apresentadas na Figura 1.14.

ESTABELECER SIGNIFICÂNCIA PRÁTICA E ESTATÍSTICA
CONSIDERAR RESULTADOS ESTATÍSTICOS QUE SEJAM SIGNIFICATIVOS TAMBÉM PARA A PRÁTICA, ISTO É, CONSIDERAR IMPLICAÇÕES TEÓRICAS E PRÁTICAS

RECONHECER A INFLUÊNCIA DO TAMANHO DA AMOSTRA
CONSIDERAR QUE O TAMANHO DA AMOSTRA TERÁ UMA INFLUÊNCIA DIRETA NA SIGNIFICÂNCIA ESTATÍSTICA

CONHECER OS DADOS
É NECESSÁRIO QUE O PESQUISADOR FAÇA UMA ANÁLISE MINUCIOSA DOS DADOS E QUE OS COMPREENDA EM PROFUNDIDADE

BUSCAR MODELOS PARCIMONIOSOS
O PESQUISADOR DEVE EVITAR A INSERÇÃO DE VARIÁVEIS QUE NÃO SEJAM RELEVANTES PARA A ANÁLISE

EXAMINAR SEUS ERROS
OS ERROS QUE OCORREM DURANTE A ANÁLISE DOS DADOS DEVEM SER VISTOS COMO UM PONTO DE PARTIDA PARA UMA NOVA ANÁLISE

VALIDAR RESULTADOS
GARANTIR UM MODELO SIGNIFICANTE E REPRESENTATIVO DA POPULAÇÃO PARA QUE OS RESULTADOS ENCONTRADOS POSSAM SER CONFIÁVEIS E, PORTANTO, VALIDADOS

FIGURA 1.14
Diretrizes para a adequada aplicação da análise multivariada.
Fonte: Elaborada pelos os autores com base em Hair Junior et al. (2009).

Existem diversas técnicas de análise multivariada. Não é objetivo deste livro detalhar cada uma dessas técnicas, mas convém lembrar que as principais são regressão múltipla e correlação múltipla, análise multivariada de variância e covariância, análise conjunta, modelagem de equações estruturais e análise fatorial confirmatória.

CONTEXTUALIZAÇÃO DA EVOLUÇÃO CIENTÍFICA

Além de conhecer as principais conceitos relativos aos métodos científicos, métodos de pesquisa e técnicas de coleta e análise de dados, o pesquisador não pode perder de vista a relação entre sua pesquisa e o contexto de evolução da ciência.

Origens da produção do conhecimento: indução e dedução

Na discussão sobre a trajetória da ciência, é interessante partir do chamado **problema de Hume**, que podemos sintetizar nos seguinte pontos:

1. Todos os raciocínios que se referem aos fatos parecem fundamentar-se na relação de causa e efeito.
2. A relação de causa e efeito não é conhecida *a priori*.
3. Como é possível justificar uma passagem que se repete várias vezes para uma afirmação e um juízo universal?
4. Como justificar a passagem da experiência histórica temporal para um juízo causal?
5. A relação causal não é estabelecida pela razão, mas "deriva completamente do hábito e da experiência".
6. A conclusão básica de Hume, ou seja, não há justificativa racional para as leis científicas.

David Hume, grande cético dos anos 1700, compreendia o método nas ciências naturais como uma lógica de efeito-causa-efeito – **nexo causal**. Tal nexo causal, no entanto, é considerado dentro do contexto da indução e de uma visão não racional. Para os defensores da **indução**, a forma de chegar ao conhecimento científico consiste em propor conclusões gerais a partir de um conjunto sistemático de observações específicas. Essa postura, que teve início com as reflexões de Hume, liga-se historicamente a uma tradição científica vinculada ao empirismo e à indução – a chamada ciência empírica.

É válido ressaltar um ponto bastante desenvolvido dentro da ótica indutiva: a questão da **linguagem**. Um dos pontos relevantes, do ponto de vista da indução, consiste em deixar claro o significado de cada palavra. Ou seja, é necessário introduzir o máximo de precisão conceitual possível.

A relação significante/significado implica a possibilidade de uma determinada palavra (um significante) ser compreendida de muitas formas distintas (os significados). Por exemplo, o significado das palavras (significantes) "massa", "velocidade" e "aceleração" é completamente diferente se a teoria proposta for a mecânica clássica ou a mecânica quântica. Assim, para que uma teoria científica possa ser desenvolvida com a necessária precisão, é fundamental a definição, da forma mais clara possível, dos diferentes significados/significantes que compõem essa teoria.

O pensamento de Hume foi retomado anos depois por Karl Popper: "Aproximei-me do problema da indução através de Hume, cuja afirmativa de que a indução não pode ser logicamente justificada eu considerava correta." (Popper, 1989, p. 471). Mas o filósofo britânico desconstruiu a ideia central de Hume de repetição baseada na similaridade, afirmando que, independentemente de quantos cisnes branco uma pessoa possa observar, "[...] isso não justifica a conclusão de que todos os cisnes são brancos.".

Essa crítica de Popper à indução foi magistralmente ratificada por um dos mais influentes filósofos do século XX, Bertrand Russel, com o seu bem-humorado "peru indutivista". Nesse exemplo fictício, um peru percebe que é alimentado todos os dias às 9h. Como se tratava de um "peru indutivista clássico", tirou conclusões (apressadas): "Eu sou alimentado sempre às 9h". Sua hipótese se revelou melancolicamente equivocada quando, na véspera do Natal, em vez de ser alimentado às 9h, foi degolado. Assim, uma inferência indutiva com premissas verdadeiras (o peru era alimentado todos os dias às 9h) levou a uma falsa conclusão (o peru será sempre alimentado todos os dias às 9h).

Popper acabou substituindo a proposta de Hume pelo ponto de vista segundo o qual o cientista, em vez de esperar passivamente que as repetições imponham regularidades ao mundo, procura, de modo ativo, impor regularidades ao mundo. Assim surge a **Teoria de Popper**, baseada na proposta de um processo de tentativa e erro. De acordo com essa ótica, as teorias deveriam ser construídas a partir de uma lógica sistemática de conjecturas e refutações. Enfim, surge uma forma de observar o nexo causal alternativa à indução – a ótica dedutiva.

Um dos filósofos mais importantes do século XX e pai do chamado racionalismo crítico, Popper argumentava que as teorias científicas estavam longe de ser construídas a partir de uma composição de sucessivas observações, como propunham os defensores da indução. As teorias e a construção do conhecimento seriam, na verdade, conjecturas que, apresentadas ousadamente e de acordo com certos critérios lógicos, poderiam ser refutadas, no caso de não se ajustarem às observações empíricas. Uma conclusão necessária da proposta de Popper é que as conjecturas (hipóteses) teóricas devem ser passíveis de refutações empíricas.

Esse processo de desenvolvimento do pensamento de Popper leva à discussão dos critérios lógicos necessários para que seja possível elaborar uma pesquisa científica. É necessário, portanto, compreender o chamado problema da demarcação e o da falseabilidade como critério de demarcação. Popper chama de "critério de demarcação" o "[...] problema de estabelecer um critério que nos habilite a distinguir entre as ciências empíricas, de uma parte, e a matemática e a lógica, bem como os sistemas metafísicos, de outro [...]" (Popper, 1989, p. 471). Esse problema já havia sido abordado por Hume, que tentou, pela primeira vez, equacioná-lo.

Pode-se dizer que, segundo Popper, para fazer parte da ciência, uma dada hipótese derivada de uma dada conjectura deve ser passível de ser falseada. Em resumo, pode-se dizer que o método proposto por Popper exige que as hipóteses científicas propostas sejam passíveis de serem falseadas com a utilização de evidências empíricas.

Popper enfrentou fortes críticas com o advento das teorias estatísticas, que supostamente recomendariam um retorno à lógica indutiva. Para ele, as abordagens probabilísticas aparentemente significariam um obstáculo insuperável a uma teoria científica baseada na **dedução**: "Com efeito, embora os enunciados probabilísticos tenham papel vitalmente importante no campo da ciência empírica, eles se mostram em princípio impossíveis de terem falseamento estrito." (Popper, 1989, p. 471). No entanto, isso não seria argumento suficiente para abandonar a hipótese do nexo causal, porque o problema abordado não seria determinístico, mas estocástico, uma vez que "[...] o teste de uma hipótese estatística é uma operação de caráter dedutivo – como todas as outras hipóteses." Dessa forma, "[...] em primeiro lugar elabora-se um enunciado-teste de maneira que ele decorra (ou quase decorra) da hipótese." e que depois "[...] ele seja confrontado com a experiência.".

A partir desses pressupostos, Popper constrói uma lógica para testar hipóteses probabilísticas. Assim, "[...] uma hipótese probabilística só pode explicar dados estatisticamente interpretados e, consequentemente, só pode ser submetida a teste e corroborada através de recurso a resumos estatísticos – e não através de recurso, por exemplo, à 'total evidência existente'.".

Assim, Popper parece mostrar que os métodos estatísticos (e, por consequência, a lógica estocástica) são essencialmente hipotético-dedutivos e operam por eliminação das hipóteses inadequadas, assim como todos os outros métodos da ciência.

Outro ponto relevante se refere às formas de captação das chamadas evidências empíricas. No contexto da história do desenvolvimento científico, é importante perceber o papel do avanço da tecnologia no sentido de permitir que determinadas hipóteses pudessem ser submetidas a teste empírico.

Ocorre que as hipóteses científicas que surgiram com a emergência da ciência de Galileu não poderiam ser testadas por via sensorial direta (tato, cheiro, sabor, visão e audição). Por exemplo, a tecnologia do telescópio foi fundamental para possibilitar que a hipótese científica de que a terra girava em torno do sol fosse testada. Dessa forma, os avanços tecnológicos permitiram que os fenômenos fossem observados não a "olho nu", mas via um "olho instrumentado" ou "olho tecnológico". Assim, os testes empíricos devem ser considerados a partir da possibilidade da utilização de tecnologias de testagem empíricas compatíveis com as hipóteses/modelos construídos.

Programas de pesquisa

Imre Lakatos desenvolveu seus estudos, assim como Kuhn, a partir de uma visão crítica do falsificacionismo e do indutivismo, propondo uma estrutura intitulada metodologia dos programas de pesquisa científica, cujo intuito é propor soluções orientativas para a realização de pesquisas científicas. Para Lakatos (1970, p. 162), "[...] a própria ciência como um todo pode ser considerada um imenso programa de pesquisa com a suprema regra heurística de Popper: 'arquitetar conjeturas que tenham maior conteúdo empírico do que as predecessoras'.".

Além disso, segundo Lakatos, o progresso da ciência é possível se as teorias que a sustentam estiverem bem fundamentadas. Portanto, esse programa consiste em regras metodológicas que buscam indicar caminhos para conduzir a pesquisa (heurística positiva) ou caminhos a serem evitados durante sua condução (heurística negativa) (Lakatos, 1977).

A **heurística negativa** é formada por um núcleo duro, que contém pressupostos básicos referentes ao programa e é protegido da falsificação por um cinturão protetor (Chalmers, 1999). Lakatos (1970) afirma que esse cinturão é composto por uma série de hipóteses auxiliares, que têm como objetivo proteger o núcleo irredutível do programa.

A **heurística positiva**, por sua vez, é composta por um conjunto de sugestões de como mudar e desenvolver as "variantes refutáveis" do programa de pesquisa e modificar e sofisticar o cinto de proteção "refutável". O objetivo dessa heurística é impedir que certas irregularidades encontradas no programa confundam o cientista. Ela ainda apresenta uma série de modelos que simulam a realidade (Lakatos, 1970).

Segundo Lakatos (1977), na metodologia por ele proposta, as conquistas científicas fazem parte de programas de investigação respeitáveis, que podem ser avaliados de acordo com as suas contribuições para um determinado problema. Quando um programa de pesquisa supera outro, ocorre a revolução científica. O progresso do programa de pesquisa ocorre por meio da modificação do cinturão protetor e, dessa maneira, surgem as oportunidades de novas descobertas para o progresso do programa.

Paradigmas de pesquisa

Thomas Kuhn (1967) apresenta, no livro *A estrutura das revoluções científicas*, a ideia de que tanto a abordagem indutivista quanto a falsificacionista não comportam um confronto histórico de suas teorias (Chalmers, 1999). Assim, na teoria proposta por Kuhn, é dada ênfase ao avanço da ciência, ou seja, à medida que ocorre uma revolução na ciência, algum conceito teórico é abandonado e substituído por outro que parece mais adequado naquele momento histórico. Chalmers (1999) demonstra a visão de avanço da ciência proposta por Kuhn conforme representação da Figura 1.15.

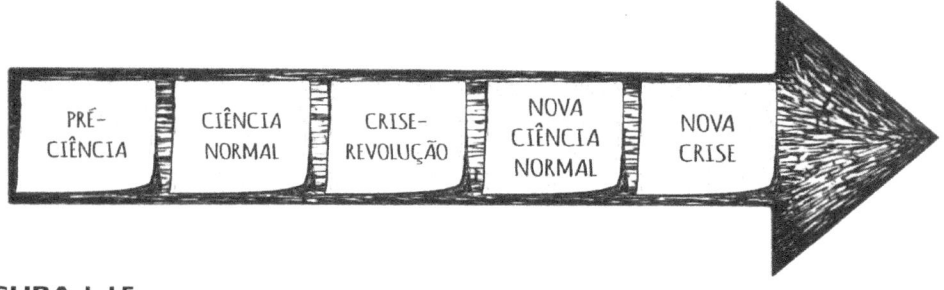

FIGURA 1.15

Avanço da ciência segundo Thomas Kuhn (1967).
Fonte: Elaborada pelos autores com base em Chalmers (1999, p. 135).

A *pré-ciência* é o que ocorre quando a atividade científica está acontecendo de forma desorganizada, ou seja, ainda não está ocorrendo dentro de um paradigma em si. Nessa fase, não existe um acordo entre os cientistas sobre o que ou como pesquisar (Chalmers, 1999).

Após a pré-ciência, tem início a etapa da *ciência normal*, que Kuhn (1967) define como aquela na qual há a existência de um paradigma responsável por diferenciar o que é ciência do que não é, ou seja, o que é relevante ser pesquisado ou não. Quando a ciência normal passa a apresentar problemas causados por explicações insuficientes ou inadequadas sobre certos fenômenos, é iniciado o período denominado *crise*. O período de crise ocorre até que se defina um novo paradigma e, portanto, uma *nova ciência normal* (Chalmers, 1999).

De acordo com a definição de Kuhn (1967, p. 13), paradigmas são "[...] realizações científicas universalmente reconhecidas que, durante algum tempo, fornecem problemas e soluções modelares para uma comunidade de praticantes de uma ciência.". As regras dos paradigmas são responsáveis por governar a ciência, entendida como a atividade responsável por solucionar problemas, tanto teóricos como experimentais (Kuhn, 1967). Para Kuhn, para ser considerada válida no meio científico, uma nova teoria deve ser respaldada por suas aplicações, inclusive no que tange à resolução de problemas, sejam eles testados na realidade ou em ensaios laboratoriais.

Anarquismo epistemológico

Em sua obra *Contra o método*, Feyerabend (1975) afirma que nenhum dos métodos científicos é adequado, uma vez que, mesmo que os pesquisadores tentem seguir regras para realizar suas pesquisas, acabam infringindo algumas para garantir que haja avanço nas suas investigações. Ele afirma, ainda, que seu objetivo não é o de substituir um conjunto de regras por outro conjunto do mesmo tipo: "Meu objetivo é, antes, o de convencer o leitor de que todas as metodologias, inclusive as mais óbvias, têm limitações." (Feyerabend, 1975, p. 43). O autor defende que todos os métodos científicos propostos já falharam ao fornecer regras que buscassem nortear a atividade científica. Além disso, Feyerebend se diferencia de outros estudiosos, uma vez que não aceita a superioridade da ciência em relação a outras formas de conhecimento:

> A ideia de que a ciência pode e deve ser governada de acordo com regras fixas e universais é simultaneamente não-realista e perniciosa. É não-realista, pois supõe uma visão por demais simples dos talentos do homem e das circunstâncias que encorajam ou causam seu desenvolvimento. E é perniciosa, pois a tentativa de fazer valer as regras aumentará forçosamente nossas qualificações profissionais à custa de nossa humanidade. Além disso, a ideia é prejudicial à ciência, pois negligencia as complexas condições físicas e históricas que influenciam a mudança científica. Ela torna a Ciência menos adaptável e mais dogmática. (Feyerabend, 1975, p. 120).

Em seu eixo central de preocupações, o autor critica a ideia da existência de um único método científico universal e de uma lógica central que responda, do ponto de vista epistemológico, pela construção das teorias científicas. Para corroborar sua afirmação, cita Einstein, que afirma:

> As condições externas que os fatos da experiência colocam [diante do cientista] não lhe permitem, ao erigir seu mundo conceitual, que ele se prenda em demasia a um dado sistema epistemológico. Em consequência, o cientista aparecerá, aos olhos do epistemologista que se prende a um sistema, como um oportunista inescrupuloso. (Einstein, *apud* Feyerabend, 1975, p. 20).

Assim, ele defende que "[...] um meio complexo, onde há elementos surpreendentes e imprevistos, reclama procedimentos complexos e desafia uma análise apoiada em regras que foram estabelecidas de antemão." (Feyerabend, 1975, p. 20). Pode-se concluir, a partir dessas explanações, que a complexidade dos fenômenos existentes na realidade exigem, por assim dizer, método(s) flexível(is) e plural(is). Para uma realidade complexa, é necessário não se prender a "uma única e melhor forma" de investigar o problema em questão. Ou, nas palavras de Feyerabend, "[...] o cientista deve adotar uma *metodologia pluralista*. Compete-lhe comparar ideias antes com outras ideias do que com a 'experiência', e ele tentará antes aperfeiçoar que afastar as concepções que forem vencidas no confronto." (Feyerabend, 1975, p. 40).

Consequentemente, o autor propõe como única regra viável para a ciência a "lógica do vale tudo". Porém, a noção do vale tudo não deve ser entendida como uma tentativa de substituição dos temas levantados pelas escolas popperiana (a escola do falseamento), do indutivismo ou dos programas de pesquisa propostos por Lakatos (Feyerabend, 1975). O **conceito de vale tudo** deve ser entendido como uma forma de pluralizar e flexibilizar o uso do método, o que implica a possibilidade de uso conjunto das diversas correntes que discorrem sobre o método científico, bem como de utilizar outros métodos não catalogados como científicos, mas que podem ajudar na investigação objetiva e concreta dos problemas.

A nova produção do conhecimento

Podemos identificar algumas críticas em relação à abordagem científica tradicional e, consequentemente, aos métodos citados até o momento. Romme (2003) afirma que existe certa dificuldade de adaptar os modelos utilizados pelas ciências naturais para a pesquisa mais voltada à organização. Suas críticas se referem, principalmente, ao fato de muito se discutir as questões epistemológicas em detrimento dos objetivos dos pesquisadores: entender os problemas da organização e, principalmente, propor soluções para resolvê-los (Romme, 2003).

Procurando superar essa dificuldade para conduzir pesquisas na área de gestão por meio da abordagem das ciências naturais ou sociais, Gibbons et al. (1994) sugerem que as pesquisas na área utilizem um conhecimento mais amplo e mais abstrato, que busca, principalmente, a construção de conhecimento aplicável à organização: o **conhecimento tipo 2**.

Como já foi mencionado na Introdução deste livro, o **conhecimento do tipo 1** é aquele que se refere a uma forma de produção do conhecimento com enfoque disciplinar, ou seja, é a produção do conhecimento tradicional (Burgoyne; James, 2006; Gibbons et al., 1994). Os problemas estudados com a abordagem do conhecimento do tipo 1 são resolvidos em um contexto em que o conhecimento acadêmico prevalece, não havendo grande preocupação em relação à aplicabilidade prática do conhecimento gerado (Gibbons et al., 1994; Starkey; Madan, 2001; Van Aken, 2004, 2005).

A produção do conhecimento do tipo 1, por ser disciplinar, costuma distinguir o que é conhecimento fundamental do que é conhecimento aplicado. O conhecimento fundamental se apoia nas bases teóricas existentes, enquanto o conhecimento aplicado é aquele baseado na engenharia e preocupado com o real uso do conhecimento (Gibbons et al., 1994; Starkey; Madan, 2001; Van Aken, 2004, 2005).

Em função das características do conhecimento do tipo 1, a pesquisa realizada sob seus fundamentos costuma não ter um potencial imediato de aplicação (Burgoyne; James, 2006). Essa é uma das limitações que induz alguns autores a se preocupar em desenvolver suas pesquisas utilizando os fundamentos da produção do conhecimento do tipo 2 (Van Aken, 2005; Burgoyne; James, 2006; Gibbons et al., 1994).

O conhecimento do tipo 2 pode ser explicado como um sistema de produção do conhecimento cujo foco está em sua aplicação. Ou seja, ele abrange desde a produção do conhecimento para o avanço da ciência até o conhecimento que poderá ser aplicado para resolução de problemas reais pelos profissionais dentro das organizações (Burgoyne; James, 2006).

Gibbons et al. (1994) afirmam que o uso do conhecimento tipo 2 rejeita uma visão linear de transferência do conhecimento. O conhecimento produzido deve ter uma abordagem construtivista, sendo o ponto-chave para seu avanço a transdisciplinaridade, entendida como o conhecimento que surge do próprio contexto da aplicação. A transdisciplinaridade pode ter sua própria estrutura teórica e métodos de pesquisa específicos, que nem sempre podem ser visualizados na produção tradicional do conhecimento (tipo 1) (Gibbons et al., 1994; Starkey; Madan, 2001; Van Aken, 2004, 2005). A produção do conhecimento do tipo 2 será vista em mais detalhes no capítulo seguinte.

Segundo Romme (2003), as pesquisas voltadas às organizações são mais bem conduzidas quando se tem uma visão menos individual e mais pluralista, inclusive em termos de métodos (tipo 2). Todavia, é comum que se conclua que a produção do conhecimento ocorre com a aplicação da lógica clássica das disciplinas científicas, como física, química ou biologia. Segundo Gibbons et al. (1994), esse é um paradigma para a produção do conhecimento científico.

Mesmo sendo dois tipos de produção do conhecimento que têm suas particularidades, há uma interação entre os tipos 1 e 2. Além disso, a produção do conhecimento do tipo 2 não substitui a do tipo 1, e sim a completa. Vale destacar que as pesquisas realizadas atualmente demonstram utilizar mais conhecimento do tipo 1 do que do tipo 2 (Gibbons et al., 1994; Starkey; Madan, 2001; Van Aken, 2004, 2005).

Uma vez abordadas as principais características das ciências tradicionais, bem como sua trajetória ao longo do tempo, é necessário apontar alguns conceitos relativos à temática principal deste livro – a *design science*. O próximo capítulo portanto, se ocupará da explicitação de algumas críticas às ciências tradicionais, do histórico da *design science* e dos principais conceitos referentes a ela.

> **☑ TERMOS-CHAVE**
>
> ciência, ciência fatual, ciências naturais, ciências sociais, pesquisa, pesquisa básica, pesquisa aplicada, método científico, método indutivo, método dedutivo, método hipotético dedutivo, falsificacionismo, método de pesquisa, estudo de caso, pesquisa-ação, *survey*, modelagem, pensamento sistêmico, método de trabalho, técnicas de coletas e análise de dados, técnica documental, pesquisa bibliográfica, entrevista, grupo focal, interação, questionário, observação direta, análise de conteúdo, análise do discurso, estatística multivariada, problema de Hume, nexo causal, indução, linguagem, Teoria de Popper, dedução, heurística negativa, heurística positiva, conceito de vale tudo, tipos I e 2 de conhecimento.

PENSE CONOSCO

1. Qual é a importância do alinhamento entre o método científico, o método de pesquisa e o método de trabalho de uma investigação científica?
2. Que outras técnicas de coleta e análise de dados podem ser utilizadas para a condução de pesquisas científicas? Diferencie essas outras técnicas, considerando as que foram apresentadas ao longo deste capítulo.
3. O que é triangulação? Qual é a importância da triangulação para a confiabilidade dos resultados de uma pesquisa científica?
4. Quais são as principais diferenças entre as ciências tradicionais (naturais e sociais) e a *design science*? Exemplifique.
5. Busque por cinco artigos de periódicos nacionais em alguma base de dados (Scielo, p.ex.) e identifique: i) objetivo da pesquisa; ii) método científico; iii) método de pesquisa.
6. Sobre o que tratava a pesquisa de Selznick sobre a TVA?

REFERÊNCIAS

AMARATUNGA, D. et al. Quantitative and qualitative research in the built environment: application of "mixed" research approach. *Work Study*, v. 51, n. 1, p. 17-31, 2002.

ANDER-EGG, E. *Introducción a las técnicas de investigación social*. 5. ed. Buenos Aires: Hvmanitas, 1976.

ANDRADE, L. A. et al. *Pensamento sistêmico*: caderno de campo. Porto Alegre: Bookman, 2006.

BARDIN, L. *L'analyse de contenu*. Paris: Presses Universitaires de France Le Psychologue, 1993.

BARWISE, P. Business schools and research. Practically irrelevant? *The Economist*, 2007. Disponível em: <http://www.economist.com/node/9707498>. Acesso em: 28 jul. 2014.

BOOTH, W. C.; COLOMB, G. C.; WILLIAMS, J. M. *The craft of research*. 3. ed. Chicago: The University of Chicago Press, 2008.

BURGOYNE, J.; JAMES, K. T. Towards best or better practice in corporate leadership development: operational issues in mode 2 and design science research. *British Journal of Management*, v. 17, n. 4, p. 303-316, 2006.

CAMERER, C. Redirecting research in business policy and strategy introduction: the state of the art. *Strategic Management Journal*, v. 6, n. 1, p. 1-15, 1985.

CAPELLE, M. C. A.; MELO, M. C. O. L.; GONÇALVES, C. A. Análise de conteúdo e análise de discurso nas ciências sociais. *Revista Eletrônica de Adiministração da UFLA*, v. 5, n. 1, 2003.

CAREGNATO, R. C. A.; MUTTI, R. Pesquisa qualitativa: análise de discurso versus análise de conteúdo. *Texto Contexto Enferm*, v. 15, n. 4, p. 679-684, 2006.

CAUCHICK MIGUEL, P. A.; HO, L. L. Levantamento tipo Survey. In: CAUCHICK MIGUEL, P. A. (Ed.). *Metodologia de pesquisa em engenharia de produção e gestão de operações*. 2. ed. Rio de Janeiro: Campus-Elsevier, 2011. p. 75-102.

CHALMERS, A. F. *What is this thing called science?* 3. ed. Sidney: Open University Press, 1999.

CHECKLAND, P. *Systems thinking, systems practice*. London: Wiley, 1981.

CHEN, F. et al. Quantifying the bullwhip effect in a simple supply chain: the impact of forecasting, lead times, and information. *Management Science*, v. 46, n. 3, 2000, p. 436-443.

COUGHLAN, P.; COUGHLAN, D. Action research for operations management. *International journal of operations & production management*, v. 22, n. 2, p. 220-240, 2002.

DAVIS, J. P.; EISENHARDT, K. M.; BINGHAM, C. B. Developing theory through simulation methods. *Academy of Management Review*, v. 32, n. 2, p. 480-499, 2007.

DENYER, D.; TRANFIELD, D.; VAN AKEN, J. E. Developing design propositions through research synthesis. *Organization Studies*, v. 29, n. 3, p. 393-413, 2008.

DICICCO-BLOOM, B.; CRABTREE, B. F. The qualitative research interview. *Medical Education*, v. 40, n. 4, p. 314-321, 2006.

ELLRAM, L. M. The use of the case study method misconceptions related to the use. *Journal of Business Logistics*, v. 17, n. 2, p. 93-138, 1996.

FEYERABEND, P. *Against Method*. New York: New Left Books, 1975.

FORZA, C. Survey research in operations management: a process-based perspective. *International Journal of Operations & Production Management*, v. 22, n. 2, p. 152-194, 2002.

GIBBONS, M. et al. *The new production of knowledge*: the dynamics of science and research in contemporary societies. London: Sage Publications, 1994.

HAIR JUNIOR, J. F. et al. *Multivariate data analysis*. 7. ed. New Jersey: Prentice Hall, 2009.

HEGENBERG, L. *Explicações científicas*: introdução à filosofia da ciência. São Paulo: Herder, 1969.

KAPUSCINSKI, R.; TAYUR, S. Reliable lead time quotation in a MTO environment. *Operations Research*, v. 55, n. 1, p. 56-74, 2007.

KUHN, T. S. *The structure of scientific revolutions*. Chicago: University of Chicago Press, 1967.

LACERDA, D. P.; CAULLIRAUX, H. M.; SPIEGEL, T. Revealing factors affecting strategy implementation in HEIs – a case study in a Brazilian university. *Int. J. Management in Education*, v. 8, n. 1, p. 54-77, 2014.

LAKATOS, I. *Criticism and the growth of knowledge*. Cambridge: Cambridge University Press, 1970.

LAKATOS, I. *The methodology of scientific research programmes*: philosophical papers volume 1. Cambridge: Cambridge University Press, 1977.

MAHOOTIAN, F.; EASTMAN, T. E. Complementary frameworks of scientific inquiry: hypotheticodeductive, hypothetico-inductive and observational-inductive. *World Futures*, v. 65, n. 1, p. 61-75, 2009.

MANGAN, J.; LALWANI, C.; GARDNER, B. Combining quantitative and qualitative methodologies in logistics research. *International Journal of Physical Distribution & Logistics Management*, v. 34, n. 7, p. 565-578, 2004.

MARCH, S. T.; SMITH, G. F. Design and natural science research on information technology. *Decision Support Systems*, v. 15, n. 4, p. 251-266, 1995.

MENTZER, J. T.; FLINT, D. J. Validity in logistics research. *Journal of Business Logistics,* v. 18, n. 1, p. 199-217, 1997.

MORABITO NETO, R.; PUREZA, V. Modelagem e simulação. In: CAUCHICK MIGUEL, P. A. (Ed.). *Metodologia de Pesquisa em Engenharia de Produção e Gestão de Operações.* 2. ed. Rio de Janeiro: Campus-Elsevier, 2011. p. 169-198.

ORMEROD, R. J. Rational inference: deductive, inductive and probabilistic thinking. *Journal of the Operational Research Society,* v. 61, n. 8, p. 1207-1223, 2010.

PIDD, M. *Modelagem empresarial:* ferramentas para tomada de decisão. Porto Alegre: Artes Médicas, 1998.

PLUMMER-D'AMATO, P. Focus group methodology part 1: considerations for design. *International Journal of Therapy and Rehabilitation,* v. 15, n. 2, p. 69-73, 2008.

POPPER, K. *Objective knowledge:* an evolutionary approach. Gloucestershire: Clarendon, 1979.

POPPER, K. *A lógica da pesquisa científica.* São Paulo: Cultrix, 1989.

ROMME, A. G. L. Making a difference: organization as design. *Organization Science,* v. 14, n. 5, p. 558-573, 2003.

SAUNDERS, M.; LEWIS, P.; THORNHILL, A. *Research methods for business students.* 6. ed. London: Pearson Education Limited, 2012.

SCHÖN, D. Kwoning-in-action: the new scholarship requires a nee epistemiology. *Change,* v. 27, p. 27-34.

SHAREEF, R. *Organizational theory, new pay, and public sector transformations.* Lanham: University Press of America, 2000.

SHAREEF, R. Want better business theories? Maybe Karl Popper has the answer. *Academy of Management Learning & Education,* v. 6, n. 2, p. 272-280, 2007.

SIMON, H. A. *The sciences of the artificial.* 3. ed. Cambridge: MIT Press, 1996.

STARKEY, K.; MADAN, P. Bridging the relevance gap: aligning stakeholders in the future of management research. *British Journal of Management,* v. 12, p. 3-26, 2001.

VAN AKEN, J. E. Management research based on the paradigm of the design sciences : the quest for field-tested and grounded technological rules. *Journal of Management Studies,* v. 41, n. 2, p. 219-246, 2004.

VAN AKEN, J. E. Management research as a design science: articulating the research products of mode 2 knowledge production in management. *British Journal of Management,* v. 16, n. 1, p. 19-36, 2005.

WEICK, K. E. Sense and reliability. *Harvard Business Review,* v. 81, n. 4, p. 84-90.

WEICK, K. E. *Sensemaking in organizations.* Thousand Oaks: Sage, 1995.

WEICK, K. E.; SUTCLIFFE, K. M. *Managing the unexpected.* San Francisco: Jossey-Bass, 2001.

LEITURAS RECOMENDADAS

BENBASAT, I.; GOLDSTEIN, D. K.; MEAD, M. The case research strategy in studies of information systems. *MIS Quaterly,* v. 11, n. 3, p. 369-387, 1987.

BUNGE, M. *Epistemologia.* São Paulo: TA Queiroz, 1980.

CAUCHICK MIGUEL, P. A. Estudo de caso na engenharia de produção: estruturação e recomendações para sua condução. *Produção,* v. 17, n. 1, p. 216-229, 2007.

DUBÉ, L.; PARÉ, G. Rigor in information systems positivist case research: current practices, tre. *MIS Quaterly,* v. 27, n. 4, p. 597-635, 2003.

DYER JUNIOR, W. G.; WILKINS, A. L. Better stories. Not better constructs- to generate better theory: a rejoinder to eisenhardt. *Academy oi Management Review,* v. 16, n. 3, p. 613-619, 1991.

EISENHARDT, K. M. Building theories from case study research. *Academy of Managenent Review,* v. 14, n. 4, p. 532-550, 1989.

GOUGH, D.; OLIVER, S.; THOMAS, J. *An introduction to systematic reviews.* London: Sage Publications, 2012.

HUME, D. *An enquiry concerning human understanding.* Oxford: Oxford University Press, 1999.

MINAYO, M. C. S. *O desafio do conhecimento.* 4. ed. São Paulo: Hucitec; Rio de Janeiro: Abrasco, 1996.

MINTZBERG, H. *Managing:* desvendando o dia a dia da gestão. Porto Alegre: Bookman, 2010.

MORANDI, M. I. W. M. et al. Foreseeing iron ore prices using system thinking and scenario planning. *Syst Pract Action Research,* v. 27, n. 3, p. 287-306, 2014.

PANDZA, K.; THORPE, R. Management as design, but what kind of design? An appraisal of the design science analogy for management. *British Journal of Management,* v. 21, n. 1, p. 171-186, 2010.

POPPER, K. *Conjectures and refutation.* New York: Basic Books, 1963.

POPPER, K. *The logic of scientific discovery.* United Kingdom: Taylor & Francis e-Library, 2005.

RODRIGUES, L. H. As abordagens hard e soft. In: ANDRADE, L. A. et al. *Pensamento sistêmico:* caderno de campo. Porto Alegre: Bookman, 2006. p. 81-85.

SENGE, P. M. *The fifth discipline:* the art and practice of the learning organization. New York: Currency Doubleday, 1990.

SUN, L.; MUSHI, C. J. Case-based analysis in user requirements modelling for knowledge construction. *Information and Software Technology,* v. 52, n. 7, p. 770-777, 2010.

THIOLLENT, M. Uses of knowledge: some methodological alternatives. In: ZEEUW, G. *Speciale uitgave van systemica tijdsschrift van de systeemgroep nederland.* Holanda: Delft University Press, 1985. p. 115-124.

THIOLLENT, M. *Metodologia da pesquisa-ação.* 17. ed. São Paulo: Cortez, 2009.

WERNECK, V. R. Sobre o processo de construção do conhecimento: o papel do ensino e da pesquisa. *Ensaio:* avaliação e políticas públicas em educação, v. 14, n. 51, p. 173-196, 2006.

YIN, R. K. *Case study research:* design and methods. 5. ed. Thousand Oaks: SAGE Publications, 2013.

2
Design science, a ciência do artificial

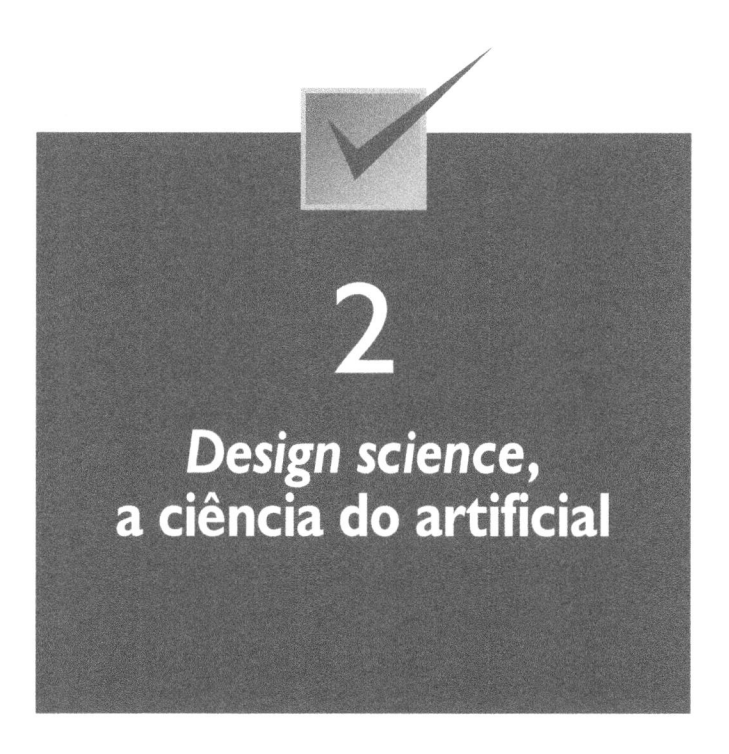

Será legítimo abrigar-se durante mais tempo na sombra epistemológica – ela própria, doravante, algo incerta – das disciplinas científicas antigas e pouco contestadas?

Jean-Louis Le Moigne, em *Le Constructivisme – fondements* (1994).

☑ OBJETIVOS DE APRENDIZAGEM
- Discutir as críticas dos principais autores acerca da ciência tradicional.
- Relacionar as principais diferenças entre a ciência tradicional e a *design science*.
- Explicar conceitos centrais da *design science*, sua estrutura, seu histórico e sua evolução.

CRÍTICA ÀS CIÊNCIAS TRADICIONAIS

As pesquisas realizadas sob o paradigma das ciências tradicionais, como as naturais e as sociais, resultam em estudos que se concentram em explicar, descrever, explorar ou predizer fenômenos e suas relações. Entretanto, quando se deseja estudar o projeto, a construção ou criação de um novo artefato, ou realizar pesquisas orientadas à solução de problemas, as ciências tradicionais podem apresentar limitações. O caminho, então, é utilizar a *design science*, um novo paradigma epistemológico para a condução de pesquisas. Veja o Quadro 2.1.

O "enigma" da bicicleta leva à constatação de que é possível desenvolver um artefato mesmo sem conhecimento completo sobre seu funcionamento. O mais importante talvez seja articular conhecimentos eventualmente dispersos para desenvolver artefatos que desempenhem

☑ QUADRO 2.1

Como funciona uma bicicleta?

Elas existem desde o século XIX e seu *design* básico mudou relativamente pouco em 200 anos. Bicicletas sempre tiveram duas rodas, uma armação para conectá-las e o guidão para controlá-las. No mínimo, você deve acreditar, o cara que a inventou sabia o que estava fazendo, mas, depois de mais de um século de pesquisa, a ciência foi forçada a concluir que as primeiras bicicletas foram inventadas não por algum tipo de procedimento científico, mas por uma tentativa qualquer seguida de erro. Até as mais modernas fabricantes de bicicletas admitem que não é engenharia ou computação que faz uma boa bicicleta e sim "intuição e experiência".

Então, o que acontece quando você pergunta aos cientistas o que exatamente torna uma bicicleta estável? Ou o que a mantém em movimento? Ou como as pessoas a controlam? Na verdade, todos eles admitem que mesmo que algumas pessoas venham com cálculos de como montar em uma bicicleta ou como elas funcionam, essas equações são muito mais uma enrolação. Um pesquisador da Universidade de Cornell até disse uma vez que absolutamente ninguém entende direito o que faz uma bicicleta fazer essas coisas todas.

Extraído de: Fundação de Desenvolvimento da Pesquisa ([20--?]).

Por que as bicicletas não caem quando pedalamos?

Você já se perguntou por que uma bicicleta em movimento não cai? Afinal, por mais que se queira, a distribuição do peso do corpo humano fica desigual, mas ainda assim somos capazes de nos sustentar em cima de, basicamente, duas rodas ligadas por um fino tubo de aço. Intrigados com a pergunta, pesquisadores holandeses – país conhecido pelo uso das bicicletas – resolveram fazer alguns testes e comprovaram que a velocidade de movimento, junto com outros fatores, é o que segura a estrutura, mesmo que o ciclista empurre a bicicleta.

A pesquisa partiu de um ponto que já havia sido explicado por curiosos do século passado: a sustentação de uma bicicleta está ligada a dois fatores. O primeiro deles são as próprias rodas, que, juntas, dão estabilidade por causa de algo chamado efeito giroscópico. O segundo motivo seria o ângulo de incidência projetado para as bicicletas, que é calculado de forma que o guidão fique em uma posição em relação à roda dianteira que dê a estabilidade.

"Por anos soube-se que essa explicação era muito simples. O efeito giroscópico e o ângulo de incidência não são essenciais para a estabilidade de uma bicicleta", afirma Arend Schwab, pesquisador da Universidade de Delft, aonde foi realizado o estudo.

Querendo descobrir o que de fato segura uma bicicleta em pé, Schwab e alguns colegas desenvolveram diversos protótipos diferentes que usassem ângulos considerados não ideais e cujo efeito giroscópico fosse anulado ou diminuído, comprovando que sem esses dois fatores ainda se consegue desenvolver uma bicicleta perfeita.

"Não foi fácil", explica o pesquisador Jodi kooijman. "Nosso primeiro protótipo não funcionou e nós estávamos já desistindo quando obtivemos resultado. É claro que para que funcionasse precisávamos ter uma superfície ideal, mas isso conseguimos dentro da própria universidade", disse.

Basicamente o que os holandeses conseguiram comprovar com seu experimento é que, para uma bicicleta se manter estável, seu guidão precisa ser instável. Isso significa que a bicicleta se sustenta justamente porque a parte que se usa para guiá-la é mole – mas, quando a velocidade aumenta, o guidão acaba ficando reto e endurecendo.

Com o resultado, os pesquisadores não pretendem revolucionar o mercado de bicicletas. Eles afirmam que o modelo existente hoje, que já vem sendo usado desde o século XIX, é excelente e estável. A pesquisa serviu mesmo para responder a uma pergunta curiosa. Mas eles avisam: "o que descobrimos pode sim abrir as portas para novos e diferentes *designs* de bicicletas, como as desmontáveis e dobráveis".

Extraído de: Revista Época (2011).

determinada função e satisfaçam uma necessidade. O conhecimento individual sobre todos os princípios que regem o funcionamento de uma bicicleta são necessários, mas não suficientes, para sua criação. Em função das limitações das ciências tradicionais, Simon defende a necessidade de uma ciência que se dedique a propor formas de criar (construir e avaliar) artefatos que tenham certas propriedades. Trata-se da ciência do projeto – *design science*.

De maneira similar, o filósofo francês Jean-Louis Le Moigne destaca a necessidade de uma ciência que rompa com as barreiras cartesianas. A partir desse rompimento, seria possível construir o conhecimento pela interação entre o observador e o objeto de estudo, "considerando o conhecimento mais um projeto construído do que um objeto dado". Uma ciência que somente se ocupa em explicar os fenômenos naturais é insuficiente para o progresso da ciência e do conhecimento de uma maneira geral, entende ele.

Críticas similares partiram de outros cientistas e estão resumidas na Tabela 2.1. Professor da Universidade de Tecnologia de Eindhoven, Holanda, Georges Romme (2003) aponta falta de relevância dos estudos realizados sob o paradigma das ciências naturais e sociais. Ele argumenta que as ciências tradicionais não contribuem para a diminuição da distância entre a teoria e a prática, porque o conhecimento gerado é de cunho fortemente exploratório e analítico, não servindo para utilização em situações reais.

TABELA 2.1

Principais críticas às ciências tradicionais

Crítica	Simon (1996)	Romme (2003)	March e Smith (1995)	Le Moigne (1994)	Van Aken (2004, 2005)
O mundo em que vivemos é mais artificial do que natural; logo, uma ciência que se ocupe do artificial é necessária.	✓			✓	
As ciências tradicionais não se ocupam com o projeto ou estudo de sistemas que ainda não existem.	✓		✓		✓
Falta relevância às pesquisas realizadas única e exclusivamente sob os paradigmas das ciências tradicionais.		✓			✓
Uma adequada construção do conhecimento deve ocorrer a partir do processo de pesquisa, incluindo a interação entre objeto e observador.				✓	

SURGIMENTO E EVOLUÇÃO DA *DESIGN SCIENCE*

No contexto deste livro, *design* significa realizar mudanças em um determinado sistema a fim de transformar as situações em busca da sua melhoria. A mudança é feita pelo homem, que, para tanto, aplica o conhecimento para criar, isto é, desenvolver artefatos que ainda não existem.

A expressão *science of design*, que posteriormente passou a ser *design science*, foi introduzida pela obra *As ciências do artificial*, do economista e psicólogo norte-americano Herbert Alexander Simon (1996). Em português, encontramos diferentes traduções da expressão: "ciência do artificial", "ciência do projeto" e até "ciência da engenharia". Neste livro, utilizaremos, simplesmente, *design science*.

Em sua obra seminal, Simon diferencia o que é natural do que é artificial. **Artificial**, segundo ele, é algo que foi produzido ou inventado pelo homem ou que sofre intervenção deste. Como exemplo de artificial, ele cita as máquinas, as organizações, a economia e até mesmo a sociedade. Para Simon (1996), as ciências do artificial devem se preocupar com a maneira como as coisas devem ser para alcançar determinados objetivos, seja para solucionar um problema conhecido ou para projetar algo que ainda não existe. Projetar, aliás, é uma função característica das ciências do artificial.

A discussão acerca da *design science* surgiu quando foi identificada a lacuna decorrente do emprego único e exclusivo das ciências tradicionais na condução de determinadas investigações. Pesquisas com o objetivo de estudar o projeto, a concepção ou mesmo a resolução de problemas não conseguem se sustentar exclusivamente com o paradigma das ciências naturais e sociais, principalmente porque as ciências tradicionais têm como objetivos centrais explorar, descrever, explicar e, quando possível, predizer.

No entanto, alguns estudos podem ter outros objetivos, como, por exemplo, prescrever soluções e métodos para resolver determinado problema ou projetar um novo artefato. Segundo o Joan Ernst van Aken (2011), professor da Universidade Técnica de Eindhoven uma ciência que tem como objetivo a prescrição de uma solução pode auxiliar na redução da distância entre a teoria e a prática. Assim, as pesquisas que resultam em uma prescrição têm sua aplicação facilitada, inclusive por parte dos profissionais nas organizações, e pode favorecer o reconhecimento da sua relevância para a prática. É nesse sentido que a *design science* se posiciona como um paradigma epistemológico que pode guiar as pesquisas orientadas à solução de problemas e ao projeto de artefatos.

Ainda que o livro de Herbert Alexander Simon *As ciências do artificial* (1996) seja considerado fundamental quando se trata de *design science*, a discussão sobre a importância de uma ciência alternativa à tradicional iniciou-se bem antes de 1969. Na verdade, podemos voltar até o século XV, quando Leonardo da Vinci percebeu a importância das ciências da engenharia, inventando soluções para problemas que até então renomados cientistas (baseados nos fundamentos da física tradicional) não tinham conseguido descobrir.

Na Figura 2.1 apresentamos os principais autores que contribuíram conceitualmente para a *design science* e que são importantes para este livro, em especial. Definimos os autores destacados no texto a partir da análise de suas críticas num contexto mais geral da ciência, especialmente em relação às suas contribuições no que tange à *design science*.

Um dos mais importantes críticos à visão analítica da ciência tradicional foi o filósofo italiano Giovanni Battista Vico, que contribuiu para o desenvolvimento do que seria, futuramente, a *design science*. Vico publicou sua obra entre 1702 e 1725, mas suas ideias são consideradas, ainda hoje, uma inovação epistemológica.

O fato de Herbert Simon receber em 1978 o Prêmio Nobel de Economia acabou dando publicidade e reconhecimento também a seus estudos sobre o assunto. *As ciências do artificial*, além de ser reconhecida como uma obra que discute fundamentos epistemológicos, também é considerada um manifesto metodológico, uma vez que "dessacraliza" implicitamente o primado exclusivo do método analítico ou reducionista" que fundamenta os métodos científicos tradicionais (Le Moigne, 1994, p. 65).

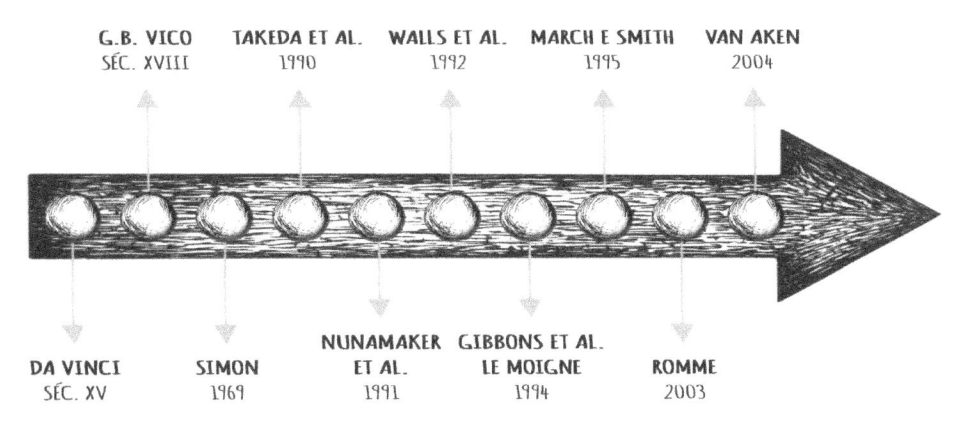

G.B. VICO — SÉC. XVIII
TAKEDA ET AL. — 1990
WALLS ET AL. — 1992
MARCH E SMITH — 1995
VAN AKEN — 2004

DA VINCI — SÉC. XV
SIMON — 1969
NUNAMAKER ET AL. — 1991
GIBBONS ET AL. LE MOIGNE — 1994
ROMME — 2003

FIGURA 2.1

Principais autores que contribuíram para a *design science*.

Outra contribuição importante foi feita em 1990, quando Takeda et al. (1990) publicaram o primeiro artigo que buscou formalizar um método para o desenvolvimento de pesquisas com foco em *design*. Esse artigo tem uma visão mais técnica e operacional em relação ao processo e à construção de soluções para problemas de engenharia, por exemplo. O objetivo central era construir um modelo computacional que apoiasse o desenvolvimento de sistemas inteligentes de *computer-aided design* (CAD).

Embora os autores não tratem da *design science* em si e sequer façam referências a Herbert Alexander Simon em seu texto, eles apresentam ideias semelhantes às deste, porém com uma visão mais aplicada e prática. O método proposto, denominado *design cycle*, inspirou posteriormente March e Smith (1995) e Vaishnavi e Kuechler (2004) para o desenvolvimento da *design science research*, método de pesquisa que operacionaliza a investigação fundamentada na *design science*.

Em 1991, Nunamaker, Chen e Purdin (1991) desenvolveram um estudo importante para a área de pesquisa em *design science*. Esse texto, embora dirigido à área de sistemas de informação, contribuiu posteriormente para o desenvolvimento de um método de pesquisa para os estudos fundamentados na *design science*. Mesmo sem recorrer aos conceitos propostos por Simon ou utilizar a expressão *design science* em seu artigo – optaram pela expressão *engineering approach* –, a contribuição para a *design science* é clara.

No ano seguinte, Walls, Wyidmeyer e Sawy (1992) propuseram a aplicação de conceitos da *design science* na condução de pesquisas e no desenvolvimento de teorias na área de sistemas da informação. Eles defenderam que a *design science*, além de ser fundamental para engenharia, arquitetura e artes, é também importante para a área de sistemas de informação, permitindo o desenvolvimento de teorias prescritivas, as quais poderiam contribuir para o desenvolvimento de soluções práticas e efetivas.

Em relação à construção de conhecimentos voltados à prática, outros autores, como Gibbons et al. (1994), defendem um novo modo para a produção do conhecimento: o tipo 2 (*mode* 2), introduzido no capítulo anterior. Esse tipo de produção de conhecimento se caracteriza por ser mais reflexivo, considerar as mais diversas facetas do problema e utilizar diversas disciplinas para a construção de um novo conhecimento que seja útil e aplicável aos interessados na pesquisa, isto é, relevante. Essa busca pela relevância é o princípio que une os conceitos da *design science* e a produção do conhecimento do tipo 2 (Van Aken, 2005).

Ainda em 1994, Le Moigne publicou sua obra a respeito do construtivismo, na qual apresenta o que define como novas ciências, fundamentadas nas ideias de três autores: Simon, Piaget e Morin – o "triângulo de ouro" (Le Moigne, 1994). A nova ciência se caracteriza por estar centrada na concepção e não exclusivamente na análise do objeto de pesquisa. É uma ciência mais preocupada com o processo de construção do conhecimento do que com a descoberta de leis e conhecimentos imutáveis. Ressaltamos que, nas pesquisas desenvolvidas no contexto das novas ciências, o objeto e o pesquisador não estão separados: eles interagem, e essa interação é bem-vinda.

No ano seguinte, March e Smith (1995) propuseram a aplicação dos fundamentos da *design science* para a condução de pesquisas na área de sistemas da informação e para o desenvolvimento de tecnologias da informação. Essas pesquisas estariam voltadas para o desenvolvimento de soluções que pudessem ajudar as pessoas a atingirem seus objetivos, auxiliando-as na resolução de problemas reais. Uma particularidade desses autores é a sua proposição de integrar as ciências naturais e a *design science*: enquanto, por um lado, a *design science* deveria apoiar a construção e a avaliação dos artefatos, por outro, as ciências naturais deveriam construir explicações acerca de tais artefatos. A explicação seria dada por meio de teorizações e de justificativas acerca das teorias desenvolvidas.

Enquanto a área que se destacou na discussão acerca da *design science* na década de 1990 foi a de sistemas de informação, nos anos 2000 chegou a vez da pesquisa na área de gestão organizacional obter novos contornos. No entender de Georges Romme, a ciência tradicional auxilia no entendimento dos sistemas organizacionais existentes, mas é necessária uma ciência que auxilie na criação de novos **artefatos organizacionais**. Por isso, sugere que as pesquisas na área organizacional sejam realizadas com base nas ciências tradicionais e também na *design science*.

As pesquisas realizadas nas organizações são fragmentadas, pois, na maioria das vezes, são feitas por profissionais ou consultores dentro da organização, não chegando a ir para a academia e as publicações de maior alcance. A fim de mitigar essa situação, o autor propôs que a *design science* fosse utilizada como fio condutor para as pesquisas na área organizacional, inclusive pelos acadêmicos, o que garantiria a relevância (prática) dessas pesquisas, bem como um alcance mais global dos resultados obtidos.

No entanto, para que a *design science* possa ser utilizada e reconhecida pelos acadêmicos da área de gestão e de sistemas de informação, é necessário um alto rigor na condução dessas pesquisas. O **rigor** é imprescindível para garantir que os produtos das pesquisas sejam facilmente ensináveis nas academias e aceitos em publicações, permitindo maior interação entre o mundo prático e o teórico (Romme, 2003).

Em 2004, preocupado com a **relevância das pesquisas** realizadas no âmbito da gestão e das organizações, Van Aken publicou um artigo criticando as pesquisas realizadas sob o paradigma das ciências tradicionais. Dessa forma, defende o uso da *design science* como opção para aumentar a relevância das pesquisas realizadas na área de gestão, oferecendo como resultado uma prescrição, que auxiliaria na resolução de problemas reais, e gerando um conhecimento que também poderia ser utilizado em outras situações (generalização).

Ponderando sobre a possibilidade de generalizar o conhecimento produzido para a obtenção de um resultado desejado em um determinado contexto, a fim de aplicá-lo em outros, Van Aken (2004) passou a abordar a questão da regra tecnológica, que evoluiu para *design propositions,* um *template* genérico que pode ser utilizado para o desenvolvimento de soluções para uma determinada classe de problemas.

Na Tabela 2.2 apresentamos uma síntese dos autores que abordamos ao longo desta seção e suas ideias centrais a respeito da *design science*.

TABELA 2.2
Principais autores e suas ideias centrais acerca da *design science*

Autor	Proposição
Leonardo Da Vinci	Utiliza as ciências da engenharia para solucionar problemas que, até então, as ciências tradicionais não tinham conseguido resolver.
G.B. Vico	Contesta a "análise reducionista cartesiana" e propõe que o conhecimento científico seja fundamentado nas "ciências do gênio (l'ingenium)".
Herbert Alexander Simon (1996)	Critica o uso exclusivo do método analítico ou reducionista. Defende que o projeto do conhecimento é mais importante do que o objeto de conhecimento. Propõe o uso das ciências da concepção – *design science*.
Takeda et al. (1990)	Discutem e fazem uma primeira tentativa de formalização de um método de pesquisa fundamentado nos conceitos de *design*.
Nunamaker et al. (1991)	Buscam formalizar um método para a pesquisa fundamentada em *design science*. Expõem alguns produtos da pesquisa amparada pela *design science*.
Walls, Wyidmeyer e Sawy (1992)	Defendem a utilização dos conceitos da *design science* para a condução de pesquisas. Abordam o conceito de teorias prescritivas e sua importância para o desenvolvimento de soluções práticas e efetivas para problemas existentes.
Gibbons et al. (1994)	Abordam um novo modo para produção do conhecimento (tipo 2), mais voltado à construção de conhecimentos relevantes produzidos no contexto de aplicação e não somente na academia.
Le Moigne (1994)	Versa sobre as novas ciências, voltadas à concepção e não somente à análise do objeto de pesquisa.
March e Smith (1995)	Defendem a integração entre a *design science* e as ciências tradicionais para conduzir pesquisas focadas em desenvolver soluções.
Romme (2003)	Aborda o uso da *design science* na área de gestão. Afirma que é necessária uma ciência que auxilie na criação de novos artefatos organizacionais. Discute ainda a questão de rigor e relevância das pesquisas em gestão.
Van Aken (2004, 2005, 2011)	Preocupado com a relevância das pesquisas na área de gestão e nas organizações de forma geral, sugere a aplicação da *design science* para a condução de pesquisas mais relevantes. Afirma que as pesquisas realizadas devem ser prescritivas, facilitando sua utilização pelas organizações, e também generalizáveis – não servir para resolver somente um problema em dada situação, mas para resolver uma certa classe de problemas.

Fonte: Le Moigne (1994).

A Figura 2.2 apresenta, quando existem, as relações entre as ideias dos autores que apresentamos na Tabela 2.2. Em alguns casos eles não citam uns aos outros; no entanto, percebemos uma forte relação entre suas ideias e proposições acerca da *design science*.

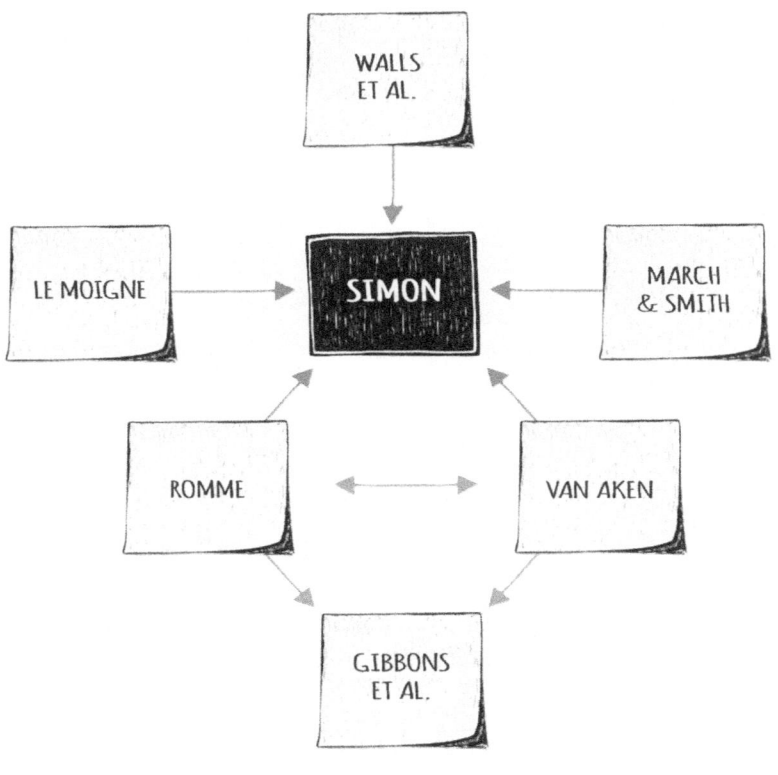

FIGURA 2.2
Relações entre os principais autores abordados na Tabela 2.2.

Na seção seguinte explicitaremos os principais conceitos da *design science* e será feita sua contextualização. Além disso, apresentaremos um comparativo entre as ciências tradicionais e a *design science*, considerando-se o acervo de conhecimento que cada uma acomoda.

ESTRUTURA DA *DESIGN SCIENCE*

Em *As ciências do artificial*, Simon indica cinco áreas de estudo fortemente relacionadas à *design science* – ciência do projeto: engenharia, medicina, direito, arquitetura e educação. Logo, podemos constatar que a *design science* se enraíza na engenharia e em outras ciências aplicadas. Contudo, a área que mais rapidamente se desenvolveu no sentido de utilizar a *design science* como paradigma epistemológico para avanço do conhecimento foi a de sistemas de informação

Em seguida, áreas como a engenharia e a arquitetura também viram na *design science* uma importante contribuição epistemológica e metodológica para a condução de suas pesquisas. Foi nos anos 2000 que a *design science* passou a ser abordada por autores da área de gestão e de organizações, no intuito de propor uma ciência que pudesse auxiliar na condução das pesquisas da área, atentando não apenas para o rigor, mas também para a relevância das pesquisas.

Conceitos fundamentais

Em seu livro, Simon (1996) escreveu: "Ao projeto interessa o que e como as coisas devem ser, a concepção de artefatos que realizem objetivos." **artefatos**, nesse contexto, podem ser entendidos como algo que é construído pelo homem, ou objetos artificiais que podem ser caracterizados em termos de objetivos, funções e adaptações. Assim, "[...] o cumprimento de um propósito, ou adaptação a um objetivo, envolve uma relação de três elementos: o propósito ou objetivo; o caráter do artefato; e o ambiente em que ele funciona." (Simon, 1996).

Portanto, o artefato é a organização dos componentes do ambiente interno para atingir objetivos em um determinado ambiente externo. A discussão acerca dos artefatos, bem como sua tipologia, é feita no capítulo 3.

Vale destacar que a *design science* tem como finalidade conceber um conhecimento sobre como projetar, e não apenas aplicá-lo. Ou seja, a *design science* é a ciência que se ocupa do projeto; logo, não tem como objetivo descobrir leis naturais ou universais que expliquem certo comportamento dos objetos que estão sendo estudados, mas, com o define Le Moigne (1994), compreender o "processo cognitivo através do qual foi elaborado o projeto que os define". Acima de tudo, a *design science* é a ciência que procura desenvolver e projetar soluções para melhorar sistemas existentes, resolver problemas ou, ainda, criar novos artefatos que contribuam para uma melhor atuação humana, seja na sociedade, seja nas organizações.

Logo, a natureza desse tipo de pesquisa costuma ser pragmática e orientada à solução. Ou seja, o conhecimento deve ser construído a serviço da ação. É essencial não perder de vista que a *design science*, ainda que se ocupe da solução de problemas, não busca um resultado ótimo, que é comum em áreas como a pesquisa operacional, mas um resultado satisfatório no contexto em que o problema se encontra.

Simon (1996) diferencia uma **solução ótima** (ideal) de uma **solução satisfatória** da seguinte maneira: "Uma decisão ótima em um modelo simplificado só raramente será ótima no mundo real. O tomador de decisão pode escolher entre decisões ótimas em um mundo simplificado ou decisões (suficientemente boas), que o satisfazem, num mundo mais próximo da realidade".

Assim, buscam-se soluções suficientemente boas para problemas em que a solução ótima seja inacessível ou de implantação inviável. Isso exige uma definição clara do que seriam resultados satisfatórios. Isso pode ser obtido de duas formas: consenso entre as partes envolvidas no problema e/ou avanço da solução atual em comparação com as soluções geradas pelos artefato anteriores.

A *design science*, contudo, reconhece que os problemas existentes nas organizações costumam ser específicos. Essas particularidades poderiam, de certo modo, inviabilizar um conhecimento passível de generalização, condição importante, segundo Van Aken: as soluções propostas pela *design science* devem permitir uma generalização das prescrições, ou seja, precisam ser generalizáveis para uma determinada **classe de problemas**.

As pesquisas realizadas sob o paradigma da *design science* não só propõem soluções para problemas práticos, mas também podem contribuir para aprimorar teorias. A teorização ocorre com uma nova ideia ou como um conceito para uma nova tecnologia, que poderá fundamentar a solução de algum problema. Essa ideia, que poderá subsidiar uma teoria, pode ser originária de diferentes fontes, conforme ilustramos na Figura 2.3.

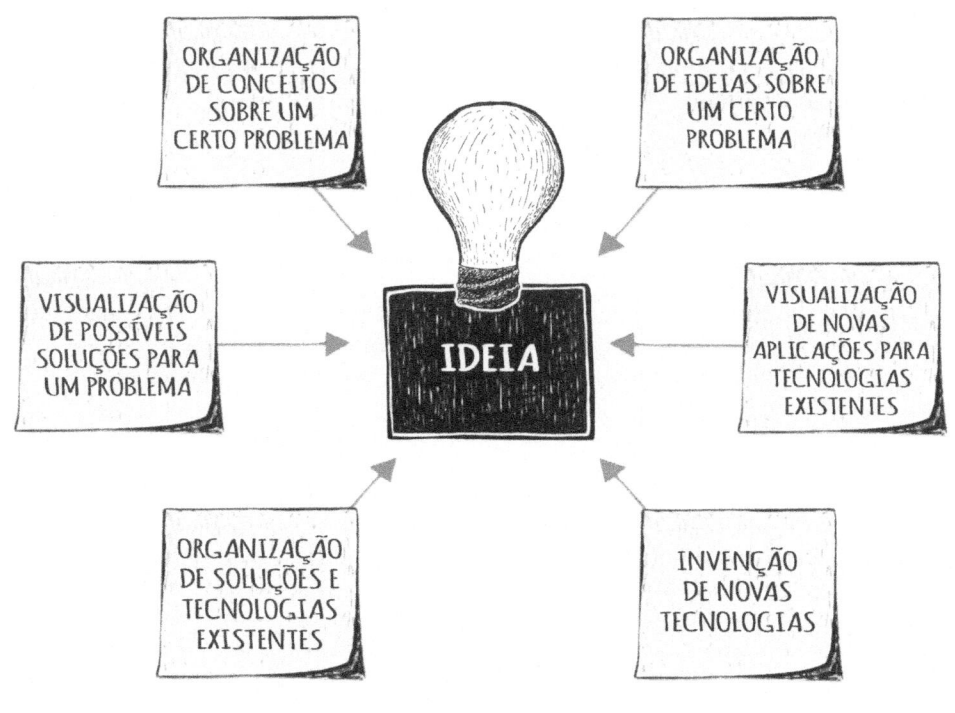

FIGURA 2.3

Fontes que podem suscitar uma nova ideia.
Fonte: Elaborada pelos autores com base em Venable (2006, p. 15).

As ideias, uma vez desenvolvidas por meio de pesquisas, podem contribuir para o aprimoramento de teorias, que devem ser úteis, acima de tudo. Isto é, tais teorias devem apresentar melhorias obtidas em determinada tecnologia ou problema (Venable, 2006). Cabe ressaltar a importância do conceito de **validade pragmática** para a *design science*, a qual tem como premissa que a pesquisa realizada sob seu paradigma, além de ser rigorosa, atendendo à validade científica, também deve objetivar a validade pragmática, ou seja, a utilidade. A validade pragmática busca assegurar que a solução proposta para resolver determinado problema de pesquisa de fato funcione, garantindo que os resultados esperados sejam alcançados (Van Aken, 2011).

Além de garantir a utilidade da solução proposta para o problema, a validade pragmática deve se ocupar também de outras questões, como a relação custo-benefício da solução, se ela atende às particularidades do ambiente/contexto em que será aplicada e as necessidades dos interessados na solução proposta.

Na Figura 2.4 presentamos uma síntese dos principais conceitos da *design science* que foram expostos nesta seção.

Uma vez explicitados os conceitos básicos da *design science*, é necessário buscar seu entendimento em comparação aos das ciências tradicionais. Na próxima seção apresentaremos as principais diferenças e semelhanças entre eles.

CONCEITO DE *DESIGN SCIENCE*
CIÊNCIA QUE PROCURA CONSOLIDAR CONHECIMENTOS SOBRE O PROJETO E DESENVOLVIMENTO DE SOLUÇÕES PARA MELHORAR SISTEMAS, EXISTENTES RESOLVER PROBLEMAS E CRIAR NOVOS ARTEFATOS

ARTEFATO
ALGO QUE É CONSTRUÍDO PELO HOMEM; INTERFACE ENTRE O AMBIENTE INTERNO E O AMBIENTE EXTERNO DE UM DETERMINADO SISTEMA

SOLUÇÕES SATISFATÓRIAS
SOLUÇÕES SUFICIENTEMENTE ADEQUADAS PARA O CONTEXTO EM QUESTÃO. AS SOLUÇÕES DEVEM SER VIÁVEIS, NÃO NECESSARIAMENTE ÓTIMAS

CLASSES DE PROBLEMAS
ORGANIZAÇÃO QUE ORIENTA A TRAJETÓRIA E O DESENVOLVIMENTO DO CONHECIMENTO NO ÂMBITO DA *DESIGN SCIENCE*

VALIDADE PRAGMÁTICA
BUSCA ASSEGURAR A UTILIDADE DA SOLUÇÃO PROPOSTA PARA O PROBLEMA. **CONSIDERA**: CUSTO/BENEFÍCIO DA SOLUÇÃO, PARTICULARIDADES DO AMBIENTE EM QUE SERÁ APLICADA E AS REAIS NECESSIDADES DOS INTERESSADOS NA SOLUÇÃO

FIGURA 2.4

Síntese dos principais conceitos da *design science*.

Design science versus ciências tradicionais

Embora a comparação entre as ciências tradicionais e a *design science* seja necessária, deve ficar claro que elas não se opõem, mas se complementam, tendo apenas sentidos distintos. Destaca-se, inclusive, que os artefatos (objetos de estudo da *design science*) estão inseridos na natureza e "não têm qualquer permissão para ignorar ou violar as leis naturais". O artefato sequer existe fora do natural. Ele é, na realidade, a interface entre o mundo natural e artificial.

As diferenças entre as ciências tradicionais e a *design science* podem ser percebidas quando observamos o produto gerado por ambas. Enquanto a *design science* está orientada para gerar conhecimentos que suportem a solução de problemas e tem como um de seus produtos uma prescrição, as **ciências tradicionais,** como vimos, têm como objetivos fundamentais explorar, descrever, explicar e, quando possível, fazer predições relacionadas aos fenômenos naturais e sociais. Van Aken faz, entre as pesquisas orientadas à descrição e aquelas orientadas à prescrição, uma distinção análoga à discussão entre as ciências naturais e a artificial (Tabela 2.3).

TABELA 2.3
Distinção entre a pesquisa orientada à descrição e aquela orientada à prescrição

Característica	Programas de pesquisa orientados à descrição	Programas de pesquisa orientados à prescrição
Paradigma dominante	Ciência explicativa	*Design science*
Foco	No problema	Na solução
Perspectiva	Observação	Participação
Típica questão de pesquisa	Explicação/explanação	Soluções alternativas para uma dada classe de problemas
Típico produto de pesquisa	Modelo causal; lei quantitativa	Regra tecnológica testada e fundamentada

Fonte: Elaborada pelos autores com base em Van Aken (2004, p. 236).

As características aqui apresentadas da *design science* permitem a sua utilização para a construção de conhecimento aplicável às organizações. Na tabela a seguir, o professor Romme apresenta as principais diferenças entre as ciências tradicionais e a *design science*.

Segundo Romme, a visão da ciência tradicional ajuda a entender fenômenos "descobrindo as leis e forças que determinam suas características, funcionamento e resultados". A *design science*, por sua vez, seria responsável por conceber e validar sistemas que ainda não existem, seja criando, recombinando ou alterando produtos/processos/*software*/métodos para melhorar as situações existentes.

TABELA 2.4
Principais diferenças entre a ciência tradicional e a *design science*

Categorias	Ciências tradicionais (sociais e naturais)	*Design science*
Propósito	Entender fenômenos organizacionais com base em uma objetividade consensual, desvendando os padrões gerais e as forças que explicam esses fenômenos.	Produzir sistemas que ainda não existem, isto é, mudar sistemas organizacionais e situações existentes para alcançar melhores resultados.
Modelo	Ciências naturais (física, p.ex.) e outras disciplinas que adotaram a abordagem científica (economia, p.ex.).	*Design* e engenharia (p.ex., arquitetura, engenharia aeronáutica, ciências da computação).

Fonte: Adaptada de Romme (2003, p. 559).

TABELA 2.4
Principais diferenças entre a ciência tradicional e a *design science*

Categorias	Ciências tradicionais (sociais e naturais)	*Design science*
Visão do conhecimento	Representacional: nosso conhecimento representa o mundo como ele é; a natureza do pensamento é descritiva e analítica. Mais especificamente, a ciência é caracterizada pela busca por conhecimentos gerais e válidos, ajustes nas formulações de hipóteses e testes.	Pragmática: conhecimento a serviço da ação; a natureza do pensamento é normativa e sintética. Mais especificamente, o *design* assume que cada situação é única e se inspira em propostas e soluções ideais, pensamento sistêmico e informações limitadas. Além disso, enfatiza a participação, o discurso como um meio de intervenção e a experimentação pragmática.
Natureza dos objetos	Fenômenos organizacionais como objetos empíricos, com propriedades descritivas e bem definidas, que podem ser efetivamente estudados de uma posição externa.	Questões organizacionais e sistemas como objetos artificiais com propriedades mal definidas, tanto descritivas como imperativas, exigindo intervenções não rotineiras por parte de agentes com posições internas na organização. Propriedades imperativas também se desdobram de fins e de sistemas idealizados de maneira mais ampla.
Foco no desenvolvimento da teoria	Descoberta da relação causal geral entre variáveis (expressas em afirmações hipotéticas): a hipótese é válida? As conclusões permanecem dentro dos limites de análise.	Será que um dado conjunto integrado de proposições de projeto funciona em uma certa situação (problema) mal definida? O projeto e desenvolvimento de novos artefatos tendem a se mover para fora das fronteiras da definição inicial da situação.

Fonte: Adaptada de Romme (2003, p. 559).

Tendo em vista as diferenças conceituais entre essas ciências, a estrutura para produção do conhecimento, quando fundamentada na *design science*, é diferente daquela utilizada pelas ciências tradicionais (ver Capítulo 1, Figura 1.1). A Figura 2.5 apresenta a estrutura para produção do conhecimento, agora do ponto de vista da *design science*.

O ponto comum é que, tanto na ciência tradicional como na *design science*, a pesquisa deve ser conduzida a partir dos fundamentos dos métodos científicos. Apesar disso, enquanto nas ciências tradicionais os métodos científicos comumente empregados são o indutivo, o dedutivo e o hipotético-dedutivo, na *design science* um quarto método científico se apresenta: a abdução.

ESTRATÉGIA PARA CONDUÇÃO DE PESQUISAS CIENTÍFICAS FUNDAMENTADAS NA *DESIGN SCIENCE*

1 – **RAZÕES PARA REALIZAR UMA PESQUISA**
- UMA NOVA E INTERESSANTE INFORMAÇÃO QUE O INVESTIGADOR DESEJA COMPARTILHAR
- RESPOSTA PARA UMA QUESTÃO IMPORTANTE
- SOLUÇÃO PARA UM PROBLEMA PRÁTICO, OU CLASSE DE PROBLEMAS

2 – **OBJETIVOS DA PESQUISA**
- PRESCREVER
- PROJETAR
- FORMALIZAR ARTEFATOS EXISTENTES

3 – **MÉTODOS CIENTÍFICOS**
- MÉTODO INDUTIVO
- MÉTODO DEDUTIVO
- MÉTODO HIPOTÉTICO-DEDUTIVO
- MÉTODO ABDUTIVO

4 – **MÉTODOS DE PESQUISA**
- *DESIGN SCIENCE RESEARCH*
- ESTUDO DE CASO
- PESQUISA-AÇÃO
- SURVEY
- MODELAGEM

5 – **MÉTODO DE TRABALHO**

6 – **TÉCNICAS DE COLETA E ANÁLISE DOS DADOS**
- DOCUMENTAL
- BIBLIOGRÁFICA
- ENTREVISTAS
- GRUPO FOCAL
- QUESTIONÁRIOS
- OBSERVAÇÃO DIRETA
- ANÁLISE DE CONTEÚDO
- ANÁLISE DO DISCURSO
- ESTATÍSTICA MULTIVARIADA

7 – **RESULTADOS CONFIÁVEIS E RELEVANTES**

FIGURA 2.5
Pêndulo para construção do conhecimento fundamentado na *design science*.

O **método abdutivo** consiste em estudar fatos e propor uma teoria para explicá-los. Logo, a abdução é um processo de criar hipóteses explicativas para determinado fenômeno/situação. Posteriormente, no momento de colocar as hipóteses à prova, outros métodos científicos podem ser utilizados.

A abdução é considerada um processo, acima de tudo, criativo, por isso é o mais indicado para compreender uma situação ou problema, justamente em função do processo criativo intrínseco a esse tipo de raciocínio. Ademais, é o único método científico que permite a introdução de uma nova ideia (Fischer; Gregor, 2011). Peirce (1975) ressalta ainda que o raciocínio abdutivo é característico de descobertas científicas revolucionárias. Na Figura 2.6 apresentamos uma breve síntese do que poderia ser considerada a função central de cada um dos métodos científicos, a fim de esclarecer melhor o método abdutivo.

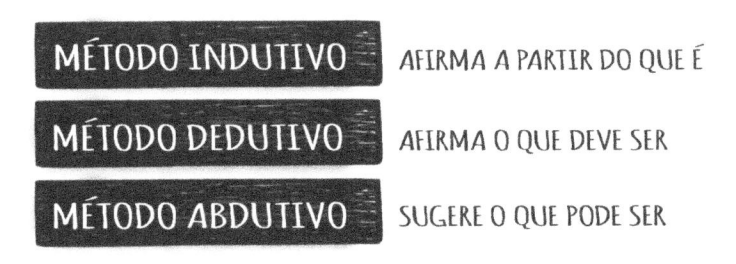

MÉTODO INDUTIVO — AFIRMA A PARTIR DO QUE É
MÉTODO DEDUTIVO — AFIRMA O QUE DEVE SER
MÉTODO ABDUTIVO — SUGERE O QUE PODE SER

FIGURA 2.6
Função de cada um dos métodos científicos.

O fato de a *design science* utilizar a abdução na condução de suas investigações não significa que os métodos científicos tradicionais não sejam utilizados. No entanto, eles apresentam certas limitações quando se trata da *design science*. Por essa razão, as pesquisas realizadas sob o paradigma da *design science* costumam ser orientadas por mais de um método científico, de acordo com a etapa que está sendo desenvolvida e com o objetivo que se deseja alcançar. Ou seja, se a etapa que está sendo desenvolvida exige atividades e um raciocínio criativo para o pesquisador, o adequado é a aplicação do método abdutivo.

O método abdutivo é necessário, por exemplo, quando o investigador está propondo possíveis soluções para resolver o problema em estudo. Em contrapartida, se a etapa da pesquisa exige raciocínio lógico para avaliar determinado aspecto do artefato, por exemplo, o método dedutivo pode ser o mais indicado. Nesse caso, o pesquisador faz uso do seu conhecimento pregresso para construir e avaliar o artefato que está desenvolvendo.

Quando o paradigma epistemológico é a *design science*, surge outro método de pesquisa, a *design science research*. Diferentemente de outros métodos de pesquisa, este busca produzir conhecimento na forma de uma prescrição para apoiar a solução de um determinado problema real, ou um projeto, para construir um novo artefato.

Os métodos de pesquisa fundamentados nas ciências tradicionais também podem ser aplicados sob o paradigma da *design science*. É possível conduzir um estudo de caso fundamentado no paradigma da *design science* quando o objetivo do pesquisador é, por exemplo, formalizar ou avaliar um artefato existente. Isso será mais bem analisado nos capítulos seguintes.

De qualquer maneira, o conhecimento produzido a partir das pesquisas fundamentadas na *design science* é diferente do tradicional, pois está focado em ser, além de rigoroso, relevante. Ou seja, o conhecimento gerado deve ser reconhecido pela comunidade acadêmica e, ao mesmo tempo, útil para os profissionais, gerando soluções satisfatórias.

Logo, aquele conhecimento puramente acadêmico e disciplinar (tipo 1), produto das ciências tradicionais, pode evoluir para um conhecimento transdisciplinar e que tenha alcance e relevância também fora da academia. Daí a importância das pesquisas realizadas sob o paradigma da *design science*.

É justamente sobre a construção de um conhecimento transdisciplinar e mais voltado ao contexto da aplicação que Gibbons et al. (1994) acendem a discussão sobre a produção do conhecimento do tipo 2, que deve ser considerado como um modelo para pesquisas em *design science*. Nesse contexto, a interação entre pesquisador e objeto de pesquisa é, inclusive, bem-vinda. Além disso, a preocupação com a geração de conhecimento útil para os profissionais auxilia a extrapolar os muros da academia, ampliando o alcance do conhecimento gerado pelos pesquisadores.

O conhecimento do tipo 2 é produzido no contexto da aplicação, que pode ser a indústria, o governo ou até mesmo a sociedade e passa a ser produzido no momento em que alguém manifesta algum interesse na temática a ser estudada. Uma vez produzido, ele extrapola os limites da academia e é transdisciplinar, ou seja, não está atrelado a uma única disciplina, mas une interesses e atores diversos. Ademais, para a construção desse tipo de conhecimento, muitas vezes diferentes profissionais, com distintas competências, devem trabalhar juntos para alcançar o melhor resultado possível.

Essa união de profissionais e áreas distintas para a resolução de um problema comum resulta em uma heterogeneidade positiva, pois cada integrante traz contribuições da área em que tem maior conhecimento ou habilidade. Gibbons et. al. (1994, p. 7) afirmam que "trabalhando no contexto de aplicação, a sensibilidade dos cientistas e tecnólogos aumenta" e, assim, todos ficam mais atentos para as consequências do que estão fazendo. A produção do conhecimento do tipo 2 ainda propicia que mais profissionais ajudem a construir e utilizar o conhecimento, e não somente aqueles que estão inseridos nas universidades.

Entretanto, para que o conhecimento produzido seja validado, tanto no sentido prático, quanto no acadêmico, sua qualidade deve ser ponderada. Para isso, alguns requisitos econômicos e políticos são levados em consideração, além, é claro, dos requisitos científicos, comuns também aos estudos tradicionais (produção do conhecimento tipo 1). Alguns questionamentos devem ser feitos para a verificação da qualidade do conhecimento que foi produzido, como, por exemplo, se a solução encontrada é competitiva no mercado, se é adequada socialmente ou se respondeu, de fato, às questões inicialmente colocadas a prova. Para que o conhecimento produzido seja reconhecido tanto pelas academias quanto pelos profissionais nas empresas, as pesquisas que resultam nesse tipo de conhecimento devem ser feitas com o rigor metodológico adequado e precisam considerar a relevância como ponto chave para o seu desenvolvimento. Assim poderemos diminuir o distanciamento existente entre a academia e as organizações e seus profissionais.

☑ TERMOS-CHAVE

design science, *design*, artificial, artefatos organizacionais, rigor da pesquisa, relevância da pesquisa em gestão, artefatos, solução ótima, solução satisfatória, classe de problemas, validade pragmática, ciências tradicionais, método abdutivo.

PENSE CONOSCO

1. Faça uma pesquisa sobre o nome de Charles Sanders Peirce e estabeleça as diferenças entre a abdução e os métodos científicos tradicionais como indução e a dedução.
2. Você conhece alguma pesquisa que foi desenvolvida sob o paradigma da *design science*? Se sim, qual?

3. Explique os principais conceitos da *design science*.
4. Diferencie o pêndulo baseado nas ciências tradicionais e o baseado na *design science*.
5. Como poderiam ser enquadradas as pesquisas que propõem uma solução para um conjunto de problemas? Poderíamos dizer que estamos explorando, descrevendo ou explicando?
6. Na sua área, há pesquisas que procuram desenvolver soluções para os problemas? O conhecimento sobre como projetar uma solução está suficientemente consolidado?
7. Quais críticas você faria a *design science*?

REFERÊNCIAS

FISCHER, C.; GREGOR, S. Forms of reasoning in the design science research process. In: JAIN, H.; SINHA, A. P.; VITHARANA, P. (Ed.). *Service-oriented perspectives in design science research* - 6th international conference: DESRIST 2011. Milwakee:

Springer, 2011. p. 17-31.

FUNDAÇÃO DE DESENVOLVIMENTO DA PESQUISA. *Oito problemas que a tecnologia ainda não consegue resolver.* Belo Horizonte: Fundep, [20--?]. Disponível em: <http://www.fundep.ufmg.br/pagina/1390/oito-problemas-que-a-tecnologia-ainda-ne-227-o-consegue-resolver.aspx>. Acesso em: 26 ago. 2014.

GIBBONS, M. et al. *The new production of knowledge:* the dynamics of science and research in contemporary societies. London: Sage, 1994.

LE MOIGNE, J. L. *Le Constructivisme* – fondements. Paris: ESF, 1994.

MARCH, S. T.; SMITH, G. F. Design and natural science research on information technology. *Decision Support Systems,* v. 15, p. 251-266, 1995.

NUNAMAKER, J. F.; CHEN, M.; PURDIN, T. D. M. Systems development in information systems research. *Jounal of Management Information Systems,* v. 7, n. 3, p. 89-106, 1991.

PEIRCE, C. S. *Semiótica e filosofia.* 2. ed. São Paulo: Cultrix, 1975.

REVISTA ÉPOCA. Por que as bicicletas não caem quando pedalamos? *Revista Época,* 2011. Disponível em: <http://revistaepoca.globo.com/Revista/Epoca/0,,EMI226170-15224,00.html>. Acesso em: 26 ago. 2014.

ROMME, A. G. L. Making a difference : organization as design. *Organization Science,* v. 14, n. 5, p. 558-573, 2003.

SIMON, H. A. The sciences of the artificial. 3. ed. Cambridge: MIT Press, 1996.

TAKEDA, H. et al. Modeling design processes. *AI Magazine,* v. 11, n. 4, p. 37-48, 1990.

VAISHNAVI, V.; KUECHLER, W. Design research in information systems. [S.l.: s.n.], 2004. Disponível em: <http://desrist.org/design-research-in-information-systems>. Acesso em: 20 dez. 2011.

VAN AKEN, J. E. Management research as a design science: articulating the research products of mode 2 knowledge production in management. *British Journal of Management,* v. 16, n. 1, p. 19-36, 2005.

VAN AKEN, J. E. Management research based on the paradigm of the design sciences: the quest for field-tested and grounded technological rules. *Journal of Management Studies,* v. 41, n. 2, p. 219-246, 2004.

VAN AKEN, J. E. *The research design for design science research in management.* Eindhoven: [s.n.], 2011.

VENABLE, J. R. The role of theory and theorising in design science research. *DESRIST,* v. 24-25, p. 1-18, 2006.

WALLS, J. G.; WYIDMEYER, G. R.; SAWY, O. A. E. Building an information system design theory for vigilant EIS. *Information Systems Research,* v. 3, n. 1, p. 36-60, 1992.

LEITURAS RECOMENDADAS

BURGOYNE, J.; JAMES, K. T. Towards best or better practice in corporate leadership development: operational issues in mode 2 and design science research. *British Journal of Management,* v. 17, n. 4, p. 303-316, 2006.

EEKELS, J.; ROOZENBURG, N. F. M. A methodological comparison of the structures of scientific research and engineering design: their similarities and differences. *Design Studies,* v. 12, n. 4, p. 197-203, 1991.

GIBBONS, A. S.; BUNDERSON, C. V. Explore , explain , design. *Encyclopedia of Social Measurement,* v. 1, p. 927-938, 2005.

HORVÁTH, I. A treatise on order in engineering design research. *Research in Engineering Design,* v. 15, p. 155-181, 2004.

HUGHES, T. et al. Scholarship that matters: academic--practitioner engagement in business and management. *Academy of Management Learning & Education,* v. 10, n. 1, p. 40-57, 2011.

LE MOIGNE, J. L. *Le Constructivisme* – des épistémologies. Paris: ESF, 1995.

LEE, J. S.; PRIES-HEJEM, J.; BASKERVILLE, R. Theorizing in design science research. In: JAIN, H.; SINHA, A. P.; VITHARANA, P. (Ed.). *Service-oriented perspectives in design science research - 6th international conference: DESRIST 2011.* Milwakee: Springer, 2011. p. 1-16.

MANSON, N. J. Is operations research really research? *ORiON,* v. 22, n. 2, p. 155-180, 2006.

PANDZA, K.; THORPE, R. Management as design, but what kind of design? An appraisal of the design science analogy for management. *British Journal of Management,* v. 21, n. 1, p. 171-186, 2010.

ROMME, A. G. L.; DAMEN, I. C. M. Toward science-based design in organization development: codifying the process. *The Journal of Applied Behavioral Science,* v. 43, n. 1, p. 108-121, 2007.

STARKEY, K.; HATCHUEL, A.; TEMPEST, S. management research and the new logics of discovery and engagement. *Journal of Management Studies,* v. 46, n. 3, p. 547-558, 2009.

STARKEY, K.; MADAN, P. Bridging the relevance gap: aligning stakeholders in the future of management research. *British Journal of Management,* v. 12, p. 3-26, 2001.

WORREN, N. A.; MOORE, K.; ELLIOTT, R. When theories become tools: toward a framework for pragmatic validity. *Human Relations,* v. 55, n. 10, p. 1227-1250, 2002.

3
Design science research

O corpo do conhecimento acerca do design aparece fragmentado e disperso (...). A design science deveria, portanto, ser redirecionada para uma pesquisa mais rigorosa, para produzir resultados que são caracterizados por uma alta validade externa, mas que possam também ser ensinados, aprendidos e colocados em prática pelos profissionais.

Georges Romme, em *Making a difference: organization as design* (2003)

OBJETIVOS DE APRENDIZAGEM

- Apresentar os principais conceitos e fundamentos para a aplicação da *design science research*.
- Comparar a *design science research* com outros métodos de pesquisa: o estudo de caso e a pesquisa-ação.
- Discriminar diferentes maneiras de avaliar os artefatos gerados pela *design science research*.

CARACTERÍSTICAS DA *DESIGN SCIENCE RESEARCH* E FUNDAMENTOS PARA SUA CONDUÇÃO

A *design science* é a base epistemológica quando se trata do estudo do que é artificial. A ***design science research***, por sua vez, é o método que fundamenta e operacionaliza a condução da pesquisa quando o objetivo a ser alcançado é um artefato ou uma prescrição. Como método de pesquisa orientado à solução de problemas, a *design science research* busca, a partir do entendimento do problema, construir e avaliar artefatos que permitam transformar situações, alterando suas condições para estados melhores ou desejáveis. Ela é utilizada nas pesquisas como forma de diminuir o distanciamento entre teoria e prática.

Uma **característica** fundamental da pesquisa que utiliza a *design science research* como método é ser orientada à solução de problemas específicos, não necessariamente buscando a solução ótima, mas a solução satisfatória para a situação. No entanto, as soluções geradas devem ser passíveis de generalização para uma determinada classe de problemas, permitindo que outros pesquisadores e profissionais, em situações diversas, também possam fazer uso do conhecimento gerado.

Na Figura 3.1, apresentamos a **condução da *design science research*** e sua relação com dois fatores fundamentais para o sucesso da pesquisa: o rigor e a relevância. A relevância da pesquisa para as organizações é muito importante. Serão os profissionais dessas organizações a fazer uso dos resultados dessas investigações e do conhecimento gerado para solucionar seus problemas práticos. O rigor também é fundamental para uma pesquisa ser considerada válida, confiável e poder contribuir para o aumento da base de conhecimento existente em determinada área.

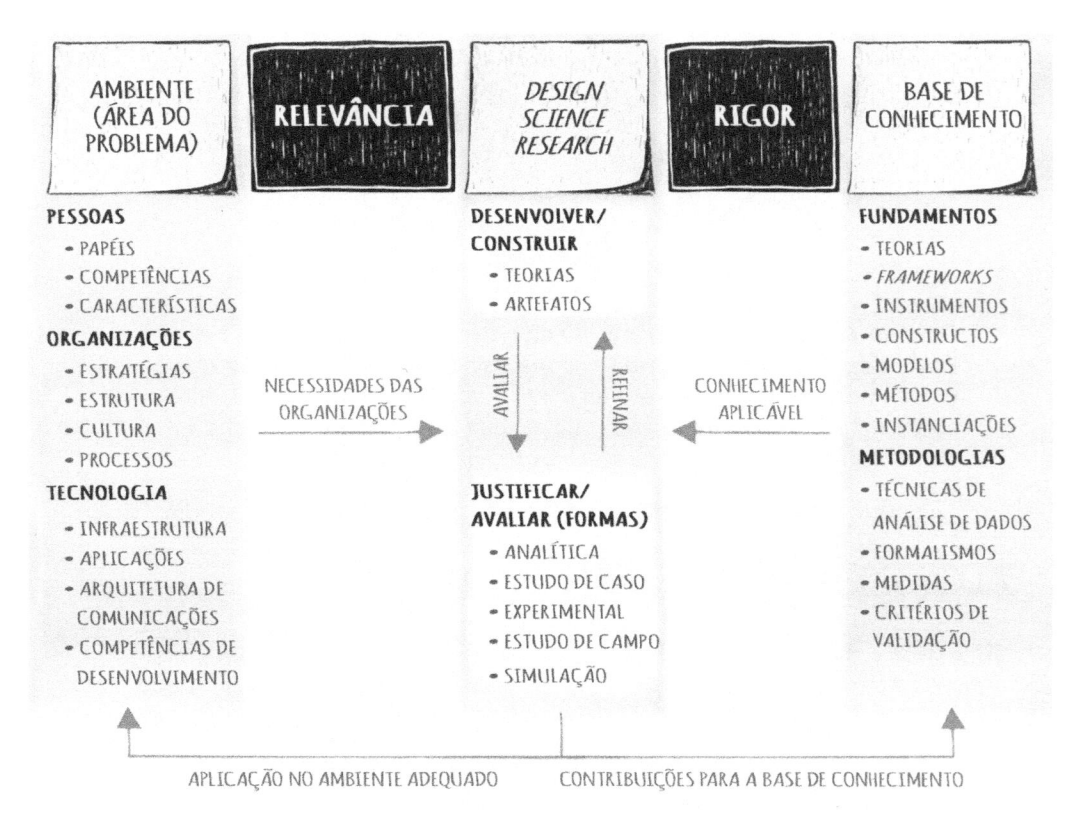

FIGURA 3.1

Relevância e rigor na *design science research*.
Fonte: Adaptada de Hevner et al. (2004).

O ambiente ao qual a Figura 3.1 se refere é aquele em que o problema é observado, ou seja, onde se encontra o fenômeno de interesse do pesquisador. Também é nesse contexto que o artefato estará operando. O ambiente costuma ser constituído por pessoas, pela própria organização e pela tecnologia da qual ela dispõe.

Os artefatos e a base do conhecimento

A partir das necessidades organizacionais observadas, bem como dos problemas de interesse do investigador, a *design science research* pode sustentar o desenvolvimento e a construção de **artefatos** e contribuir para fortalecer a **base de conhecimento** existente. Ela é o ambiente no qual o pesquisador pode verificar que outras teorias ou outros artefatos foram utilizados ou desenvolvidos por pesquisadores no passado, ou seja, é o local onde pode ser encontrada a matéria-prima para o desenvolvimento de novas pesquisas e novos artefatos. Apesar de ser insuficiente para tal desenvolvimento — levando muitos pesquisadores da área de gestão, por exemplo, a agir de acordo com sua própria experiência ou por tentativa e erro para o projeto de novos artefatos —, ela é constituída de fundamentos e de métodos consolidados e reconhecidos pela academia que apoiam principalmente as atividades de justificativa e avaliação dos artefatos construídos ou da teoria aprimorada.

Os artefatos construídos podem ser classificados em constructos, modelos, métodos e instanciações, podendo resultar ainda em um aprimoramento de teorias. Os produtos resultantes da *design science research* são tema do próximo capítulo.

Os sete critérios fundamentais

Para auxiliar na condução da *design science research*, o professor e pesquisador Alan Hevner et al. (2004), da University of South Florida, define **sete critérios** a serem considerados pelos pesquisadores (Figura 3.2). Tais critérios são fundamentais, uma vez que a *design science research* demanda a criação de um novo artefato (critério 1) para um problema em especial (critério 2).

Sendo proposto o artefato, sua utilidade deve ser explicitada e, para tanto, ele precisa ser adequadamente avaliado (critério 3). Além disso, as contribuições da pesquisa devem ser esclarecidas tanto para os profissionais interessados na resolução de problemas organizacionais quanto para a academia, contribuindo para o avanço do conhecimento na área (critério 4).

Para assegurar a validade da pesquisa e sua confiabilidade, é fundamental que as investigações sejam conduzidas com rigor, demonstrando que o artefato construído está adequado ao uso que foi proposto e que atendeu aos critérios estabelecidos para seu desenvolvimento (critério 5). Além disso, para a construção ou avaliação do artefato, é fundamental que o investigador realize pesquisas, tanto para entendimento do problema como para buscar possíveis formas de solucioná-lo (critério 6). Por fim, os resultados da pesquisa devem ser devidamente comunicados a todos os interessados (critério 7).

A importância e o bom desenvolvimento do método

Depois de estudar a área de sistemas de informação, Salvatore March, da Vanderbilt University, e Veda Storey, da Georgia State (March; Storey, 2008), apontaram elementos necessários a uma adequada contribuição, teórica e prática, da *design science research*. O primeiro deles é a formalização de um problema que seja de fato relevante. O segundo é que o pesquisador deve demonstrar que ainda não existem soluções suficientes para resolver o problema ou que podem existir melhores soluções além daquelas apresentadas até o momento, justificando, assim, a importância da pesquisa que deseja realizar. O terceiro elemento é o desenvolvimento e apresentação de um novo artefato que possa ser utilizado para so-

1. DESIGN COMO ARTEFATO

AS PESQUISAS DESENVOLVIDAS PELO MÉTODO DA *DESIGN SCIENCE RESEARCH* DEVEM PRODUZIR ARTEFATOS VIÁVEIS, NA FORMA DE UM CONSTRUCTO MODELO, MÉTODO OU DE UMA INSTANCIAÇÃO

2. RELEVÂNCIA DO PROBLEMA

O OBJETIVO DA *DESIGN SCIENCE RESEARCH* É DESENVOLVER SOLUÇÕES PARA RESOLVER PROBLEMAS IMPORTANTES E RELEVANTES PARA AS ORGANIZAÇÕES

3. AVALIAÇÃO DO *DESIGN*

A UTILIDADE, A QUALIDADE E A EFICÁCIA DO ARTEFATO DEVEM SER RIGOROSAMENTE DEMONSTRADAS POR MEIO DE MÉTODOS DE AVALIAÇÃO BEM EXECUTADOS

4. CONTRIBUIÇÕES DA PESQUISA

UMA PESQUISA CONDUZIDA PELO MÉTODO DA *DESIGN SCIENCE RESEARCH* DEVE PROVER CONTRIBUIÇÕES CLARAS E VERIFICÁVEIS NAS ÁREAS ESPECÍFICAS DOS ARTEFATOS DESENVOLVIDOS E APRESENTAR FUNDAMENTAÇÃO CLARA EM FUNDAMENTOS DE DESIGN E/OU METODOLOGIAS DE DESIGN

5. RIGOR DA PESQUISA

A PESQUISA DEVE SER BASEADA EM UMA APLICAÇÃO DE MÉTODOS RIGOROSOS, TANTO NA CONSTRUÇÃO COMO NA AVALIAÇÃO DOS ARTEFATOS

6. *DESIGN* COMO UM PROCESSO DE PESQUISA

A BUSCA POR UM ARTEFATO EFETIVO EXIGE A UTILIZAÇÃO DE MEIOS QUE ESTEJAM DISPONÍVEIS PARA ALCANÇAR OS FINS DESEJADOS, AO MESMO TEMPO QUE SATISFAÇAM AS LEIS QUE REGEM O AMBIENTE EM QUE O PROBLEMA ESTÁ SENDO ESTUDADO

7. COMUNICAÇÃO DA PESQUISA

AS PESQUISAS CONDUZIDAS PELO MÉTODO DA *DESIGN SCIENCE RESEARCH* DEVEM SER APRESENTADAS TANTO PARA O PÚBLICO MAIS ORIENTADO À TECNOLOGIA QUANTO PARA AQUELE MAIS ORIENTADO À GESTÃO

FIGURA 3.2
Critérios para condução das pesquisas que utilizam a *design science research*.
Fonte: Elaborada pelos autores com base em Heuser et al. (2004, p. 83).

lucionar o problema. O quarto é a avaliação dos artefatos desenvolvidos em relação a sua utilidade e viabilidade, a fim de demonstrar sua validade, tanto prática quanto acadêmica.

Os autores destacam, ainda, que a pesquisa necessita agregar valor ao conhecimento teórico existente, contribuindo para o avanço do conhecimento geral, bem como para a melhoria das situações práticas nas organizações. Por fim, recomendam que os pesquisadores concluam suas atividades com uma explanação do que foi construído e das implicações dos resultados da pesquisa para o campo prático.

A importância da pesquisa para o campo prático também é enfatizada por Cole et al. (2005), quando afirmam que a *design science research* está baseada em uma visão pragmática, que preconiza a impossibilidade de desmembrar a utilidade da verdade, pois "a verdade reside na utilidade". No entanto, a pesquisa desenvolvida a partir da *design science research*, mesmo tendo esse viés pragmático, pode também contribuir para o aprimoramento de teorias. Na Figura 3.3, apresentamos uma síntese dos principais conceitos e fundamentos relativos à *design science research* aqui abordados.

PARADIGMA EPISTEMOLÓGICO

- RELEVÂNCIA
- RIGOR
- OBJETIVOS DA PESQUISA

O PARADIGMA EPISTEMOLÓGICO DA *DESIGN SCIENCE RESEARCH* É A *DESIGN SCIENCE*

A *DESIGN SCIENCE RESEARCH* PROCURA REDUZIR O DISTANCIAMENTO ENTRE A TEORIA E A PRÁTICA, MAS MANTÉM O RIGOR NECESSÁRIO PARA GARANTIR A CONFIABILIDADE DOS RESULTADOS DAS PESQUISAS

OS OBJETIVOS DA PESQUISA QUE UTILIZA A *DESIGN SCIENCE RESEARCH* PODEM SER:
- PROJETAR E CONSTRUIR ARTEFATOS
- PRESCREVER SOLUÇÕES
- ESTUDAR, PESQUISAR E INVESTIGAR O ARTIFICIAL E SEU COMPORTAMENTO

PRODUTOS DA *DESIGN SCIENCE RESEARCH*

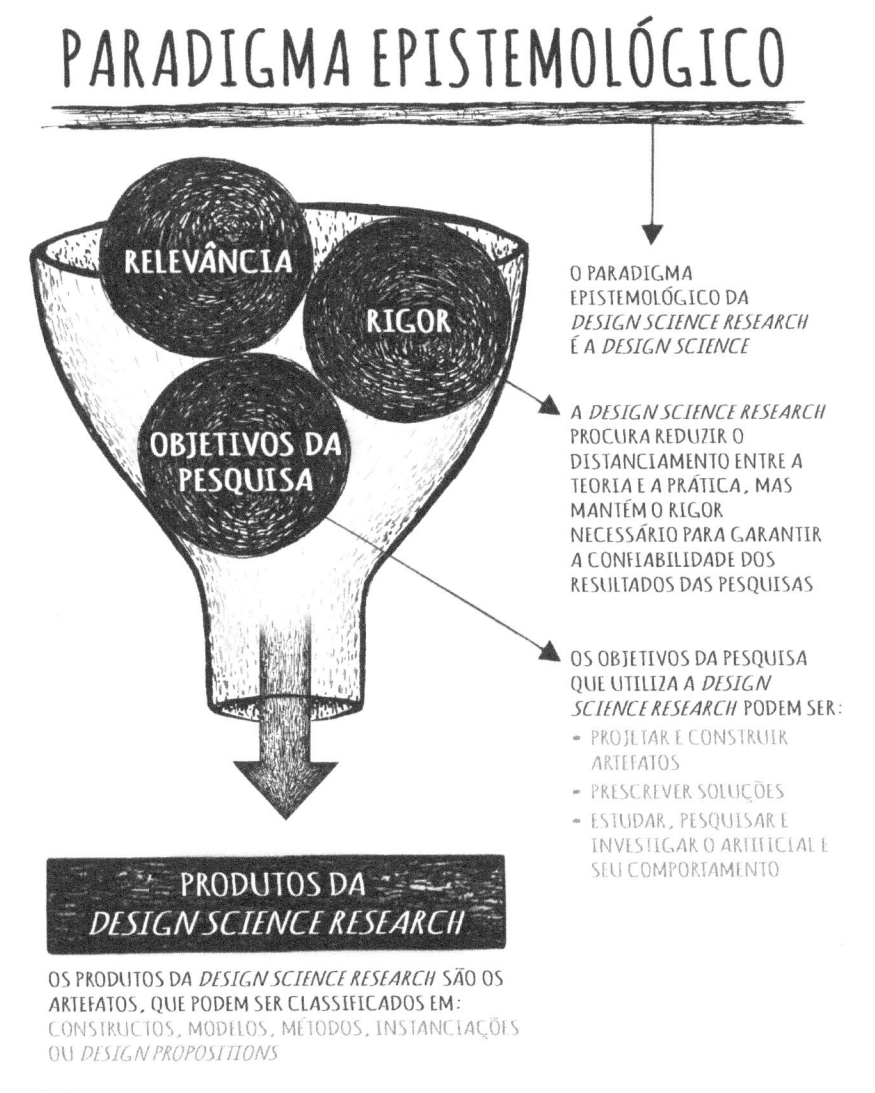

OS PRODUTOS DA *DESIGN SCIENCE RESEARCH* SÃO OS ARTEFATOS, QUE PODEM SER CLASSIFICADOS EM: CONSTRUCTOS, MODELOS, MÉTODOS, INSTANCIAÇÕES OU *DESIGN PROPOSITIONS*

FIGURA 3.3

Síntese dos conceitos e fundamentos da *design science research*.

MÉTODOS FORMALIZADOS PARA OPERACIONALIZAR A *DESIGN SCIENCE*

Os métodos propostos e formalizados para a condução das pesquisas fundamentadas na *design science* surgem das mais diversas áreas, sendo a maioria proveniente de sistemas de informação. As nomenclaturas também variam, de *design science research* a *design science research methodology design cycle*, *design research*, entre outras (veja a Figura 3.4). O conflito de nomenclaturas pode ser observado também nas definições de alguns conceitos e na própria forma de operacionalização da *design science research*, aspectos que serão recombinados e apresentados neste livro.

Um histórico dos métodos

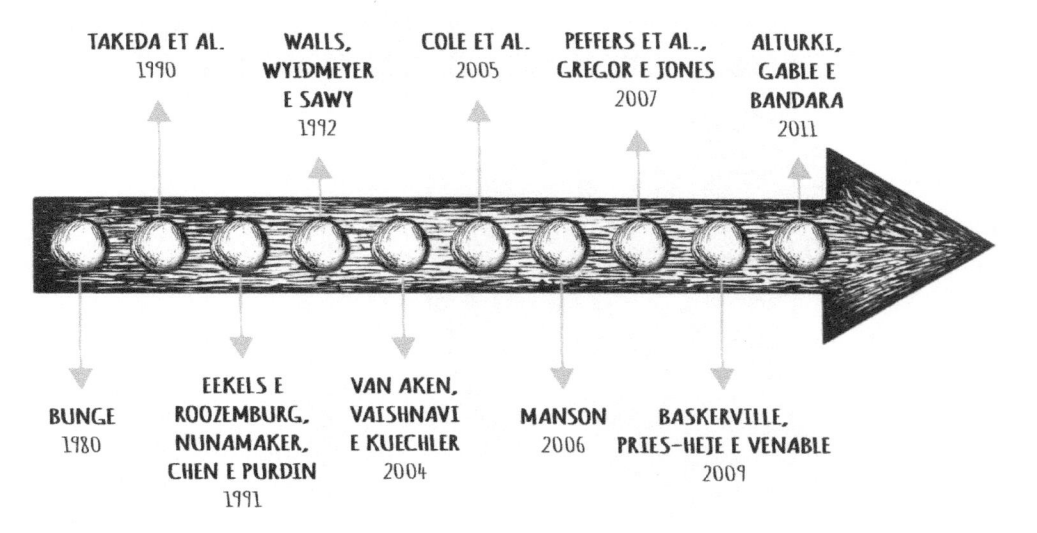

FIGURA 3.4

Principais autores que procuraram formalizar um método para operacionalizar a *design science*.

Linha do tempo (acima da seta): TAKEDA ET AL. 1990; WALLS, WYIDMEYER E SAWY 1992; COLE ET AL. 2005; PEFFERS ET AL., GREGOR E JONES 2007; ALTURKI, GABLE E BANDARA 2011.

Linha do tempo (abaixo da seta): BUNGE 1980; EEKELS E ROOZEMBURG, NUNAMAKER, CHEN E PURDIN 1991; VAN AKEN, VAISHNAVI E KUECHLER 2004; MANSON 2006; BASKERVILLE, PRIES-HEJE E VENABLE 2009.

Mário Bunge (1980)

Um dos autores que buscou um método de pesquisa diferente daqueles desenvolvidos pelas ciências tradicionais foi o físico e filósofo argentino Mário Bunge, defensor de um método que levasse a tecnologias úteis e aplicáveis, proposta que se assemelha fortemente aos objetivos da *design science*.

Para Bunge (1980), mais do que a identificação deve haver o *discernimento do problema*, ou seja, a colocação precisa do problema a ser estudado ou da tecnologia a ser desenvolvida. Uma vez compreendido o problema, o pesquisador poderá passar à etapa seguinte, cujo objetivo é *tentar resolvê-lo* com o apoio da base de conhecimento existente, tanto teórico quanto empírico.

A terceira etapa trata de *criar novas hipóteses ou técnicas para resolver o problema quando a tentativa inicial falhar*. Ele sugere que sistemas hipotético-dedutivos sejam utilizados para auxiliar na resolução do problema.

A quarta etapa se ocupa de *obter uma solução*, que pode ser exata ou aproximada, isto é, não precisa ser necessariamente uma solução ótima, pode ser apenas satisfatória, conceito que vem ao encontro do que abordamos anteriormente acerca da *design science* e suas características.

Uma vez que o pesquisador tenha atingido uma possibilidade de solução para o problema, é necessário colocá-la à prova, ou seja, *avaliar se é adequada aos fins a que se destina*, o que pode ser feito de forma conceitual ou material.

Depois que a solução tecnológica foi avaliada, é possível verificar quais são as melhorias que devem ser realizadas para o melhor funcionamento do artefato. Assim, a última etapa do método de Bunge é a de *efetuar as correções necessárias*. Para tanto, o pesquisador deverá revisitar as etapas anteriores, buscando oportunidades de melhoria em cada uma delas.

Na Figura 3.5, apresentamos uma síntese do método proposto por Bunge.

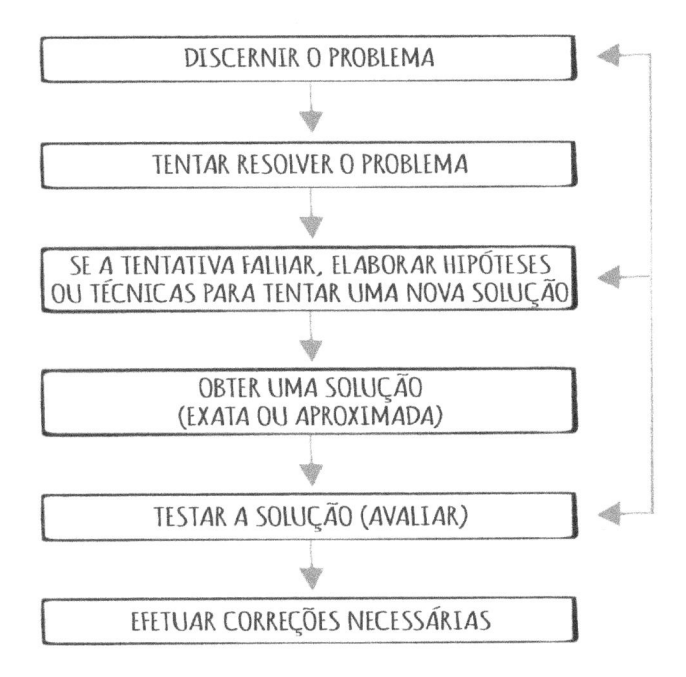

FIGURA 3.5

Passos para condução da pesquisa tecnológica.
Fonte: Bunge (1980).

Hideaki Takeda et al. (1990)

O método desenvolvido por Hideaki Takeda (1990) na Universidade de Tóquio levou o nome de **design cycle** e tinha como objetivo central construir um modelo computacional que pudesse apoiar o desenvolvimento de sistemas inteligentes de *computer-aided design* (CAD). O método de Takeda era composto por cinco etapas principais.

A primeira, a *conscientização do problema,* tem como objetivo encontrar um problema por meio da comparação do objeto de estudo com as suas especificações. A segunda etapa, denominada *sugestão*, visa propor conceitos que, de alguma forma, possam auxiliar o pesquisador na resolução do problema que está sendo estudado.

A terceira etapa é o *desenvolvimento*. Nela o pesquisador desenvolve possíveis soluções para o problema e, para isso, faz uso dos conceitos-chave definidos na etapa precedente. A quarta etapa é a *avaliação*, que tem como objetivo analisar criticamente o artefato desenvolvido. Nessa etapa, diferentes ferramentas podem ser utilizadas para auxiliar o pesquisador, como a simulação e a análise de custos.

A última etapa é a *conclusão*, quando o pesquisador define com qual dos desenvolvimentos foi obtido o melhor resultado para o problema em questão. Os autores ressaltam que cada ciclo resolve um único problema, mas novos problemas podem surgir durante a aplicação do método e um novo ciclo deve ser aplicado para estudá-los. A Figura 3.6 traz uma esquematização das etapas do método.

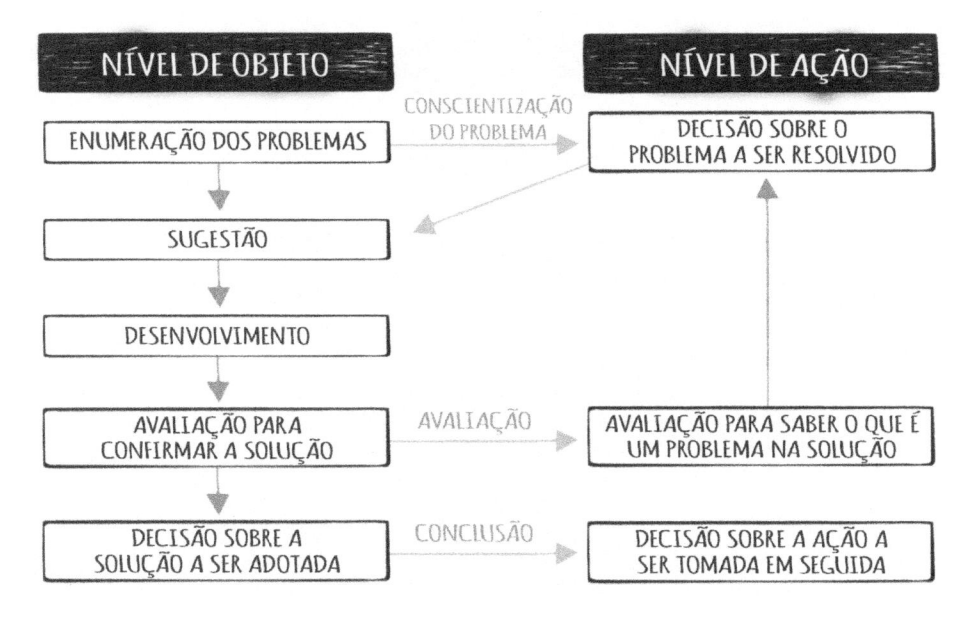

FIGURA 3.6

Design cycle proposto por Takeda et al. (1990).
Fonte: Takeda et al. (1990).

Johan Eekels e Norbert Roozenburg (1991)

Em 1991, outros autores também formalizaram um método para condução de pesquisas fundamentadas na *design science*. Os professores holandeses Johan Eekels e Norbert Roozenburg (1991) compararam o método da pesquisa tradicional e um método proposto para o desenvolvimento de pesquisas no âmbito da engenharia. Para eles, a pesquisa em engenharia seria desenvolvida por meio de um método chamado de *design cycle* (ver Figura 3.7). Apesar de empregarem a mesma terminologia utilizada por Takeda e colaboradores em 1990, as etapas que compõem o ciclo, bem como suas características, são distintas.

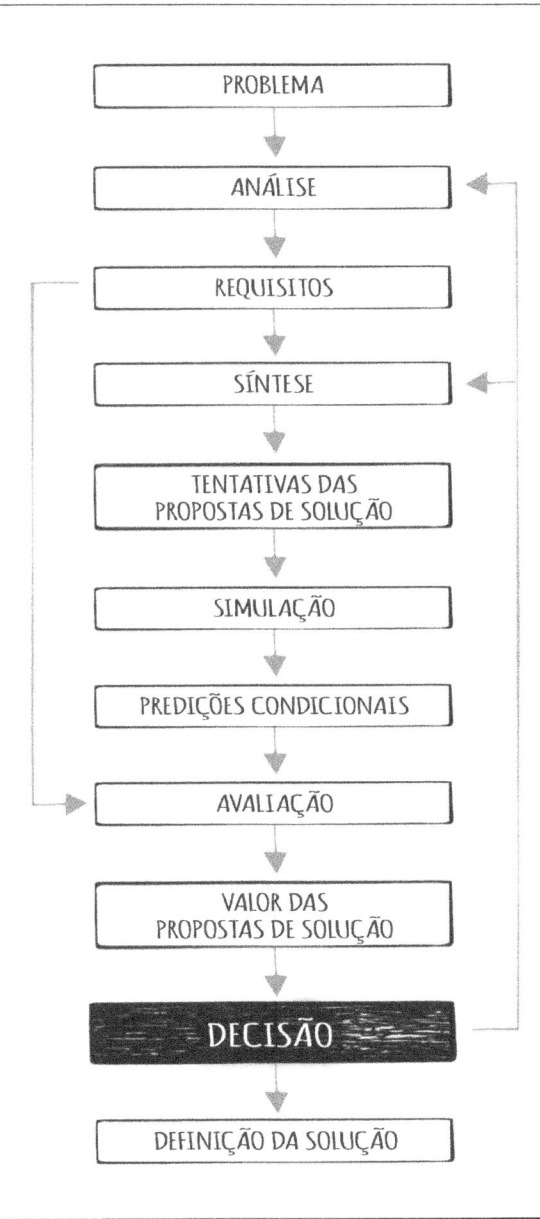

```
                    ┌──────────────┐
                    │   PROBLEMA   │
                    └──────┬───────┘
                           ▼
                    ┌──────────────┐
                    │    ANÁLISE   │◄──────┐
                    └──────┬───────┘       │
                           ▼               │
                    ┌──────────────┐       │
              ┌─────│   REQUISITOS │       │
              │     └──────┬───────┘       │
              │            ▼               │
              │     ┌──────────────┐       │
              │     │    SÍNTESE   │◄──────┤
              │     └──────┬───────┘       │
              │            ▼               │
              │  ┌──────────────────┐      │
              │  │  TENTATIVAS DAS  │      │
              │  │PROPOSTAS DE SOLUÇÃO│    │
              │  └────────┬─────────┘      │
              │           ▼                │
              │     ┌──────────────┐       │
              │     │  SIMULAÇÃO   │       │
              │     └──────┬───────┘       │
              │            ▼               │
              │  ┌──────────────────┐      │
              │  │PREDIÇÕES CONDICIONAIS│  │
              │  └────────┬─────────┘      │
              │           ▼                │
              │     ┌──────────────┐       │
              └────►│   AVALIAÇÃO  │       │
                    └──────┬───────┘       │
                           ▼               │
                  ┌──────────────────┐     │
                  │    VALOR DAS     │     │
                  │PROPOSTAS DE SOLUÇÃO│   │
                  └────────┬─────────┘     │
                           ▼               │
                  ┌──────────────────┐     │
                  │     DECISÃO      │─────┘
                  └────────┬─────────┘
                           ▼
                  ┌──────────────────┐
                  │DEFINIÇÃO DA SOLUÇÃO│
                  └──────────────────┘
```

FIGURA 3.7

Design cycle proposto por Eekels e Roozenburg.
Fonte: Eekels e Roozenburg (1991, p. 199).

     O método de pesquisa formalizado por Eekels e Roozenburg (1991) começa com a definição do *problema* a ser estudado, definido como a "discrepância entre os fatos e o conjunto de valores desejados para estes fatos". O objetivo se torna, então, transformar o sistema, para que seja possível alcançar o resultado desejado. A segunda etapa do ciclo é a *análise*. Nesta etapa, o investigador raciocina sobre a situação atual e sobre as possíveis soluções para o problema, buscando sempre a melhoria da situação presente. Para apoiar o seu processo de raciocínio, o investigador pode fazer uso de livros, *journals*, etc.

A terceira etapa do ciclo é a *síntese*. Nessa etapa o investigador busca visualizar toda a situação que está tentando resolver ou melhorar. É importante que todos os aspectos do problema sejam compreendidos pelo pesquisador. Ao final da etapa de síntese, o investigador deve ter uma primeira proposição de produto/processo para solucionar o problema. A quarta etapa diz respeito à *simulação*, na qual serão testadas as soluções propostas inicialmente. Em um primeiro momento, é construído o modelo, que depois é testado, e o investigador pode predizer hipóteses a partir dele.

A quinta etapa do ciclo é a *avaliação*. O pesquisador considera os resultados obtidos na simulação, verificando se atendem aos resquisitos definidos anteriormente na pesquisa. Por fim, vem a *decisão*, por meio da qual o pesquisador define qual a melhor solução para o problema que está sendo estudado. A partir dessa etapa, a solução, que foi desenvolvida no campo das ideias, poderá ser levada ao campo material, para analisar seu desempenho agora nessa realidade.

Jay F. Nunamaker, Minder Chen e Titus Purdin (1991)

Ainda em 1991, Nunamaker (University of Arizona), Chen (George Mason University) Purdin (University of Arizona) publicaram um texto que ficou conhecido por introduzir a *design science* na área de sistemas da informação. Eles defendem a integração do processo de pesquisa tradicional e o de desenvolvimento de sistemas. Para tanto, propõem uma abordagem multimetodológica, que inclui desde a construção de teorias até o desenvolvimento de sistemas, seja por meio da experimentação ou da observação (veja a Figura 3.8).

A primeira etapa, *construir um framework conceitual*, procura apoiar o pesquisador na justificativa da sua pesquisa. É também nessa etapa que o pesquisador necessita estudar temas que sejam relevantes para a sua investigação, que possam contribuir para o surgimento de novas ideias e abordagens para solucionar a questão de pesquisa proposta.

A etapa seguinte, *desenvolver a arquitetura do sistema*, auxilia o pesquisador a apresentar os componentes do artefato, bem como suas funcionalidades e a própria interação que ocorre entre os componentes. Nessa etapa, também é preciso definir os requisitos do sistema, para que, na fase de avaliação, o desempenho do sistema possa ser colocado à prova.

A terceira etapa desse processo de pesquisa consiste em *analisar e projetar o sistema*: explicar o que está sendo estudado, bem como da aplicação de conhecimento científico, a fim de criar alternativas de solução para o problema. Uma vez definidas algumas possibilidades de solução, esses autores afirmam que o investigador deverá escolher uma das propostas de solução para assegurar a continuidade da pesquisa.

Na quarta etapa, *construir o protótipo do sistema*, o pesquisador coloca o artefato construído à prova, verificando como ele se comportaria numa situação real ou próxima ao real. Essa construção, segundo Nunamaker, Chen e Purdin (1991), é fundamental para verificar a viabilidade do projeto, bem como suas funcionalidades e problemas que possam ocorrer. A partir dos resultados observados, o estudo poderá ser modificado com o intuito de aperfeiçoar o sistema e garantir que a questão de pesquisa seja respondida.

A última etapa, *observar e avaliar o sistema*, é necessária para verificar a performance e aplicabilidade do sistema, tanto em relação ao *framework* conceitual quanto em relação aos requisitos determinados na primeira etapa do processo. Ao final dessa etapa, o pesquisador poderá propor novas teorias e modelos, que deverão ser generalizadas a fim de apoiar futuramente outros pesquisadores.

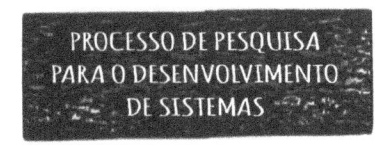

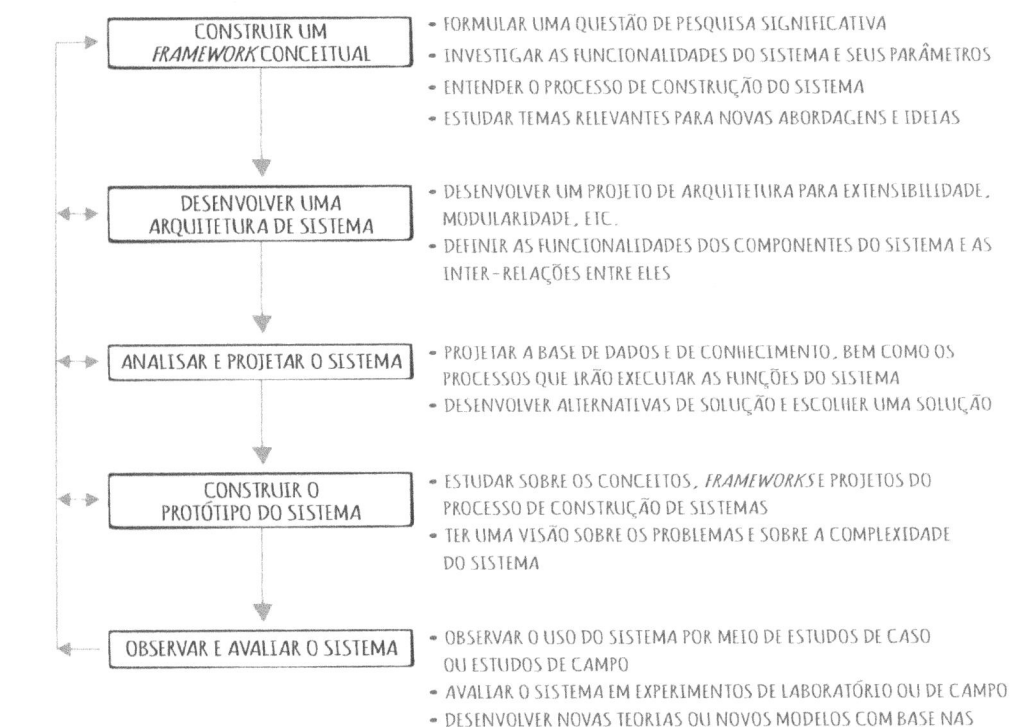

PROCESSO DE PESQUISA PARA O DESENVOLVIMENTO DE SISTEMAS / QUESTÕES RELACIONADAS À PESQUISA

CONSTRUIR UM FRAMEWORK CONCEITUAL
- FORMULAR UMA QUESTÃO DE PESQUISA SIGNIFICATIVA
- INVESTIGAR AS FUNCIONALIDADES DO SISTEMA E SEUS PARÂMETROS
- ENTENDER O PROCESSO DE CONSTRUÇÃO DO SISTEMA
- ESTUDAR TEMAS RELEVANTES PARA NOVAS ABORDAGENS E IDEIAS

DESENVOLVER UMA ARQUITETURA DE SISTEMA
- DESENVOLVER UM PROJETO DE ARQUITETURA PARA EXTENSIBILIDADE, MODULARIDADE, ETC.
- DEFINIR AS FUNCIONALIDADES DOS COMPONENTES DO SISTEMA E AS INTER-RELAÇÕES ENTRE ELES

ANALISAR E PROJETAR O SISTEMA
- PROJETAR A BASE DE DADOS E DE CONHECIMENTO, BEM COMO OS PROCESSOS QUE IRÃO EXECUTAR AS FUNÇÕES DO SISTEMA
- DESENVOLVER ALTERNATIVAS DE SOLUÇÃO E ESCOLHER UMA SOLUÇÃO

CONSTRUIR O PROTÓTIPO DO SISTEMA
- ESTUDAR SOBRE OS CONCEITOS, FRAMEWORKS E PROJETOS DO PROCESSO DE CONSTRUÇÃO DE SISTEMAS
- TER UMA VISÃO SOBRE OS PROBLEMAS E SOBRE A COMPLEXIDADE DO SISTEMA

OBSERVAR E AVALIAR O SISTEMA
- OBSERVAR O USO DO SISTEMA POR MEIO DE ESTUDOS DE CASO OU ESTUDOS DE CAMPO
- AVALIAR O SISTEMA EM EXPERIMENTOS DE LABORATÓRIO OU DE CAMPO
- DESENVOLVER NOVAS TEORIAS OU NOVOS MODELOS COM BASE NAS OBSERVAÇÕES E EXPERIMENTAÇÕES DE USO DO SISTEMA
- CONSOLIDAR AS EXPERIÊNCIAS APRENDIDAS

FIGURA 3.8
Processo para a pesquisa em desenvolvimento de sistemas.
Fonte: Nunamaker, Chen e Purdin (1991, p. 98).

Joseph Walls, George Wyidmeyer e Omar El Sawy (1992)

Outro método proposto e fundamentado sob o paradigma da *design science* foi desenvolvido por Walls (University of Michigan), Wyidmeyer (New Jersey Institute of Technology) e Sawy (University of Southern California) que publicaram um artigo defendendo o uso dos conceitos da *design science* para a pesquisa em áreas como engenharia, arquitetura, artes e sistemas da informação. O artigo discorre essencialmente acerca da possibilidade da construção de teorias a partir dos conceitos de *design*. Para eles o objetivo de uma teoria baseada nos conceitos de *design* é "[...] prescrever tanto as propriedades que o artefato deve ter para alcançar certos objetivos quanto os métodos para a construção do artefato." (Walls; Wyidmeyer; Sawy, 1992). Representamos o método proposto por esses autores para a construção de teorias na Figura 3.9.

```
┌─────────────────────┐              ┌─────────────────────┐
│      PRODUTO        │              │      PROCESSO       │
└─────────────────────┘              └─────────────────────┘
           │                                     │
           ▼                                     ▼
┌─────────────────────┐              ┌─────────────────────┐
│   KERNEL THEORIES   │              │   KERNEL THEORIES   │
└─────────────────────┘              └─────────────────────┘
           │                                     │
           ▼                                     │
┌─────────────────────┐                          │
│   METARREQUISITOS   │──────┐                   │
└─────────────────────┘      │                   │
           │                 │                   │
           ▼                 ▼                   ▼
┌─────────────────────┐              ┌─────────────────────┐
│     METADESIGN      │              │   MÉTODO DO DESIGN  │
└─────────────────────┘              └─────────────────────┘
           │                                     │
           ▼                                     ▼
┌─────────────────────┐              ┌─────────────────────┐
│  HIPÓTESES TESTÁVEIS│              │ HIPÓTESES TESTÁVEIS │
│     DO PRODUTO      │              │     DO PROCESSO     │
└─────────────────────┘              └─────────────────────┘
```

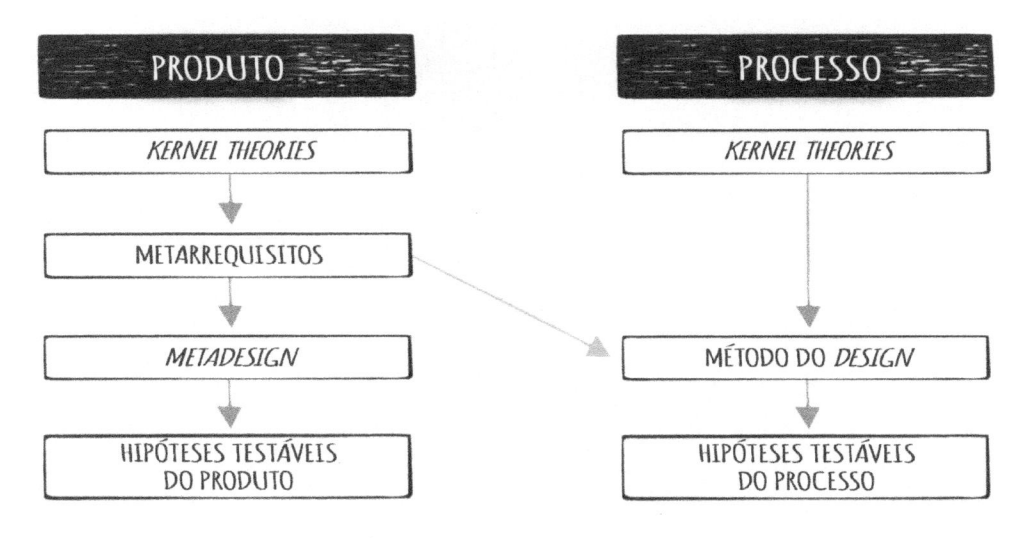

FIGURA 3.9

Componentes para a construção de teorias baseadas em *design* na área de sistemas da informação.
Fonte: Walls, Wyidmeyer e Sawy (1992, p. 44).

Walls, Wyidmeyer e Sawy (1992) definem *design* como um produto e um processo. Como **produto**, *design* pode ser entendido como um projeto de algo a ser feito ou produzido, e, como **processo**, como a maneira como se projeta determinado artefato buscando o atendimento de todos os requisitos. Portanto, uma teoria do *design* deve levar em consideração esses dois elementos: o produto e o processo.

Quando se trata da pesquisa do ponto de vista do produto, o processo de construção de teorias baseadas na *design science* se inicia com a definição de um conjunto de **kernel theories**, isto é, teorias consolidadas e reconhecidas pelas ciências naturais e sociais e que, de certa forma, influenciarão os requisitos a serem definidos nas etapas seguintes.

A segunda etapa do método, do ponto de vista do produto, engloba um conjunto de *metarrequisitos*, que descrevem a classe de problemas focada na pesquisa. A terceira etapa para a construção de teorias baseadas na *design science* é o *metadesign*, que tem como objetivo descrever possíveis artefatos ou classe de artefatos que possam atender aos metarrequisitos da etapa anterior.

Por fim, a quarta etapa se refere às *hipóteses testáveis*, elementos que podem ser colocados à prova a fim de verificar se o que foi definido na etapa de *metadesign* atende ao conjunto de metarrequisitos definidos na segunda etapa da pesquisa.

Quando a pesquisa é desenvolvida sob o ponto de vista do processo, o primeiro componente a ser definido também é um conjunto de *kernel theories*. Na segunda etapa, chamada de método do *design*, o pesquisador irá descrever os procedimentos que serão empregados para a construção do artefato.

A última etapa do método proposto por Walls, Wyidmeyer e Sawy (1992) diz respeito às hipóteses que podem ser colocadas à prova a fim de verificar se o que foi definido pelo método de *design* resulta, de fato, em um artefato consistente com o esperado, isto é, se o artefato terá condições de atender às expectativas que foram previamente definidas pelo investigador.

Vijay Vaishnavi e Bill Kuechler (2004)

Também preocupados com a pesquisa na área de sistemas da informação, Vaishnavi e Kuechler publicaram em 2004 um artigo que buscava formalizar um método para a pesquisa fundamentada na *design science*, também nomeado por eles como *design cycle*. O método é um aperfeiçoamento do *design cycle* proposto por Takeda e colaboradores em 1990, conforme podemos observar na Figura 3.10.

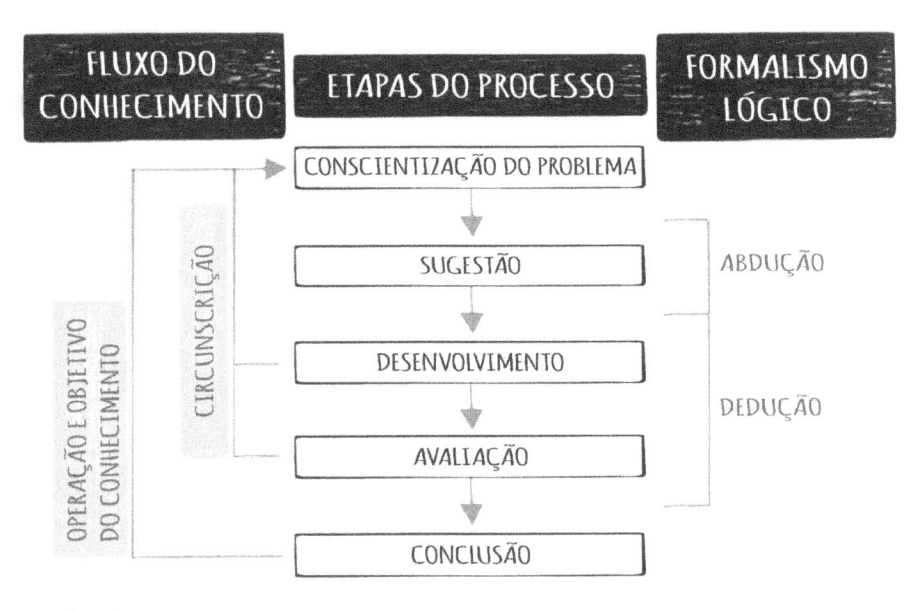

FIGURA 3.10

Design cycle proposto por Vaishnavi e Kuechler.
Fonte: Vaishnavi e Kuechler (2004).

A primeira etapa do método proposto por Vaishnavi e Kuechler (2004) diz respeito à *conscientização do problema*. Nessa etapa, o pesquisador deve identificar e compreender o problema que deseja estudar e solucionar, assim como necessita definir qual é a *performance* necessária para o sistema em estudo.

Na segunda etapa, o pesquisador *sugere possíveis soluções* para o problema que está sendo estudado. Essa etapa é realizada utilizando como base o método científico abdutivo (veja o Capítulo 2) pois o pesquisador utiliza sua criatividade e seus conhecimentos prévios para propor soluções que possam ser utilizadas para a melhoria da situação atual.

A terceira etapa do método é o *desenvolvimento* de um dos artefatos propostos na etapa anterior, a fim de resolver o problema. Aqueles desenvolvimentos que se mostrarem adequados para solucionar o problema são *avaliados* na quarta etapa. No entanto, se o artefato não se mostrou aderente às necessidades da pesquisa durante o desenvolvimento ou na avaliação, o investigador poderá retornar à etapa de conscientização para compreender melhor o problema e, posteriormente, dar continuidade à pesquisa.

As aprendizagens construídas durante a execução do método geram novos conhecimentos, não só para o pesquisador, mas também para quem tem acesso à sua pesquisa. Na

Figura 3.10, as interações entre as etapas está representada pelas setas denominadas *circunscrição*. O **processo de circunscrição** é fundamental para a melhor compreensão da pesquisa, pois permite que outras pessoas, além dos pesquisadores envolvidos, entendam e aprendam com o processo de construção do artefato. Além disso, ajuda o pesquisador a compreender com o que não funcionou como o esperado, fazendo um contraponto dos seus resultados com a teoria existente.

Na etapa final, de *conclusão*, o pesquisador apresenta os resultados obtidos e, eventualmente, de acordo com o encontrado, percebe que a própria conscientização do problema foi incompleta ou insuficiente, por isso não obteve sucesso no desenvolvimento de seu artefato. Por essa razão, o *design cycle* pode começar novamente, gerando, inclusive, contribuições a respeito de lacunas existentes na teoria e que, no momento da conscientização, podem resultar em um artefato inadequado para resolver o problema em estudo.

Joan Ernst van Aken, Hans Berends e Hans van der Bij (2012)

Ainda nos anos 2000, o professor Joan Ernst van Aken, da Universidade de Eindhoven, liderou um grupo de autores que defendiam a contribuição da *design science* para diminuir a distância entre academia e organizações. Os textos são endereçados, essencialmente, à pesquisa voltada à solução de problemas nas organizações. A Figura 3.11 apresenta um ciclo para resolução de problemas baseado nos fundamentos da *design science* proposta por Van Aken e colaboradores. Tais soluções resultam em prescrições, que devem ainda ser generalizadas para uma determinada classe de problemas. Essa generalização permitirá que o conhecimento gerado em uma situação particular possa, posteriormente, ser aplicado a situações similares enfrentadas pelas mais diversas organizações.

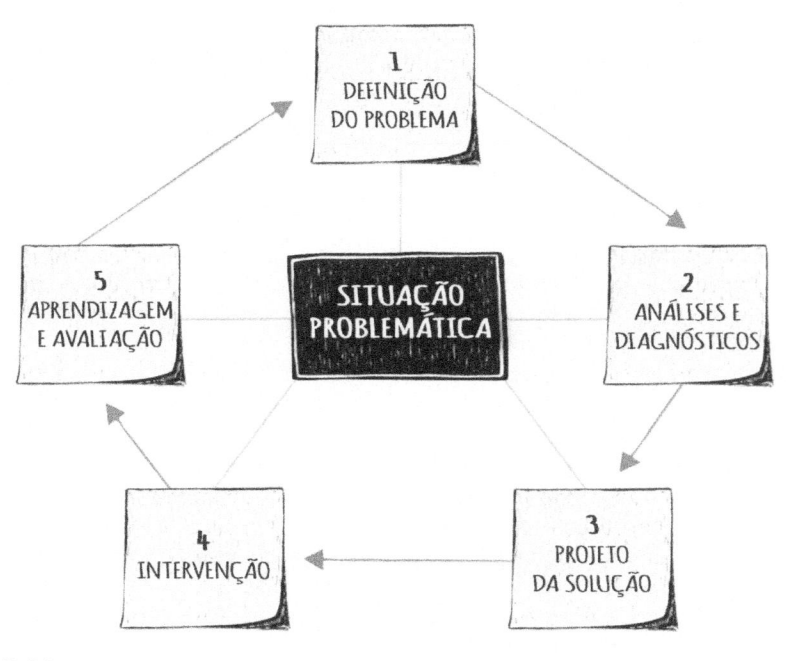

FIGURA 3.11

Ciclo para resolução de problemas.
Fonte: Van Aken, Berends e Van der Bij (2012, p. 12).

Percebido o *problema*, é fundamental que ele seja compreendido e definido. A fase seguinte é *análise e diagnóstico*. A partir daí, é possível começar a *projetar uma solução* para o problema, e a forma como a solução poderá ser implementada deve ser considerada pelo pesquisador. Na etapa seguinte, de *intervenção*, a solução proposta é implementada na organização que está sendo estudada. Por fim, deve ser realizada a etapa de *avaliação*. Eventualmente, a avaliação, bem como as *aprendizagens* geradas pelo ciclo de solução de problemas, poderão guiar o pesquisador a novos problemas que devem ser estudados, iniciando assim um novo ciclo.

Os autores identificam ainda três processos para geração de conhecimento: desenvolvimento de teorias, teste de teorias e *design* reflexivo. Para o **desenvolvimento de teorias**, o método de pesquisa normalmente utilizado é o estudo de caso. O processo de desenvolvimento de teorias tem início com a constatação de um fenômeno que ainda não foi adequadamente explorado na literatura acadêmica. A partir daí os pesquisadores observam o fenômeno e desenvolvem explanações, comparando-as com o que existe na teoria. No final, são formuladas proposições que modificam a teoria existente, agregando novos conhecimentos.

Uma vez desenvolvida a teoria, pode ter início outro processo de geração de conhecimento, o **teste de teorias**, cujo objetivo é auxiliar na conclusão e na confirmação dos resultados obtidos durante o desenvolvimento de teorias. O primeiro passo do processo é identificar as explanações presentes na literatura acadêmica que ainda não são conclusivas a respeito de determinado fenômeno observado. Em um segundo momento, o pesquisador poderá gerar um modelo conceitual, bem como hipóteses a serem testadas. Por fim, as hipóteses são analisadas e o pesquisador poderá concluir a respeito do fenômeno, confirmando ou não a teoria que foi previamente desenvolvida.

O terceiro processo de geração do conhecimento está fortemente relacionado aos conceitos da *design science*, e, portanto, é o que tem maior significância para este livro. O **design reflexivo** está fundamentado no ciclo de solução de problemas (ver Figura 3.12). Seu objetivo não é resolver problemas em um único e particular contexto, e sim encontrar soluções genéricas, que podem ser aplicadas em contextos diversos.

Como pode ser observado na Figura 3.12, a primeira etapa do *design* reflexivo é a identificação de um fenômeno ou problema de uma determinada organização que não esteja adequadamente fundamentado pela literatura acadêmica.

Definido o problema, o pesquisador poderá aplicar o ciclo de *solução de problemas*. No caso do *design* reflexivo, é fundamental que, após a aplicação do ciclo, o pesquisador faça uma reflexão, com o intuito de analisar o problema e a solução proposta agregadamente, a fim de generalizar o conhecimento apreendido na pesquisa. Para que isso ocorra, o pesquisador deverá desconsiderar detalhes particulares da empresa, definindo **prescrições** mais gerais (*design propositions*) para uma determinada classe de problemas.

Robert Cole et al. (2005)

Outro método para a condução das pesquisas fundamentadas em *design science* foi proposto por Robert Cole, da Universidade Penn State, e colaboradores. Em artigo publicado em 2005, eles procuram combinar a abordagem da *design science* com um método de pesquisa consolidado, a pesquisa-ação, propondo um método que é uma síntese da pesquisa-ação e dos conceitos centrais da *design science*. A integração entre esses métodos de pesquisa parece interessante, principalmente em relação ao projeto ou construção de um artefato em um contexto ou ambiente real. Esse tipo de artefato, denominado **instanciação**, pode demandar, ainda, uma interação entre o pesquisador e as pessoas da organização em que o artefato será construído. Logo, utilizar elementos da pesquisa-ação pode contribuir para o sucesso da pesquisa e também da intervenção na organização. Na Figura 3.13, apresentamos os passos para a condução de pesquisas propostos por Cole et al. (2005).

82 DESIGN SCIENCE RESEARCH

- FENÔMENO DA EMPRESA (TIPO DE PROBLEMA ORGANIZACIONAL)
- SOLUÇÕES NÃO SÃO ADEQUADAMENTE ENDEREÇADAS PELA LITERATURA ACADÊMICA

↓

CICLO DE SOLUÇÃO DE PROBLEMAS

- SELEÇÃO DO PROBLEMA DA EMPRESA E RELAÇÃO COM A PERFORMANCE ESPERADA PARA A SITUAÇÃO

↓

- ANÁLISE E DIAGNÓSTICO
- COLETA E ANÁLISE DOS DADOS
- LITERATURA ACADÊMICA

→

- SOLUÇÃO
- PROJETO
- SE POSSÍVEL: PILOTO
- IMPLEMENTAÇÃO
- AVALIAÇÃO

↓

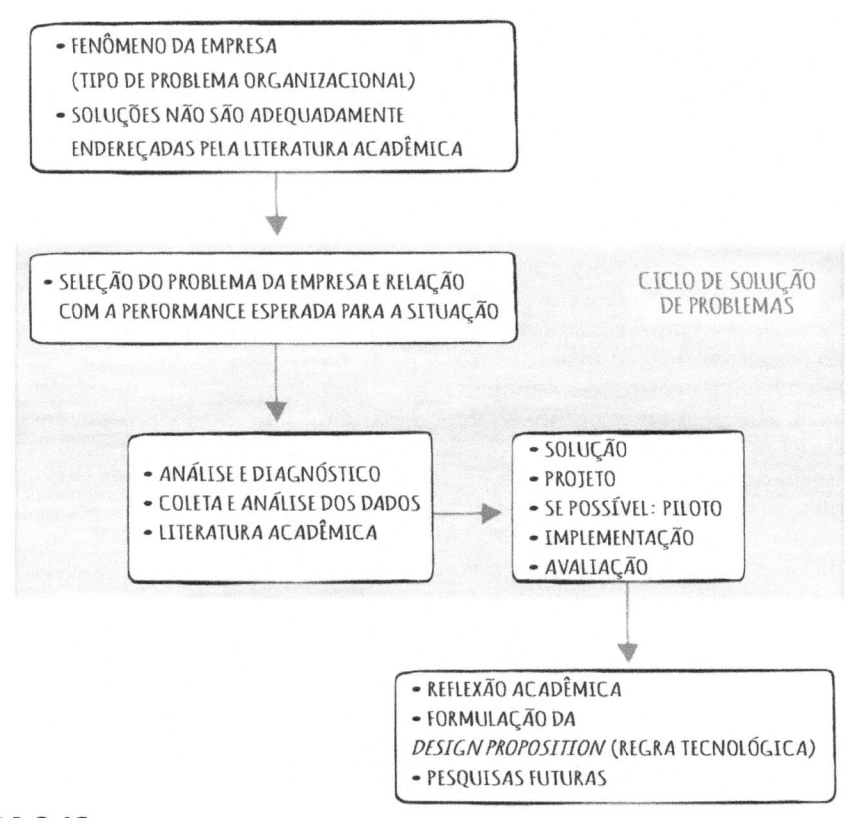

- REFLEXÃO ACADÊMICA
- FORMULAÇÃO DA *DESIGN PROPOSITION* (REGRA TECNOLÓGICA)
- PESQUISAS FUTURAS

FIGURA 3.12

Design reflexivo.
Fonte: Van Aken, Berends e Van der Bij (2012).

IDENTIFICAÇÃO DO PROBLEMA
↓
INTERVENÇÃO
↓
AVALIAÇÃO
↓
REFLEXÃO E APRENDIZAGEM

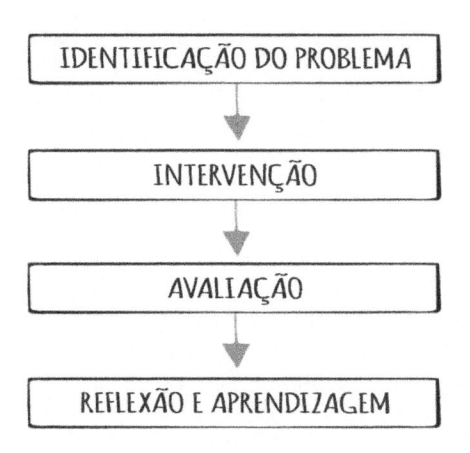

FIGURA 3.13

Abordagem de pesquisa sintetizada por Cole et al. (2005).
Fonte: Cole et al. (2005).

A etapa de *identificação do problema* considera dois aspectos centrais: o entendimento do problema e o interesse dos envolvidos na sua solução. A segunda etapa, a *intervenção*, corresponde à construção de um artefato para solucionar o problema que está sendo estudado, assim como a própria intervenção para proporcionar a mudança na organização .

A terceira etapa é a *avaliação*, tanto do artefato que foi construído como da própria mudança obtida na organização. É nesse momento que o pesquisador verifica se o artefato e a intervenção atingiram de fato os objetivos. A última etapa, *reflexão e aprendizagem*, tem como objetivo assegurar que a pesquisa realizada possa servir de subsídio para a geração de conhecimento, tanto no campo prático quanto no campo teórico. As contribuições dessas investigações certamente vêm ao encontro do que se deseja de uma pesquisa que busca, além de tudo, diminuir o distanciamento existente entre a teoria e a prática.

Neil Manson (2006)

Baseado em método inicialmente proposto por Vijay Vaishnavi e Bill Kuechler (2004), Neil Manson, da Monash University na África do Sul, aponta as saídas que podem ser geradas a partir da realização de cada uma das etapas da *design science research* (veja a figura abaixo).

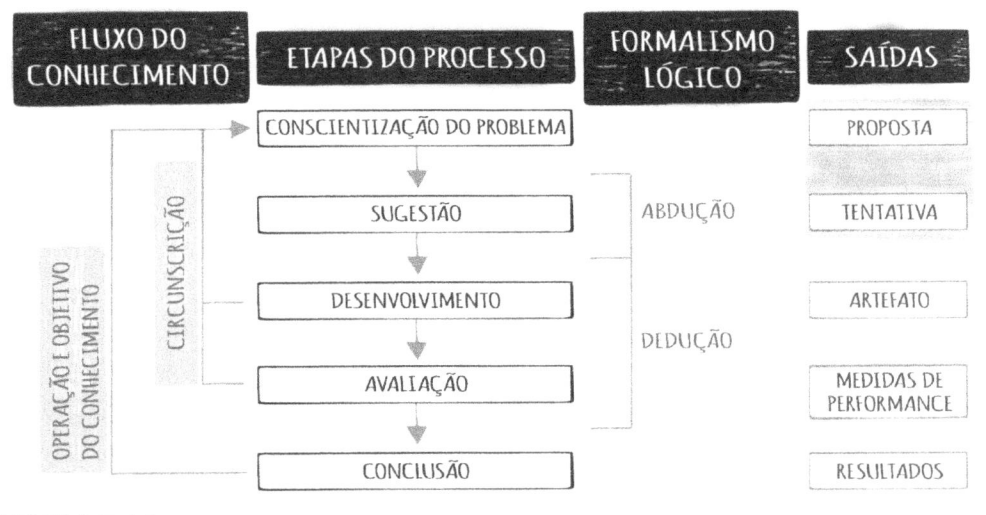

FIGURA 3.14

Saídas da *design science research*.
Fonte: Manson (2006).

Segundo Manson (2006), uma vez finalizada a etapa de *conscientização do problema*, o pesquisador tem condições de apresentar uma *proposta,* formal ou não, para dar início às demais atividades da pesquisa. A proposta deve conter evidências do problema, caracterizar o ambiente externo e seus pontos de interação com o artefato a ser desenvolvido, definir métricas e critérios para a aceitação do artefato, além de explicar os atores envolvidos com o artefato que será desenvolvido, bem como as classes de problemas com as quais o artefato pode apresentar certa relação.

Ao final da etapa seguinte, *sugestão,* o pesquisador terá como saída uma ou mais *tentativas* de resolver o problema previamente definido. Nesse momento, ele deve dizer que premissas serão consideradas para a construção do artefato, registrar todas as tentativas (inclusive as que foram excluídas) e as razões que o levaram a optar por uma tentativa em prol de outra.

A etapa de *desenvolvimento* tem como saída um ou mais *artefatos*. O pesquisador, por sua vez, deve justificar a escolha das ferramentas utilizadas para o desenvolvimento do artefato, seus componentes e as relações causais que geraram o efeito desejado para que o artefato realize seus objetivos. Ao final dessa etapa, também é necessário que sejam definidas as maneiras pelas quais o artefato pode ser validado.

Logo, assim que forem desenvolvidos, os artefatos são colocados à prova na etapa de *avaliação*. Uma vez avaliados, será possível gerar suas *medidas de performance*, a fim de compará-las com os requisitos que foram definidos nas etapas antecedentes ao desenvolvimento. Nessa etapa o pesquisador deve detalhar os mecanismos de avaliação do artefato, evidenciando os resultados obtidos. É necessário também, segundo Manson, citar as partes envolvidas, principalmente quando se trata de avaliações qualitativas, a fim de evitar o viés. Por fim, o pesquisador deve registrar o que funcionou como o previsto e os ajustes que poderão ser necessários .

Na última etapa, *conclusão*, o pesquisador terá como produto os *resultados* da sua pesquisa, que devem ser analisados, consolidados e registrados. É fundamental fazer uma síntese das aprendizagens de todas as fases do projeto. Além disso, o pesquisador deve justificar a contribuição de seu trabalho para a classe de problemas que foi definida na primeira fase do processo.

Ken Peffers et al. (2007)

Em 2007, um texto de Peffers (University of Nevada, Las Vegas) e colaboradores procurou consolidar um método para a condução das pesquisas sob o paradigma da *design science* (ver Figura 3.15).

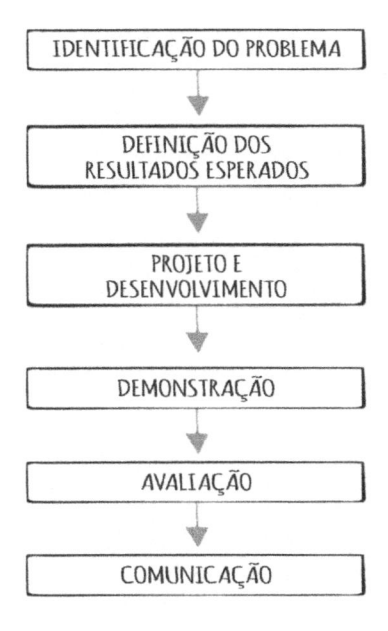

FIGURA 3.15

Método de pesquisa proposto por Peffers et al. (2007).
Fonte: Peffers et al. (2007).

No método proposto, a primeira atividade é a *identificação do problema*, além, é claro, da definição dos pontos que motivam a realização da pesquisa. É importante que nessa etapa o pesquisador justifique a importância da pesquisa, considerando sua relevância e a importância do problema que está sendo investigado, além da aplicabilidade da solução que será proposta .

A segunda etapa do método diz respeito à *definição dos resultados esperados* para o problema que se está buscando resolver. Esses resultados podem ser tanto quantitativos como qualitativos. A terceira atividade da pesquisa é o *projeto e desenvolvimento* do artefato que auxiliará na solução do problema. É fundamental que nesse momento sejam definidas as funcionalidades desejadas, sua arquitetura e seu desenvolvimento em si. Para isso, o pesquisador deverá fazer uso do conhecimento teórico existente, a fim de propor artefatos que suportem a solução do problema.

A quarta etapa é a *demonstração*, ou seja, ao uso do artefato para solucionar o problema em questão. Essa etapa pode ser desenvolvida por meio de experimentação, simulação, etc. A quinta atividade da pesquisa é a *avaliação*, momento em que o pesquisador deve comparar os resultados obtidos com os requisitos definidos na segunda etapa do método. Caso o resultado encontrado não seja o esperado, poderá retornar à etapa de *projeto e desenvolvimento* a fim de desenvolver um novo artefato. Por fim, na etapa de *comunicação*, o pesquisador apresenta o problema que foi estudado e sua importância. Ademais, é nessa fase que deverá ser demonstrado o rigor com o qual a pesquisa foi conduzida, bem como o quão eficaz foi a solução encontrada para o problema. A sugestão é que os pesquisadores empreguem a estrutura de artigos normalmente utilizada pelas academias para difundir o trabalho.

Uma particularidade desse método é que a pesquisa não precisa necessariamente ter início na etapa 1 e ser concluída na etapa 6. O método de pesquisa poderá ser utilizado de maneira diferente, sendo seu ponto de início modificado de acordo com os objetivos do pesquisador.

Shirley Gregor e David Jones (2007)

Ainda em 2007, ocupados com o desenvolvimento de teorias baseadas nos conceitos da *design science*, Gregor e Jones (2007), expandindo os trabalhos de Walls, Wyidmeyer e Sawy (1992), propuseram um método para a **construção de teorias**. O método, com oito componentes, visa essencialmente ao desenvolvimento de teorias a partir dos estudos realizados na área de sistemas da informação (veja a Figura 3.16).

A primeira etapa do método proposto por Gregor (Australian National University) e Jones (Central Queensland University) é de definição do *objetivo e do escopo* da pesquisa. Isso significa que o pesquisador deverá esclarecer em que tipo de sistema a teoria poderá ser aplicada, bem como seus requisitos. No entanto, esses requisitos deverão ser conjecturados em termos macro, ou seja, não apenas com a preocupação de aplicar a teoria para apoiar a solução de um problema ou o estudo de um sistema em particular, mas para uma determinada classe de problemas. Portanto, nessa etapa é necessário considerar ainda em que tipo de sistema a teoria poderá ser aplicada, bem como suas limitações e abrangências.

Em um segundo momento são determinados os *constructos*, que correspondem à representação de componentes de interesse da teoria. Os constructos devem ser claros e concisos, sendo normalmente representados por meio de palavras e diagramas. A terceira etapa diz respeito aos *princípios de forma e função e* pode se referir tanto a um produto como a um método. Nesse momento são definidas características da arquitetura do sistema que está sendo desenvolvido ou melhorado, isto é, o ambiente interno do artefato.

```
                ┌─────────────────────────┐
                │    OBJETIVO E ESCOPO    │
                └───────────┬─────────────┘
                            ▼
                ┌─────────────────────────┐
                │       CONSTRUCTOS       │
                └───────────┬─────────────┘
                            ▼
                ┌─────────────────────────┐
                │ PRINCÍPIO DA FORMA E FUNÇÃO │
                └───────────┬─────────────┘          ── COMPONENTES
                            ▼
                ┌─────────────────────────┐
                │  MUTABILIDADE DO ARTEFATO │
                └───────────┬─────────────┘
                            ▼
                ┌─────────────────────────┐
                │   PROPOSIÇÕES TESTÁVEIS  │
                └───────────┬─────────────┘
                            ▼
                ┌─────────────────────────┐
                │  CONHECIMENTO JUSTIFICÁVEL │
                └───────────┬─────────────┘
                            ▼
                ┌─────────────────────────┐
                │ PRINCÍPIOS DE IMPLEMENTAÇÃO │
                └───────────┬─────────────┘          ── COMPONENTES
                            ▼                           ADICIONAIS
                ┌─────────────────────────┐
                │  INSTANCIAÇÃO EXPOSITIVA │
                └─────────────────────────┘
```

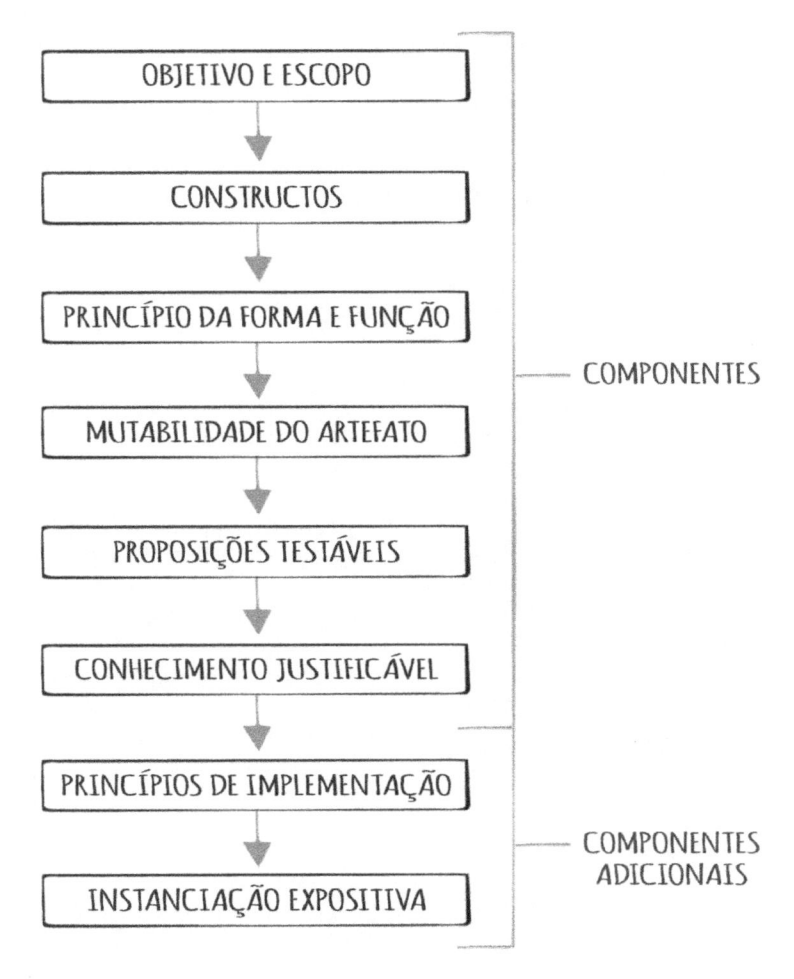

FIGURA 3.16

Método proposto por Gregor e Jones (2007).
Fonte: Adaptado de Gregor e Jones (2007, p. 322).

O quarto componente, denominado *mutabilidade do artefato*, refere-se às mudanças de estado do artefato que podem ser antecipadas pela teoria, ou, ainda, qual é o grau de alteração do artefato englobado pela teoria. Nessa etapa o pesquisador deve refletir acerca da dinâmica comportamental do artefato, incluindo sua construção, seu uso e até mesmo seu descarte. Essa reflexão auxilia sobremaneira no momento de construção de uma teoria baseada na *design science*, pois favorece a ponderação do pesquisador em relação às diferentes adaptações que os artefatos devem sofrer de acordo com o contexto em que serão aplicados.

A quinta etapa do método, *proposições testáveis*, possibilita testar a teoria e colocar à prova diversas hipóteses, com o objetivo de visualizar o comportamento do sistema a ser construído em diferentes contextos. Ademais, Gregor e Jones (2007) afirmam que a possibilidade de generalização dessas proposições, pelo menos em certo grau, deve ser um pré-requisito para que a pesquisa possa de fato gerar uma teoria robusta.

A sexta etapa é chamada de *conhecimento justificável*. Ela se baseia no fato de que o conhecimento gerado pela pesquisa será mais robusto se considerar também a teoria existente, seja ela proveniente das ciências naturais e sociais, chamadas de *kernel theories* por Walls, Wyidmeyer e Sawy (1992), ou da própria *design science*. Além disso, Gregor e Jones (2007) ressaltam que, considerando o conhecimento existente, independentemente do tipo de ciência que o gerou, é possível explicar a importância e o funcionamento de um artefato. Essa explicação é importante, inclusive, para apoiar a comunicação da pesquisa realizada.

Em um segundo momento do método estão duas etapas denominadas componentes adicionais do método. A primeira dessas duas etapas é a dos *princípios de implementação* e diz respeito aos meios que deverão ser utilizados para implementar o artefato construído, e com isso, colocar a teoria desenvolvida à prova. A segunda etapa dos componentes adicionais, a última do método, é denominada *instanciação expositiva* e se refere à aplicação do artefato em um contexto real. No contexto da construção de teorias fundamentadas em *design science*, a instanciação contribui para a identificação de possíveis problemas que a teoria desenvolvida pode apresentar Além disso, a instanciação favorece a visualização dos conceitos teóricos que estão sendo expostos e, com isso, facilita seu entendimento e traduz mais facilmente seu valor.

Richard Baskerville, Jan Pries-Heje e John Venable (2009)

Em 2009, Baskerville, Pries-Heje e Venable apresentaram a **soft design science research**, que engloba conceitos de duas abordagens: a *design science research* e a *soft system methodology*. Esse novo método seria adequado para a condução de pesquisas voltadas a resolver problemas e melhorar situações nas organizações, considerando especialmente os aspectos sociais inseridos nas atividades centrais da *design science research*: projetar, desenvolver, avaliar, etc.

A Figura 3.17 procura explicar a proposta dos autores, uma separação entre dois "mundos", o real e o abstrato, denominado "raciocínio orientado ao *design*". No "mundo real" estão presentes, por exemplo, as atividades de construção e avaliação do artefato que será implantado para solucionar o problema, enquanto no mundo mais abstrato, do pensamento, estão as atividades fundamentadas nos conceitos da *design science*, como a busca por uma solução e avaliação da solução proposta.

Na primeira etapa do método, o pesquisador deverá identificar e delinear um *problema específico*. Em um segundo momento, o problema deve ser detalhado na forma de um conjunto de requisitos. As duas primeiras etapas ocorrem no chamado mundo real. A terceira etapa, por sua vez, ocorre no que os autores identificaram como raciocínio orientado ao *design*, momento em que o pesquisador busca generalizar o problema específico em um *problema geral*. Essa generalização busca identificar uma classe de problemas que orientará a condução da pesquisa que está sendo desenvolvida.

Posteriormente, é necessário que sejam definidos os *requisitos gerais* para o problema, isto é, assim como foi definida uma classe de problemas, deve ser buscada agora uma classe de soluções para o problema geral. Essa etapa pode ser realizada com o auxílio das técnicas conhecidas no pensamento sistêmico, e o resultado será uma série de requisitos gerais que orientarão o pesquisador nas próximas fases do método.

Na quinta etapa deve ocorrer uma *comparação* entre o que foi definido nos passos 2 e 4, ou seja, os requisitos do problema específico que está sendo estudado devem ser comparados com os requisitos gerais que foram definidos. É necessário que o problema específico (passo 2) seja revisto em função dos requisitos gerais (passo 4).

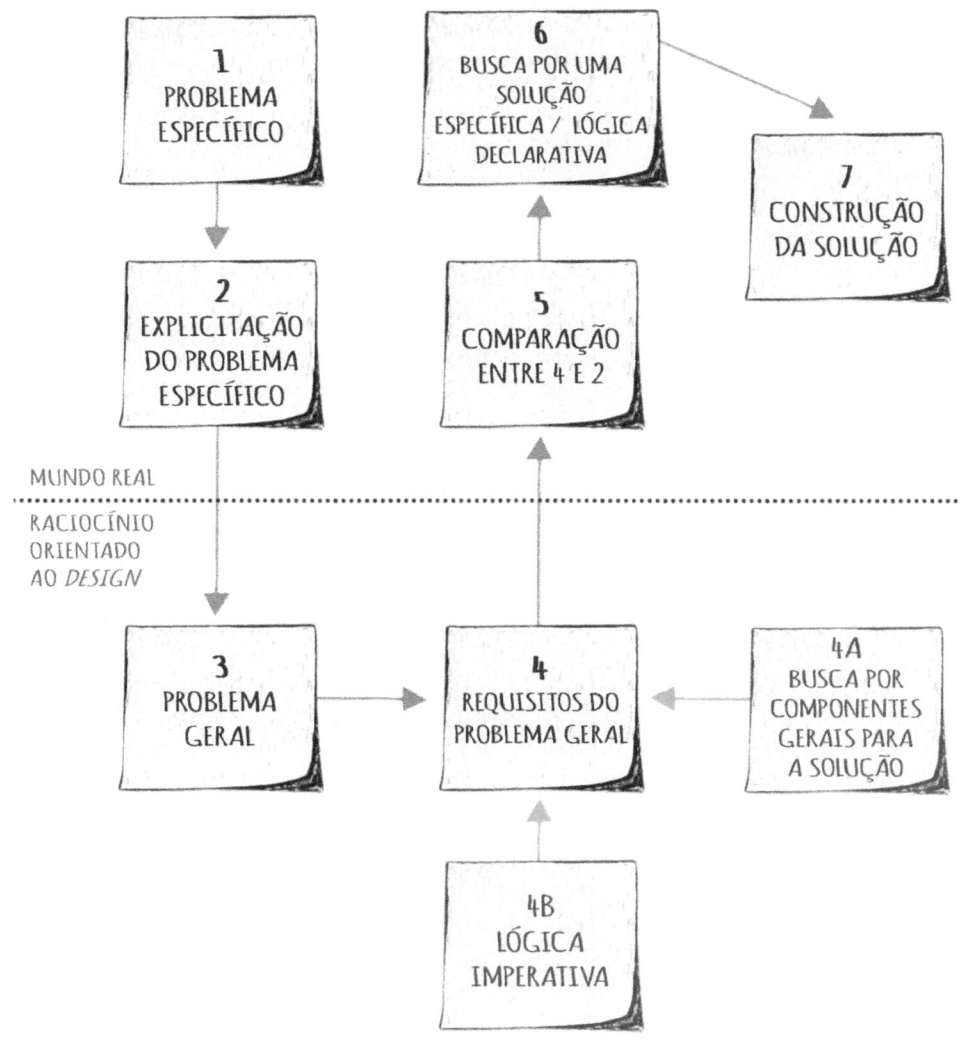

FIGURA 3.17

Método proposto por Baskerville, Pries-Heje e Venable (2009).
Fonte: Baskerville, Pries-Heje e Venable (2009).

Na sexta etapa, deve haver a *busca por uma solução específica* para o problema em questão. No entanto, para realizar essa busca, o pesquisador deve ter em mente os requisitos gerais que foram definidos na etapa 4. Por fim, é efetuada a *construção da solução*, que será implantada no contexto em estudo.

Após a implantação da solução, faz parte do processo de investigação avaliar se o problema de fato foi resolvido ou se o sistema demonstrou alguma mudança após a intervenção. Além disso, as aprendizagens devem ser explicitadas e, com isso, um novo ciclo pode ser iniciado.

Ahmad Alturki, Guy Gable e Wasana Bandara (2011)

Em 2011, Alturki, Gable e Bandara também apresentam em um congresso a proposta de um método de pesquisa fundamentado na *design science* (Figura 3.18) O método proposto surge da síntese de ideias formalizadas por diversos autores, principalmente da área de sistemas da informação.

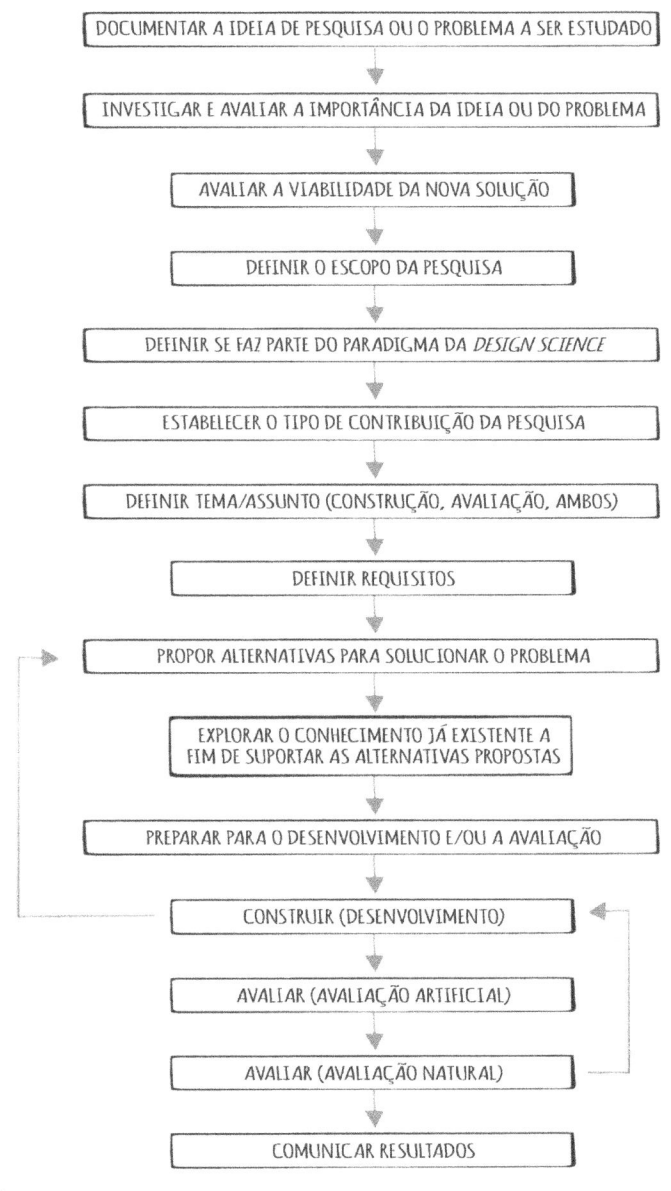

```
DOCUMENTAR A IDEIA DE PESQUISA OU O PROBLEMA A SER ESTUDADO
                              ▼
INVESTIGAR E AVALIAR A IMPORTÂNCIA DA IDEIA OU DO PROBLEMA
                              ▼
         AVALIAR A VIABILIDADE DA NOVA SOLUÇÃO
                              ▼
              DEFINIR O ESCOPO DA PESQUISA
                              ▼
       DEFINIR SE FAZ PARTE DO PARADIGMA DA DESIGN SCIENCE
                              ▼
      ESTABELECER O TIPO DE CONTRIBUIÇÃO DA PESQUISA
                              ▼
   DEFINIR TEMA/ASSUNTO (CONSTRUÇÃO, AVALIAÇÃO, AMBOS)
                              ▼
                 DEFINIR REQUISITOS
                              ▼
       PROPOR ALTERNATIVAS PARA SOLUCIONAR O PROBLEMA
                              ▼
       EXPLORAR O CONHECIMENTO JÁ EXISTENTE A
       FIM DE SUPORTAR AS ALTERNATIVAS PROPOSTAS
                              ▼
        PREPARAR PARA O DESENVOLVIMENTO E/OU A AVALIAÇÃO
                              ▼
              CONSTRUIR (DESENVOLVIMENTO)
                              ▼
             AVALIAR (AVALIAÇÃO ARTIFICIAL)
                              ▼
              AVALIAR (AVALIAÇÃO NATURAL)
                              ▼
                 COMUNICAR RESULTADOS
```

FIGURA 3.18

Design science research cycle, proposto por Alturki, Gable e Bandara (2011).
Fonte: Elaborada pelos autores com base em Alturki, Gable e Bandara (2011).

O ponto de partida para a pesquisa que utiliza o método proposto por Alturki, Gable e Bandara (2011) é a *documentação da ideia ou do problema a ser estudado*. Tal ideia é proveniente das necessidades tanto dos profissionais que estão nas organizações como dos pesquisadores, que percebem lacunas no conhecimento existente e desejam propor novas soluções para determinados problemas.

A segunda etapa do método tem como objetivo *investigar e avaliar a importância do problema ou da ideia que se deseja estudar*. Para ser considerado como um tema importante para a pesquisa, é importante verificar se, de fato, trata-se de um problema ainda não solucionado em uma determinada classe de problemas e se a pesquisa trará alguma contribuição para o campo de conhecimento a que se refere. Além disso, essa etapa visa a garantir que a pesquisa fundamentada na *design science* atenda a um de seus propósitos: produzir novos conhecimentos. Para operacionalizar essas atividades, justificando e assegurando a relevância do estudo, o pesquisador poderá fazer uso dos conhecimentos existentes acerca do tema e também realizar coleta de dados por meio de entrevistas, estudos de caso, experimentos, *surveys*, etc.

A terceira etapa do método corresponde à *avaliação da viabilidade da solução*, pois não basta simplesmente solucionar o problema; é essencial que a solução proposta seja adequada ao contexto da organização onde a pesquisa está sendo realizada, e, acima de tudo, que respeite a realidade dessa organização em termos de recursos humanos e financeiros, valores, etc.

Se a viabilidade da solução for verificada, inicia-se a quarta etapa do método: *definir o escopo da pesquisa*. Nesse momento, são definidos os objetivos, limitações e as próprias delimitações da pesquisa, que, no caso da *design science research*, são dinâmicos e podem ser revisitados ao longo do desenvolvimento do trabalho.

Após definido o escopo, considerando-se os objetivos da pesquisa, é necessário *verificar se ela pertence ao paradigma da design science*. Em caso afirmativo, deve-se prosseguir com os demais passos do método. Se não pertencer, outros métodos poderão ser utilizados para a condução do estudo.

A sexta etapa é a de *definição do tipo de contribuição que se espera da pesquisa*. Os dois tipos de contribuição citados por Alturki, Gable e Bandara (2011) são:

✓ criar uma solução para uma específica e relevante classe de problemas por meio de um processo rigoroso de construção e avaliação de artefatos;
✓ refletir acerca do processo de pesquisa em si, a fim de criar novos padrões para garantir o maior rigor das investigações.

A etapa seguinte, *definição do tema/assunto da pesquisa*, deve demarcar se a investigação será acerca da construção e/ou avaliação de um artefato. Essa definição é importante porque, de acordo com o que se deseja com a pesquisa, diferentes especialidades e recursos poderão ser necessários.

A oitava etapa se refere à *definição de requisitos*, quando serão explicitadas as ferramentas, experiência e habilidades necessárias para a execução da pesquisa. A etapa seguinte trará a proposição de *alternativas de solução* para o problema. As soluções propostas terão como objetivo melhorar a situação estudada, transformando-a em uma situação desejável, na qual o problema tenha sido resolvido, considerando-se os requisitos previamente definidos e os recursos disponíveis para o alcance dos objetivos.

A décima fase do método proposto por Alturki, Gable e Bandara (2011) envolve a *exploração do conhecimento existente* – proveniente das ciências naturais e sociais, *kernel theories*, citadas por Walls, Wyidmeyer e Sawy (1992) – que possa dar suporte às soluções propostas. A identificação desse conhecimento apoiará as soluções propostas na etapa anterior e é uma atividade fundamental, pois o artefato que está sendo construído ou avaliado pela *design science research* se submete às ciências naturais e sociais, isto é, ele não tem qualquer permissão para violar as leis preconizadas pelas ciências tradicionais. O conhecimento das teorias existentes, bem como das suas lacunas, auxilia o pesquisador a ter uma maior assertividade na escolha da solução para o problema que está sendo estudado e favorece a identificação de novos temas que podem levar a pesquisas futuras.

A décima primeira etapa tem como objetivo *preparar para o desenvolvimento e/ou avaliação do artefato*. Nessa fase são definidos os métodos que serão utilizados para construir o artefato e avaliá-lo. Também devem ser definidas as métricas que serão utilizadas como base para avaliar o sucesso do desenvolvimento e também a performance do artefato.

Posteriormente é realizado o *desenvolvimento de uma solução para o problema que está sendo estudado ou a construção de um novo artefato*. Nessa etapa, além da construção física do artefato, também devem ser definidas as suas funcionalidades, sua arquitetura e suas características gerais.

Estando o artefato desenvolvido, ele deve ser avaliado. Na *design science research*, a *avaliação* não tem como objetivo mostrar "por que" ou "como" o artefato funciona, mas explicitar o "quão bem" ele desempenha suas funções. Quando feita de maneira rigorosa, a avaliação garante um maior reconhecimento da pesquisa por parte da academia.

A etapa de avaliação proposta por Alturki, Gable e Bandara (2011) se divide em dois momentos: a *avaliação artificial* e a *avaliação natural*. A primeira se refere aos testes que o artefato deverá sofrer internamente, ou seja, num contexto de laboratório (por exemplo, utilizando-se simulação ou experimentos). Por um lado, se o artefato ou a solução proposta não apresentar um bom desempenho nessa primeira avaliação, é necessário retornar para a etapa de definir novas alternativas de solução. Por outro lado, se a avaliação interna demonstrar um bom resultado, a avaliação natural deve ser realizada. Essa avaliação ocorre em um contexto real – em uma organização por exemplo. Costuma ser uma avaliação mais cara e complexa, por envolver pessoas, processos e uma série de variáveis difíceis de controlar.

Ao fim de todas as etapas, os resultados obtidos devem ser *comunicados*. A comunicação deve, preferencialmente, atingir tanto a comunidade acadêmica quanto os profissionais nas organizações. A divulgação dos resultados, das limitações encontradas e do novo conhecimento gerado auxilia os profissionais na implementação das soluções propostas nos seus contextos particulares, certamente com adaptações. Permite também que os pesquisadores na academia tomem conhecimento das contribuições teóricas e metodológicas obtidas na pesquisa.

Semelhanças entre os métodos

Ainda que os autores citados proponham métodos diferentes para conduzir uma pesquisa fundamentada na *design science*, algumas similaridades podem ser constatadas. A Tabela 3.1 sintetiza os principais elementos observados nas propostas apresentadas neste capítulo.

Entre as similaridades é possível perceber que todos os autores mencionam a necessidade de uma adequada *definição do problema a ser estudado*, bem como uma *etapa de desenvolvimento do artefato*.

A maioria dos autores também propõe uma *etapa de sugestão*, na qual são levantadas algumas características e os requisitos do artefato a ser posteriormente desenvolvido. É sugerida, ainda, uma *etapa de avaliação*, que, além de permitir verificar se a solução desenvolvida atende às necessidades do problema, também demonstra a preocupação com o rigor na condução da pesquisa

TABELA 3.1

Principais elementos que compõem a design science research

Autores	Principais etapas do método							
	Definição do problema	Revisão da literatura ou busca por teorias existentes	Sugestões de possíveis soluções	Desenvolvimento	Avaliação	Decisão sobre a melhor solução	Reflexão e aprendizagens	Comunicação dos resultados
Bunge (1980)	✓		✓					
Takeda et al. (1990)	✓		✓	✓	✓	✓		
Eekels e Roozemburg (1991)	✓		✓	✓	✓	✓		
Nunamaker, Chen e Purdin (1991)	✓		✓	✓	✓			
Walls, Wyidmeyer e Sawy (1992)	✓	✓	✓	✓				
Van Aken, Berends e Van der Bij (2012)	✓		✓	✓	✓		✓	
Vaishnavi e Kuechler (2004)	✓		✓	✓	✓	✓		
Cole et al. (2005)	✓		✓	✓	✓		✓	
Manson (2006)	✓		✓	✓	✓	✓		
Peffers et al. (2007)	✓		✓	✓	✓			✓
Gregor e Jones (2007)	✓	✓	✓	✓	✓			
Baskerville, Pries-Heje e Veneble (2009)	✓		✓	✓				
Alturki, Gable e Bandara (2011)	✓	✓	✓	✓	✓			✓

Um elemento presente em poucos autores é a revisão da literatura, para buscar o que existe de solução para uma determinada classe de problemas e identificar teorias consolidadas que possam servir de embasamento para a pesquisa desenvolvida sob o paradigma da *design science*.

Outro elemento proposto apenas por alguns autores é um processo de decisão mais formal, por meio do qual o pesquisador define qual solução teve um melhor resultado ou qual artefato se mostrou mais adequado para solucionar o problema. Surge também, na proposta de alguns autores, uma etapa focada nas aprendizagens e reflexões acerca do trabalho, bem como a própria comunicação do que foi obtido com a pesquisa para assegurar que outros pesquisadores ou interessados possam fazer uso do conhecimento gerado.

Uma vez apresentadas as diversas propostas para a condução das pesquisas por meio da *design science research*, faremos a seguir uma análise comparativa entre a *design science research* e outros dois métodos comumente utilizados na pesquisa na área de gestão: o estudo de caso e a pesquisa-ação.

ESCOLHA DO MÉTODO DE PESQUISA

Na busca pelo rigor metodológico na condução de estudos científicos, é necessário que o pesquisador defina, logo no início das suas atividades, qual será o método por ele utilizado. Também é fundamental que sejam explicados os motivos que levaram a essa escolha. A relação e a importância dessas escolhas foram abordadas nos capítulos anteriores por meio da figura do pêndulo, que representa os diversos elementos a ser considerados para a condução de uma pesquisa científica.

Elementos a serem considerados

No momento da escolha do método de pesquisa a ser empregado, é necessário considerarmos quatro pontos principais:

- ✓ O método empregado deve ter condições de responder ao problema de pesquisa que será estudado.
- ✓ O método deve ser reconhecido pela comunidade científica.
- ✓ O alinhamento com o método científico definido anteriormente.
- ✓ O método deve evidenciar claramente os procedimentos que foram adotados para a pesquisa.

Esses elementos têm como função principal garantir a robustez da pesquisa e de seus resultados de forma a assegurar a imparcialidade e o rigor da pesquisa, bem como a confiabilidade dos resultados obtidos.

Comparação entre os três métodos de pesquisa

Dessa forma, com a intenção de apoiar o pesquisador na escolha do método de pesquisa a ser utilizado, na Tabela 3.2 apresentamos um breve comparativo entre duas abordagens metodológicas utilizadas nas pesquisas da área de gestão (estudo de caso e pesquisa-ação) e a *design science research*.

TABELA 3.2
Características dos métodos de pesquisa

Elemento	Design science research	Estudo de caso	Pesquisa-ação
Objetivos	Desenvolver artefatos que permitam soluções satisfatórias aos problemas práticos	Auxiliar na compreensão de fenômenos sociais complexos	Resolver ou explicar problemas de um determinado sistema gerando conhecimento para a prática e para a teoria
	Projetar e prescrever	Explorar, descrever, explicar e predizer	Explorar, descrever, explicar e predizer
Principais atividades	Definir o problema, sugerir, desenvolver, avaliar, concluir	Definir a estrutura conceitual, planejar o(s) caso(s), conduzir piloto, coletar e analisar dados, gerar relatório	Planejar a ação, coletar e analisar dados, planejar e implementar ações, avaliar resultados, monitorar (contínuo)
Resultados	Artefatos (constructos, modelos, métodos, instanciações) e aprimoramento de teorias	Constructos, hipóteses, descrições, explicações	Constructos, hipóteses, descrições, explicações, ações
Tipo de conhecimento	Como as coisas deveriam ser	Como as coisas são ou se comportam	Como as coisas são ou se comportam
Papel do pesquisador	Construtor e/ou avaliador do artefato	Observador	Múltiplo, em função do tipo de pesquisa-ação
Base empírica	Não obrigatória	Obrigatória	Obrigatória
Colaboração pesquisador-pesquisado	Não obrigatória	Não obrigatória	Obrigatória
Implementação	Não obrigatória	Não se aplica	Obrigatória
Avaliação dos resultados	Aplicações, simulações, experimentos	Confronto com a teoria	Confronto com a teoria
Abordagem	Qualitativa e/ou quantitativa	Qualitativa	Qualitativa
Especificidade	Generalizável a uma determinada classe de problemas	Situação específica	Situação específica

Fonte: Elaborada pelos autores com base em Lacerda et al. (2012).

As principais diferenças que podemos elencar entre esses três métodos de pesquisa são seus objetivos, a forma como cada um avalia os resultados, o papel do pesquisador na condução das atividades, a possibilidade de generalização do conhecimento construído, a possível, mas não obrigatória, colaboração entre pesquisador e pesquisado, e a obrigatoriedade ou não de uma base empírica para a realização do estudo. Além disso, enquanto a *design science research* está fundamentada nos conceitos da *design science*, a pesquisa-ação e o estudo de caso estão vinculados às ciências naturais e sociais.

No entanto, dependendo dos fins da pesquisa, não descartamos a utilização conjunta desses métodos ou a utilização do estudo de caso e da pesquisa-ação sob o paradigma da *design science*. Sein et al. (2011), por exemplo, propõem a integração entre a pesquisa-ação e a *design science research* em um método denominado **action design research**. Além disso, podemos afirmar que a pesquisa-ação, quando aplicada sob o paradigma da *design science*, pode contribuir para a construção de artefatos em casos em que o desenvolvimento seja dependente da interação dos envolvidos na pesquisa ou a avaliação só possa ser realizada no contexto da organização e com a participação das pessoas do ambiente que está sendo estudado.

Embora para nós seja nítida a diferença entre a *design science research* e a pesquisa-ação, não há, de fato, consenso na literatura, em especial sobre as fronteiras entre esses métodos. Järvinen (2007), por exemplo, compara a pesquisa-ação e a *design science research*, e suas conclusões apontam para a similaridade entre essas abordagens metodológicas. Ilivari e Venable (2009), por sua vez, apresentam uma reflexão que faz distinções entre essas abordagens desde o ponto de vista dos pressupostos paradigmáticos até às questões operacionais. Sein et al. (2011) propõem a integração entre essas abordagens no que denominam de *action design research*, ilustrando, inclusive, sua aplicação.

Podemos procurar esclarecer essa discussão distinguindo, simplesmente, *os fins (objetivos) e os meios da pesquisa*. Se, por um lado, tem-se como fim da pesquisa descrever, explicar ou predizer, pode-se inferir que o estudo de caso e a pesquisa-ação, como são tradicionalmente apresentados e defendidos, sejam abordagens adequadas. Por outro lado, por sua própria definição, a *design science research* não permite que tais objetivos sejam alcançados.

Ainda sobre a utilização dos métodos tradicionais, mas sob um diferente paradigma, Van Aken (2004) ilustra a possibilidade do uso do estudo de caso fundamentado na *design science*, citando o estudo de Womack et al. (1990) sobre a indústria automobilística mundial. Nesse trabalho foram formalizados diversos artefatos (métodos e instanciações) como, por exemplo, *Kanban*, sincronização da produção, produção *just-in-time*, etc. Na circunstância explanada por Van Aken (2004), o estudo de caso cumpre dois objetivos: avançar no conhecimento teórico na área em estudo e formalizar artefatos eficazes que podem ser úteis a outras organizações.

O objetivo determina o melhor método

A partir dessa análise comparativa, podemos constatar que a *design science research* é o método de pesquisa mais indicado quando o objetivo do estudo é projetar e desenvolver artefatos, bem como soluções prescritivas, seja em um ambiente real ou não. Contudo, quando os objetivos da pesquisa estão voltados ao âmbito da exploração, descrição ou explicação, o estudo de caso e a pesquisa-ação, como são tradicionalmente conhecidos, são os mais indicados. Precisamos utilizar o estudo de caso para o que foi desenvolvido. Ou seja, utilizá-lo para a construção ou teste de teorias. Temos observado diversos trabalhos enquadrados como estudo de caso quando, de fato, se preocupam no desenvolvimento de métodos, heurísticas, modelos. Nesses casos, há sem dúvida um desalinhamento entre os objetivos finais do método de pesquisa e os resultados da investigação em si.

Independentemente do método de pesquisa selecionado, é fundamental assegurar a validade da pesquisa, conforme veremos a seguir.

VALIDADE DAS PESQUISAS QUE UTILIZAM A *DESIGN SCIENCE RESEARCH*

Os artefatos desenvolvidos a partir de uma pesquisa fundamentada em *design* são a prova de sua validade. Eles devem provar que têm condições de atingir os objetivos desejados, ou seja, que cumprem plenamente sua função. John Mentzer e Daniel Flint (1997), da Universidade do Tennessee, afirmam que a **validade de uma pesquisa** pode ser caracterizada como um conjunto de procedimentos utilizados para garantir sua conclusão com segurança.

Em *design science research*, compreende-se como fonte de validade um conjunto de procedimentos para garantir que os resultados gerados pelo artefato provêm do ambiente interno projetado e do ambiente externo no qual foi preparado para operar. Para isso é necessário:

- ✓ Explicar o ambiente interno, o ambiente externo e os objetivos clara e precisamente.
- ✓ Informar como o artefato pode ser testado.
- ✓ Descrever os mecanismos que gerarão os resultados a ser controlados/acompanhados.

Avaliação de artefatos

Conforme Tremblay, Hevner e Berndt (2010), a pesquisa sustentada pela *design science research* não pode estar voltada somente ao desenvolvimento do artefato em si, mas expor evidências de que o artefato poderá ser utilizado para resolver problemas reais. Embora haja uma etapa específica de avaliação do artefato, isso não dispensa que, em cada uma das etapa previstas para a condução da *design science research*, sejam realizadas avaliações parciais dos resultados. Existem cinco formas de avaliar um artefato: observacional, analítica, experimental, teste e descritiva. Para essa atividade, são propostos alguns métodos e técnicas que podem ser utilizados para avaliar os artefatos gerados pela *design science research* (Hevner et al., 2004), resumidos na Tabela 3.3.

Avaliação observacional

A avaliação observacional pode ser realizada com o apoio de alguns elementos do estudo de caso e também do estudo de campo. Os elementos do estudo de caso adequados para essa etapa são o planejamento do caso (definição das unidades de análise, por exemplo), as formas de coleta e análise dos dados, além do relato final do que foi observado pelo pesquisador.

O principal objetivo da avaliação observacional é verificar como se comporta o artefato, em profundidade e em um ambiente real. Nesse tipo de avaliação, o pesquisador atua como observador, não interagindo diretamente com o ambiente de estudo.

TABELA 3.3
Métodos e técnicas para avaliação dos artefatos

Forma de avaliação	Métodos e técnicas propostas
Observacional	Elementos do estudo de caso: estudar o artefato existente ou criado em profundidade no ambiente de negócios. Estudo de campo: monitorar o uso do artefato em projetos múltiplos.
Analítica	Análise estática: examinar a estrutura do artefato para qualidades estáticas. Análise da arquitetura: estudar o encaixe do artefato na arquitetura técnica do sistema técnico geral. Otimização: demonstrar as propriedades ótimas inerentes ao artefato ou demonstrar os limites de otimização no comportamento do artefato. Análise dinâmica: estudar o artefato durante o uso para avaliar suas qualidades dinâmicas (por exemplo, desempenho).
Experimental	Experimento controlado: estudar o artefato em um ambiente controlado para verificar suas qualidades (por exemplo, usabilidade). Simulação: executar o artefato com dados artificiais.
Teste	Teste funcional (*black box*): executar as interfaces do artefato para descobrir possíveis falhas e identificar defeitos. Teste estrutural (*white box*): realizar testes de cobertura de algumas métricas para implementação do artefato (por exemplo, caminhos para a execução).
Descritiva	Argumento informado: utilizar a informação das bases de conhecimento (por exemplo, das pesquisas relevantes) para construir um argumento convincente a respeito da utilidade do artefato. Cenários: construir cenários detalhados em torno do artefato para demonstrar sua utilidade.

Fonte: Adaptado de Hauner et al. (2004, p. 86).

Avaliação analítica

Os artefatos podem ser avaliados também por métodos e técnicas analíticas que buscam, acima de tudo, avaliar o artefato e sua arquitetura interna, bem como sua maneira de interagir com o ambiente externo. Nesse caso, o objetivo principal é verificar o desempenho do artefato e o quanto ele consegue melhorar o sistema quando é agregado a ele.

Avaliação experimental

A terceira forma de avaliação proposta por Hevner et al. (2004) é a experimental, que pode ser feita por meio de experimentos controlados (em laboratório por exemplo) ou da simulação. A simulação pode ser feita tanto por computador como fisicamente, por meio de *mock-ups*, (modelos construídos em tamanho real) que visam a representar um ambiente real a fim de verificar e demonstrar o comportamento do artefato a ser avaliado.

Teste

A quarta forma de avaliação é o teste, que pode ser funcional (*black box*) ou estrutural (*white box*), ambos comumente utilizados quando se trata do desenvolvimento de artefatos na área de sistemas da informação, mas que podem ser facilmente adaptados para artefatos de outras áreas. O *white box* é um teste estrutural e se baseia na análise interna do *software*, isto é, ele avalia como o sistema processa internamente as entradas para gerar as saídas desejadas (Khan, 2011). Já o *black box* é um teste funcional que se ocupa de verificar se o sistema atende aos parâmetros desejados do ponto de vista do usuário (Khan, 2011). O usuário não precisa entender da estrutura interna do sistema, e sim da sua funcionalidade e utilidade.

Avaliação descritiva

A quinta forma de avaliação proposta por Hevner et al. (2004) é denominada descritiva e busca, essencialmente, demonstrar a utilidade do artefato desenvolvido. Para tanto, o pesquisador poderá fazer uso de argumentos existentes na literatura ou construir cenários para procurar demonstrar a utilidade do artefato em diferentes contextos.

Grupos focais: outra abordagem de avaliação

Ressaltamos que existem outras formas de avaliar os artefatos. É possível, por exemplo, avaliar os artefatos desenvolvidos por meio da técnica de grupo focal (*focus group*). Segundo Bruseberg e Mcdonagh-Philp (2002), essa técnica pode ser utilizada para apoiar tanto o desenvolvimento quanto a avaliação dos artefatos. Eles lembram que essa técnica foi aplicada na construção de *software* e avaliação de interfaces de *software*, por exemplo.

Os grupos focais garantem uma discussão mais profunda e colaborativa em relação aos artefatos desenvolvidos pela pesquisa. Podem ser combinados com outras técnicas para apoiar as discussões dos grupos interessados, facilitar a triangulação dos dados e auxiliar no surgimento de novas ideias a respeito de um determinado problema.

Os grupos focais auxiliam, ainda, na realização da análise crítica dos resultados obtidos durante a pesquisa e podem fazer surgir novas possibilidades de encontrar melhores soluções para os problemas em estudo. Tremblay, Hevner e Berndt (2010) propõem dois tipos de grupos focais que podem ser utilizados para a avaliação dos artefatos desenvolvidos pela *design science research*, que apresentamos no Quadro 3.4.

O grupo focal exploratório é o mais indicado para a avaliação do artefato – não apenas para sua avaliação final, mas também para as intermediárias, que podem, a partir dos resultados obtidos, gerar melhorias incrementais no artefato.

Estando o artefato adequado para ser testado em campo, e uma vez que isso seja necessário e/ou desejado, o grupo focal confirmatório parece ser o mais indicado, visto que, poderá confirmar a utilidade do artefato no campo de aplicação). Na Figura 3.19, representamos de maneira esquemática os conceitos aqui desenvolvidos sobre o uso de grupos focais.

TABELA 3.4

Tipos de grupos focais em *design science research*

Características	Grupo focal exploratório	Grupo focal confirmatório
Objetivo	Alcançar melhorias incrementais rápidas na criação de artefatos.	Demonstrar a utilidade dos artefatos desenvolvidos no campo de aplicação.
Papel do grupo focal	Fornecimento de informações que possam ser utilizadas para eventuais mudanças tanto no artefato como no roteiro do grupo focal. Refinamento do roteiro do grupo focal e identificação de constructos a serem utilizados em outros grupos.	O roteiro de entrevistas previamente definido para ser aplicado ao grupo de trabalho não deve ser modificado ao longo do tempo a fim de garantir a possibilidade de se fazer comparativos entre cada grupo focal participante.

Fonte: Adaptada de Tremblay, Hevner e Berndt (2010).

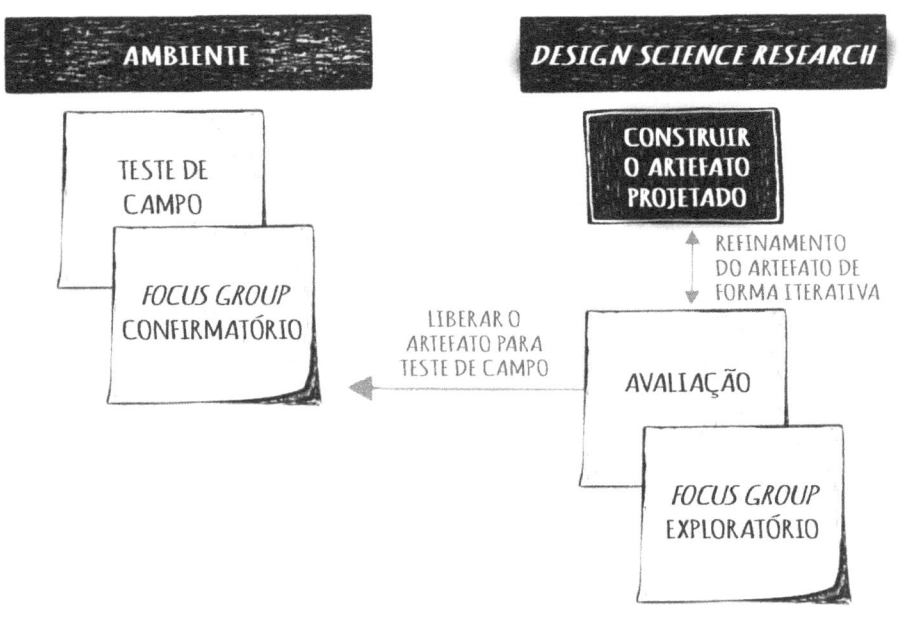

FIGURA 3.19

Grupo focal em *design science research*.
Fonte: Tremblay, Hevner e Berndt (2010, p. 603).

Considerações sobre a escolha do método de avaliação

A escolha do método de avaliação pode depender tanto do artefato desenvolvido quanto das exigências acerca da performance desse artefato. Por consequência, o método de avaliação deve estar alinhado diretamente ao artefato em si e à sua aplicabilidade. Uma avaliação rigorosa do artefato e dos resultados obtidos na pesquisa contribuirá para a robustez do trabalho, bem como para assegurar a confiabilidade de seus resultados.

Rigor não pressupõe o uso de métodos sofisticados. De fato, rigor implica cuidados para evitar que algo seja afirmado ou concluído sem que a pesquisa tenha condições de embasar. No caso da *design science research*, trata-se de evidenciar e justificar os procedimentos adotados para aumentar a confiabilidade do artefato e de seus resultados no que se refere a sua forma de aplicação.

☑ TERMOS-CHAVE

design science research, características da DRS, condução da DSR, artefatos e base do conhecimento, sete critérios fundamentais para a condução da DSR, importância da DSR, métodos formalizados para operacionalizar a DSR, *design cycle*, *design* (produto/processo), *kernel theories*, processo de circunscrição, desenvolvimento de teorias, teste de teorias, *design* reflexivo, prescrições (*design* propositions), instanciação, construção de teorias, *soft design science research*, *action design research*, validade da pesquisa.

PENSE CONOSCO

1. Pesquise na internet ou em livros, e veja se encontra outros métodos propostos por autores que procuraram formalizar as etapas da *design science research*.
2. De que outras maneiras poderiam ser realizadas as avaliações dos artefatos desenvolvidos pela *design science research*?
3. Qual a diferença entre *design science* e *design science research*? Explique.
4. O que é validade de uma pesquisa? E o que é validade pragmática?
5. Faça uma análise comparativa da *design science research* com outros métodos de pesquisa além dos que foram trazidos por este capítulo. Por exemplo: *survey*, modelagem, experimento, etc.
6. O significa "fundamento empírico"?
7. Dos métodos apresentados há algum que você considerou mais adequado? Por quê?
8. Você já identificou pesquisas que propõe novos métodos, heurísticas ou modelos? Que método de pesquisa foi utilizado?
9. Em relação a pergunta anterior, você observou que os cuidados necessários foram utilizados na condução da pesquisa? Essa pesquisa poderia ter sido conduzida utilizando a *design science research*?
10. Identifique 5 pesquisas que poderiam ser conduzidas utilizando a *design science research* e justifique.

REFERÊNCIAS

ALTURKI, A.; GABLE, G. G.; BANDARA, W. A design science research roadmap. desrist. In: INTERNATIONAL CONFERENCE ON SERVICE-ORIENTED PERSPECTIVES IN DESIGN SCIENCE RESEARCH, 6., 2011, Milwakee. *Proceedings...* Milwaukee: Springer, 2011.

BASKERVILLE, R.; PRIES-HEJE, J.; VENABLE, J. Soft design science methodology. In: INTERNATIONAL CONFERENCE ON SERVICE-ORIENTED PERSPECTIVES IN DESIGN SCIENCE RESEARCH, 4., 2009, Malvern. *Proceedings...* Malvern: ACM, 2009.

BRUSEBERG, A.; MCDONAGH-PHILP, D. Focus groups to support the industrial / product designer: a review based on current literature and designer's feedback. *Applied Ergonomics*, v. 33, p. 27-38, 2002.

BUNGE, M. *Epistemologia*. São Paulo: TA Queiroz, 1980.

COLE, R. et al. Being proactive : where action research meets design research. In: INTERNATIONAL CONFERENCE ON INFORMATION SYSTEMS, 26., 2005, Las Vegas. *Proceedings...* [S.l.: s.n.], 2005.

EEKELS, J.; ROOZENBURG, N. F. M. A methodological comparison of the structures of scientific research and engineering design: their similarities and differences. *Design Studies*, v. 12, n. 4, p. 197-203, 1991.

GREGOR, S.; JONES, D. The anatomy of a design theory. *Journal of the Association for Information Systems*, v. 8, n. 5, p. 312-335, 2007.

HEVNER, A. R. et al. Design science in information systems research. *MIS Quaterly*, v. 28, n. 1, p. 75-105, 2004.

KHAN, M. E. Different approaches to black box. *International Journal of Software Engineering & Applications*, v. 2, n. 4, p. 31-40, 2011.

LACERDA, D. P. et al. Design science research: a research method to production engineering. *Gestão & Produção*, v. 20, n. 4, p. 741-761, 2013.

MANSON, N. J. Is operations research really research? *ORiON*, v. 22, n. 2, p. 155-180, 2006.

MARCH, S. T.; STOREY, V. C. Design science in the information systems discipline: an introduction to the special issue on design science research. *MIS Quaterly*, v. 32, n. 4, p. 725-730, 2008.

MENTZER, J. T.; FLINT, D. J. Validity in logistics research. *Journal of Business Logistics*, v. 18, n. 1, p. 199-217, 1997.

NUNAMAKER, J. F.; CHEN, M.; PURDIN, T. D. M. Systems development in information systems research. *Jounal of Management Information Systems*, v. 7, n. 3, p. 89-106, 1991.

PEFFERS, K. et al. A design science research methodology for information systems research. *Journal of Management Information Systems*, v. 24, n. 3, p. 45-77, 2007.

ROMME, A. G. L. Making a difference: organization as design. *Organization Science*, v. 14, n. 5, p. 558-573, 2003.

SEIN, M. K. et al. Action design research. *MIS Quaterly*, v. 35, n. 1, p. 37-56, 2011.

TAKEDA, H. et al. Modeling design processes. *AI Magazine*, v. 11, n. 4, p. 37-48, 1990.

TREMBLAY, M. C.; HEVNER, A. R.; BERNDT, D. J. Focus groups for artifact refinement and evaluation in design research. *Communications of the Association for Information Systems*, v. 26, p. 599-618, 2010.

VAISHNAVI, V.; KUECHLER, W. Design research in information systems. [S.l.: s.n.], 2004. Disponível em: <http://desrist.org/design-research-in-information-systems>. Acesso em: 20 dez. 2011.

VAN AKEN, J. E. Management research based on the paradigm of the design sciences : the quest for field-tested and grounded technological rules. *Journal of Management Studies*, v. 41, n. 2, p. 219-246, 2004.

VAN AKEN, J. E.; BERENDS, H.; VAN DER BIJ, H. Problem solving in organizations. 2. ed. Cambridge: University Press Cambridge, 2012.

WALLS, J. G.; WYIDMEYER, G. R.; SAWY, O. A. E. Building an information system design theory for vigilant EIS. *Information Systems Research*, v. 3, n. 1, p. 36-59, 1992.

WOMACK, J. P.; JONES, D. J.; ROOS, D. *The machine that change the world: how japan's secret weapon in a general auto war will revolutionize western industry*: the story of lean production. New York: Harper Perennial, 1990.

LEITURAS RECOMENDADAS

BAYAZIT, N. Investigating design: a review of forty years of design research. *Massachusetts Institute of Technology*: design issues, v. 20, n. 1, p. 16-29, 2004.

ÇAĞDAŞ, V.; STUBKJÆR, E. Design research for cadastral systems. *Computers, Environment and Urban Systems*, v. 35, n. 1, p. 77-87, 2011.

CHAKRABARTI, A. A course for teaching design research methodology. *Artificial Intelligence for Engineering Design, Analysis and Manufacturing*, v. 24, n. 3, p. 317-334, 2010.

GERSZEWSKI, W.; SCALICE, R. K.; MARTINS, A. A. Utilização de mock-ups para mudanças de layout, um estudo de caso. In: SIMPÓSIO DE ENGENHARIA DE PRODUÇÃO, 16., 2009, Bauru. *Anais...* Bauru: [s.n.], 2009.

HEVNER, A. R.; CHATTERJEE, S. *Design research in information systems*: theory and practice. New York: Springer, 2010.

IIVARI, J.; VENABLE, J. Action research and design science research - seemingly similar but decisively dissimilar. In: EUROPEAN CONFERENCE IN INFORMATION SYSTEMS, 17., 2009, Verona. *Proceedings...* Verona: ECIS, 2009.

JÄRVINEN, P. Action research is similar to design science. *Quality & Quantity*, v. 41, n. 1, p. 37-54, 2007.

LE MOIGNE, J. L. *Le Constructivisme* – fondements. Paris: ESF, 1994.

MARCH, S. T.; SMITH, G. F. Design and natural science research on information technology. *Decision Support Systems*, v. 15, p. 251-266, 1995.

PRIES-HEJE, J.; BASKERVILLE, R. The design theory nexus. *MIS Quaterly*, v. 32, n. 4, p. 731-755, 2008.

VAN AKEN, J. E. Management research as a design science: articulating the research products of mode 2 knowledge production in management. *British Journal of Management*, v. 16, n. 1, p. 19-36, 2005.

VENABLE, J. R. The role of theory and theorising in design science research. In: INTERNATIONAL CONFERENCE ON DESIGN SCIENCE RESEARCH IN INFORMATION SYSTEMS AND TECHNOLOGY, 1., 2006, Claremont. *Proceedings...* Claremont: Claremont Graduate University, 2006. p. 1-18.

4
Classes de problemas e artefatos

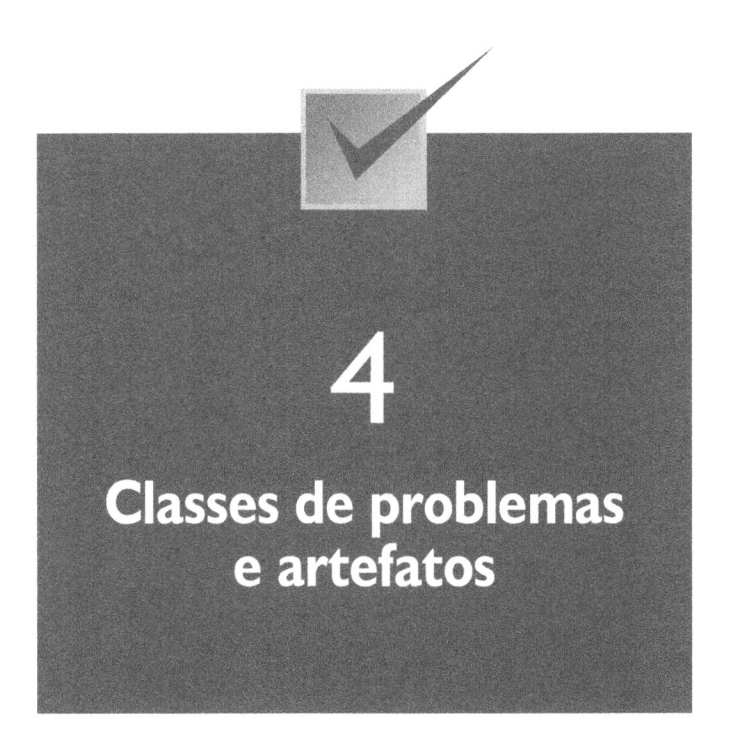

Um artefato pode ser considerado como um ponto de encontro – interface – entre um ambiente interno, a substância e organização do próprio artefato e um ambiente externo, [isto é], as condições em que o artefato funciona.

Herbert Alexander Simon, em *As ciências do artificial* (1981)

☑ OBJETIVOS DE APRENDIZAGEM
- Definir, conceituar e examinar classes de problemas comuns à área de gestão.
- Definir cada tipo de artefato, assim como as principais características que os distinguem.
- Relacionar os artefatos gerados a partir da *design science research* e o conceito de classe de problemas.
- Explicar a trajetória da pesquisa fundamentada na *design science*.

CLASSES DE PROBLEMAS

Como vimos nos capítulos anteriores, o conhecimento gerado a partir da *design science research* é passível de generalização e, consequentemente, pode ser enquadrado em uma determinada classe de casos (Van Aken, 2004), entendidos aqui como uma classe de problemas. As classes de problemas podem consistir em uma organização que orienta a trajetória do desenvolvimento do conhecimento no âmbito da *design science*. A própria natureza dos artefatos, como poderá ser observado neste capítulo, pode induzir à conformação de tais classes.

Não existe uma definição conceitual de classe de problemas. Herbert Simon, na obra que lançou as bases da *design science research*, por exemplo, não traz tal definição, embora apresente exemplos de classes de problemas. Uma discussão acerca da definição conceitual da classe de problemas — ou ao menos uma proposição para tal — parece central, afinal elas poderiam servir como uma alternativa, em vez de serem consideradas meras soluções predominantemente pontuais e específicas. Dessa forma, definimos **classe de problemas** como a *organização de um conjunto de problemas práticos ou teóricos que contenha artefatos úteis para a ação nas organizações*. Na Tabela 4.1, procuramos exemplificar esse conceito de classe de problemas, considerando a realidade da área de gestão de operações em especial.

As classes permitem que os artefatos e, por consequência, suas soluções não sejam apenas uma resposta pontual a certo problema em determinado contexto, mas que o conhecimento gerado em um contexto específico, quando generalizado, possa ser enquadrado em determinada classe de problemas para ser acessado por outros pesquisadores ou organizações que apresentem problemas similares. Isso vem ao encontro da afirmação de que "[...]

TABELA 4.1
Exemplos de classes de problemas e artefatos

Classe de problemas	Artefatos
Planejamento e controle da produção	Tambor-Pulmão-Corda (Goldratt, 1991)
	Kanban (Ohno, 1997)
	CONWIP (Spearman; Woodruff; Hopp, 1990)
Mensuração dos custos	Contabilidade de Ganhos (Goldratt, 1991)
	Custeio Baseado em Atividades (Cooper; Kaplan, 1988)
	Unidades de Esforço de Produção (Allora, 1985)
Alinhamento estratégico	Modelo de Labovitz e Rosansky (1997)
	Balanced Scorecard (Kaplan; Norton, 1992)
	Modelo de Hambrick e Cannella Junior (1989)
	Organizational Fitness Profiling (Beer; Eisenstat, 1996)
Mapeamento de processos	*Value Stream Map* (Rother; Shook, 1999)
	Mapeamento pelo Mecanismo da Função Produção (Shingo, 1996)
	Architecture of Integrated Information Systems ARIS (Scheer, 2005)
Análise de problemas e apoio à tomada de decisão	Processo de Pensamento (Goldratt, 2004)
	Pensamento Sistêmico e Planejamento de Cenários (Andrade et al., 2006)
	MIASP – Método para Identificação, Análise e Solução de Problemas (Kepner; Tregoe, 1980)
Gestão de projetos	Corrente Crítica (Goldratt, 1998)
	PERT/CPM

Fonte: Elaborada pelos autores com base em Lacerda et al. (2013).

a *design science* não se preocupa com a ação em si mesma, mas com o conhecimento que pode ser utilizado para projetar as soluções." (Van Aken, 2004, p. 226). O problema é que são poucos os autores que — mesmo utilizando a *design science research* como método de pesquisa — classificam os artefatos construídos ou avaliados em uma determinada classe de problemas. No entanto, é ela que delineará o alcance dos resultados alcançados pelo artefato e o parâmetro de comparação das soluções satisfatórias concorrentes.

Compreende-se que o problema real, e consequentemente os artefatos que geram soluções satisfatórias para ele, é sempre singular em seu contexto. Contudo, tanto os problemas quanto as soluções satisfatórias podem compartilhar características comuns que permitam uma organização do conhecimento de uma determinada classes de problemas, possibilitando, assim, a generalização e o avanço do conhecimento na área.

QUADRO 4.1

Classes de problemas em pesquisas de negócios

Veit (2013) organiza uma série de classe de problemas relacionadas ao conjunto de pesquisas associadas aos processos de negócios. Nesta construção, o autor inclusive detalha as classes de problemas relacionadas ao conhecimento do tipo 1 e àquelas relativas ao tipo 2 do conhecimento (assunto que abordamos nos capítulos anteriores). Veja abaixo alguns exemplos de classe de problemas relativas ao conhecimento do tipo 1 apresentados por Veit (2013):
- Modelagem e Melhoria de Processos
- Gestão de Processos
- Metodologias BPM
- Relação e Integração de Processos
- Implantação de Processos
- Automação e Padronização de Processos

E eis as classes de problemas relacionadas ao conhecimento do tipo 2 conforme Veit (2013):
- Implantação de Sistemas
- Relação com o Cliente e Serviços
- Indicadores e Medidas de Desempenho
- Sistemas de Informação
- Cadeia de Suprimento e Abastecimento
- Terceirização/*Outsourcing*
- Gestão do Conhecimento
- Organização da Produção
- Custos e Investimentos
- Fluxo e Gestão da Informação
- Gestão da Mudança
- Riscos
- Governança
- Melhores Práticas
- Cultura Organizacional
- Competências
- Motivação
- Inovação

Com a definição do conceito de classe de problemas proposta, há a possibilidade de tratamento de problemas teóricos, uma vez que um problema pode corresponder, inclusive, a formas de testar uma teoria na prática organizacional. Também fica aberta a possibilidade de formalizar artefatos existentes na prática de determinada organização e que necessitam de avaliações em outros ambientes. Esse aspecto nos permite, inclusive, utilizar os métodos tradicionais de pesquisa (estudo de caso, pesquisa-ação, modelagem, *survey*) para a formalização de artefatos existentes. Ou seja, esses métodos de pesquisa podem ser conduzidos a partir da lógica e das premissas da *design science*.

Construção de classes de problemas

É importante perceber que não existem classes de problemas já construídas. Assim, é necessário um esforço intelectual do pesquisador para construí-las e identificar os artefatos associados. Outro aspecto que necessitamos considerar é a amplitude das classes de problemas. Podemos ter classes de problemas abrangentes, como problemas e artefatos associados ao planejamento e controle da produção, e mais específicas, como mensuração de custos, conforme apresentamos na Tabela 4.1. Essa amplitude permite avaliar o alcance do artefato conduzido e o conjunto de outros artefatos a serem comparados.

Esses enquadramentos em termos de classes de problemas são semelhantes à aplicação de Sein et al. (2011), que consideram importante a definição de classes de problemas desde a concepção e até a generalização dos resultados da pesquisa, visando à aplicação da solução não apenas a um problema específico, mas a uma classe de problemas. Na Figura 4.1, propomos uma lógica para a construção de classes de problemas.

FIGURA 4.1

Lógica para construção das classes de problemas.
Fonte: Elaborada pelos autores com base em Lacerda et al. (2013).

A partir de um problema teórico ou prático identificado, é necessária uma conscientização acerca das repercussões de sua existência para a organização e de quais objetivos ou metas é necessário atingir para que o problema seja considerado satisfatoriamente resolvido. Esse procedimento consiste na *conscientização* e em uma circunspecção do problema.

Após a conscientização, precisamos fazer uma *revisão sistemática na literatura* a fim de estabelecer o quadro de soluções empíricas conhecidas até o momento e determinar qual teoria pode sustentar a compreensão do problema. A revisão da literatura também tem como objetivo *identificar os artefatos* capazes de oferecer soluções ao problema em questão. Uma vez identificados, torna-se possível *configurar e estruturar a classe de problemas* a que pertencem os artefatos. Esse procedimento é imprescindível, uma vez que são necessárias publicações que consolidem as classes de problemas, os artefatos testados e suas soluções, como na medicina baseada em evidências, por exemplo (Van Aken; Berends; Van der Bij, 2012; Huff; Tranfield; Van Aken, 2006). De fato, essa é uma lógica de construção das classes de problemas que recomendamos. Pode haver outras lógicas de construção. Fundamental é definir as fronteiras que delimitam os problemas a serem resolvidos (considerando o ambiente onde ocorrem), os artefatos existentes para a solução desses problemas e as soluções que estes artefatos apresentam. Esse recorte é central para avaliação do alcance do artefato, do conhecimento gerado e, por consequência, da generalização pretendida.

QUADRO 4.2

Gestão de competências como uma classe de problemas

Gerir competências exige especificar as competências necessárias a uma organização, identificar as competências faltantes, as fontes de competências e desenvolver competências por meio do treinamento de pessoal e montagem de equipes (Baladi, 1999). Executada corretamente, a gestão de competências garante que os funcionários tenham acesso às competências necessárias e ajudem a organização a alcançar seus objetivos. As organizações têm reconhecido a importância estratégica da TI para fornecer uma plataforma comum para as atividades de gestão de competências. No passado, as organizações contavam com aplicações de banco de dados, planilhas e documentos do Word para o gerenciamento de competências. Com o passar do tempo, sistemas de TI mais avançados passaram a responder eficazmente às necessidades das organizações para a prática da gestão de competências.

Como uma classe particular dos sistemas de informação, os sistemas de gestão de competências foram desenvolvidos para auxiliar a organização na gestão das competências desde o nível do indivíduo até o nível organizacional (Alavi; Leidner, 2001; Andreu; Ciborra, 1996; Davenport; Prusak, 1998; Hustad; Munkvold, 2005). Sua principal característica é o armazenamento das medições de competências dos membros da organização em estruturas de árvores hierárquicas. Os sistemas usam uma escala gradual para indicar o nível de habilidade para determinada competência. Com essa base de dados, o sistema facilita a procura por competências específicas e analisa as lacunas entre as competências existentes e as desejáveis. Esses sistemas são, portanto, concebidos para apoiar às organizações na gestão das suas competências de maneira estruturada e eficiente.

Extraído de: Sein et al. (2011).

ARTEFATOS

Como vimos no Capítulo 2, **artefato** pode ser entendido como algo que foi concebido pelo homem, ou seja, é algo artificial, segundo os conceitos defendidos por Simon. No entanto, embora os artefatos sejam considerados artificiais e, portanto, concebidos a partir dos fundamentos da *design science*, eles se submetem às leis naturais, regidas pelas ciências tradicionais.

Segundo Simon (1996), os artefatos em geral são discutidos, particularmente durante a concepção, tanto em termos imperativos como descritivos (Simon, 1996). Em **termos descritivos**, no que se refere à comunicação e detalhamento de seus principais componentes e informações, e em **termos imperativos**, no sentido de definir as questões normativas que envolvem sua construção e aplicação.

Simon também afirma que o cumprimento de um propósito — ou a adaptação a um objetivo — envolve uma relação entre o propósito, o caráter do artefato e o ambiente em que ele funciona (Simon, 1996). Dessa forma, um artefato pode ser considerado como um ponto de encontro, uma interface entre um ambiente interno (a substância e a organização do próprio artefato) e um ambiente externo, ou seja, as condições em que o artefato funciona. Pode ser entendido, portanto, como a *organização dos componentes do ambiente interno para atingir objetivos em um determinado ambiente externo,* como pode ser observado na Figura 4.2.

FIGURA 4.2

Caracterização do artefato.
Fonte: Lacerda et al. (2013).

☑ QUADRO 4.3

O ambiente como matriz

Observemos mais detalhadamente o aspecto funcional e premeditado dos objetos artificiais. O cumprimento de um propósito, ou adaptação a um objetivo, envolve um relação de três termos: o propósito ou objetivo, o caráter do artefato e o ambiente em que ele funciona. Pensando em um relógio em termos de objetivos, podemos usar a definição "um relógio serve para dizer as horas". Se focarmos a nossa atenção no relógio em si, podemos descrevê-lo em termos da organização de engrenagens.

No entanto, podemos também pensar nos relógios em relação ao lugar onde são usados. Os quadrantes solares funcionam como relógios em climas ensolarados – são mais úteis em Phoenix do que em Boston, e completamente inúteis durante o inverno Ártico. Realizar um relógio que, submetido ao balanço e ao jogo dum navio, indicasse as horas com precisão suficiente para determinar a longitude, foi uma das grandes aventuras da ciência e da tecnologia do século XVIII. Para funcionar nesse ambiente exigente, o relógio teve de ser dotado de muitas propriedades delicadas, algumas das quais seriam total ou parcialmente irrelevantes para o funcionamento do relógio de um marinheiro de água doce. As ciências naturais se ocupam dos artefatos por meio de dois dos três termos que os caracterizam: a **estrutura** do próprio artefato e o **ambiente** em que funciona. O fato de um relógio dizer ou não as horas depende da sua construção interna e do local onde será usado. Uma faca pode cortar ou não, dependendo do material de que a lâmina é feita e de como é utilizada.

Trecho adaptado de: Simon (1981, p. 28-29).

Processo de desenvolvimento de artefatos

Gill e Hevner (2011, p. 238) definem artefatos como "[...] uma representação simbólica ou uma instanciação física dos conceitos de *design*.". Para eles, o processo de *design* é constituído por várias camadas fortemente relacionadas às características e propriedades dos artefatos que estão sendo desenvolvidos. Na Figura 4.3, representamos as camadas do processo de desenvolvimento do artefato.

ESPAÇO DO *DESIGN*
REQUISITOS E POSSÍVEIS SOLUÇÕES PARA O PROBLEMA

CAMADAS DO ARTEFATO EM CONSTRUÇÃO
- VIABILIDADE DO ARTEFATO
- UTILIDADE DO ARTEFATO
- REPRESENTAÇÃO DO ARTEFATO
- CONSTRUÇÃO DO ARTEFATO

USO DO ARTEFATO
- INSTANCIAÇÃO PILOTO DO ARTEFATO
- LIBERAÇÃO DO ARTEFATO PARA A INSTANCIAÇÃO

FIGURA 4.3

Camadas do processo de desenvolvimento do artefato.
Fonte: Gill e Hevner (2011, p. 238).

A primeira camada do processo de desenvolvimento do artefato é chamada de **espaço do *design***. É nessa primeira camada que está o conjunto de possíveis soluções para o problema, ou seja, os possíveis artefatos a serem desenvolvidos, bem como os requisitos para seu bom funcionamento. O pesquisador verifica o que existe e o que ainda não existe acerca do problema que está estudando, bem como em relação ao artefato que pretende desenvolver.

Podemos relacionar o conceito de espaço do *design* com os conceitos previamente estabelecidos de classe de problemas. Por isso, antes de iniciar o projeto ou desenvolvimento de um artefato, é necessário consultar o que existe a respeito dele em uma determinada classe de problemas. Assim é possível assegurar maior assertividade do pesquisador no momento de propor os artefatos que podem solucionar determinada situação-problema.

Uma vez que a solução possível é escolhida, o pesquisador passa ao **desenvolvimento do artefato**, que corresponde à segunda camada e é composta por quatro subcamadas: viabilidade, utilidade, representação e construção do artefato.

Apresentar a *viabilidade do artefato* visa assegurar que o que está sendo proposto será passível de implementação, considerando-se todos os requisitos necessários para isso. Já definir sua *utilidade* significa demonstrar seus benefícios para os usuários e a razão pela qual ele será desenvolvido em vez de outro. A *representação do artefato*, que pode ser gráfica ou por meio de um algoritmo, dentre outras maneiras, tem o objetivo de determinar qual é o formato mais adequado para comunicar os conceitos do artefato para os usuários. Por fim, a *construção do artefato* poderá guiar os usuários para a posterior implementação deste no contexto real.

A última camada do processo de desenvolvimento se ocupa do **uso do artefato** e visa prepará-lo para sua implementação e uso no ambiente real. Essa camada está subdividida em instanciação piloto do artefato e liberação do artefato para instanciação. A partir do piloto, é possível retornar às camadas iniciais para aprimorar o artefato antes de liberá-lo para instanciação.

Tipos de artefatos

Uma vez definidos os conceitos centrais acerca dos artefatos, pode-se tipificá-los, ainda que não exista uma uniformidade de conceitos em relação aos tipos de artefatos (produtos) gerados a partir da aplicação da *design science research*. Na Tabela 4.2, apresentamos uma síntese dos principais autores que tipificaram os artefatos e procuramos agrupar os artefatos por classe, segundo sua similaridade.

Neste capítulo, consideraremos a classificação dos artefatos inicialmente proposta por March e Smith (1995): constructo, modelo, método e instanciação. O quinto tipo de artefato são as teorias fundamentadas na *design science* (Cole et al., 2005; Gregor; Jones, 2007; Venable, 2006; Walls; Wyidmeyer; Sawy, 1992). Os termos utilizados para caracterizar as teorias fundamentadas em *design* são diversos, como *design theory*, regras tecnológicas, regras de projeto, *design propositions*, entre outros, não havendo uma uniformização da linguagem nesse campo (Van Aken, 2011; Gregor, 2009; Venable, 2006). Neste livro, utilizaremos *design propositions*. A representação dos artefatos e seus tipos que são produtos da *design science research* podem ser visualizados na Figura 4.4.

TABELA 4.2
Produtos da *design science research*

Autor	Produtos da *design science research*				
Nunamaker, Chen e Purdin (1991)	–	–	–	Software	Construção de teorias
Walls, Wyidmeyer e Sawy (1992)	–	–	–	–	Teorias do *design*
March e Smith (1995)	Constructo	Modelo	Método	Instanciação	-
Purao (2002)	Princípios operacionais	–	–	Artefato	Teoria emergente
Van Aken (2004)	–	–	–	–	Conhecimento em *design*
Venable (2006)	Parte de uma solução tecnológica	Parte de uma solução tecnológica	Parte de uma solução tecnológica	Sistema de base computacional	Teorias do *design*
Gregor e Jones (2007)	Componente de uma teoria do Design	Componente de uma teoria do Design	Componente de uma teoria do Design	Componente de uma teoria do Design	Teorias do *design*

Fonte: Alturki, Gable e Bandara (2011, p. 117).

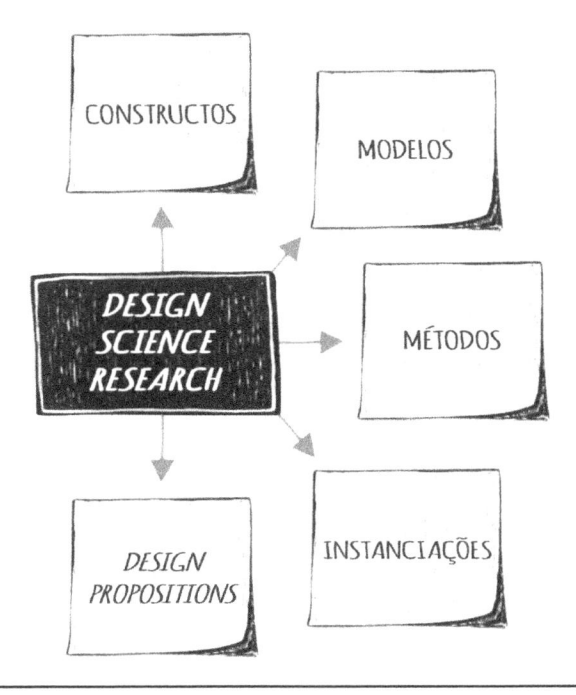

FIGURA 4.4

Produtos da *design science research* (artefatos).

Constructos

O primeiro tipo de artefato, segundo a classificação de March e Smith (1995), são os **constructos**, também chamados de elementos conceituais, os quais podem ser entendidos, no contexto da *design science research*, como o vocabulário de um domínio. São os conceitos usados para descrever os problemas dentro do domínio e para especificar as respectivas soluções. De acordo com esses autores, conceituações são importantes para o avanço da ciência, seja ela tradicional ou *design science*. Além disso, "[...] os constructos definem os termos usados para descrever e pensar sobre as tarefas." (March; Smith, 1995, p. 256), podendo ser valiosos tanto para os profissionais quanto para os pesquisadores. Podemos entender a própria linguagem e também os números como um artefato.

☑ QUADRO 4.4

Números

Matemáticos como L. Kronecker, há mais de um século já se interrogavam sobre a origem dos números: seriam os números oriundos da natureza ou artefatos construídos pelo homem? (Le Moigne, 1994). Certamente os números se referem a um artefato concebido pelo homem. Sabe-se, inclusive, que os números surgiram a partir das necessidades práticas do homem. Essas necessidades estavam ligadas principalmente à contagem de objetos e animais. Os números não foram inventados de uma hora para outra; trata-se de um artefato que foi sofrendo uma série de modificações desde a pré-história, evoluindo no sentido de aproximar-se de um resultado mais satisfatório do ponto de vista de sua aplicação.

Saiba mais em: Ifrah (2005).

Modelos

Os **modelos** podem ser entendidos, segundo March e Smith (1995), como um conjunto de proposições ou declarações que expressam as relações entre os constructos. São considerados representações da realidade que apresentam tanto as variáveis de determinado sistema como suas relações. Um modelo pode também ser considerado uma descrição, isto é, uma representação de como as coisas são. Portanto, as relações entre os elementos do modelo precisam ser claramente definidas.

Na *design science*, a principal preocupação acerca dos modelos está na sua utilidade, e não na aderência de sua representação da verdade. Não obstante, embora um modelo possa ser impreciso sobre os detalhes da realidade, ele precisa ter condições de capturar a estrutura geral da realidade, buscando assegurar sua utilidade.

Métodos

O terceiro tipo de artefato proposto por March e Smith (1995) são os **métodos**, um conjunto de passos necessários para desempenhar determinada tarefa. Podem ser representados graficamente ou encapsulados em heurísticas e algoritmos específicos.

Os métodos podem estar ligados aos modelos, e as etapas do método podem utilizar partes do modelo como uma entrada que o compõe. Os métodos favorecem sobremaneira tanto a construção quanto a representação das necessidades de melhoria de um determinado sistema. Além disso, favorecem a transformação dos sistemas em busca de sua melhoria. Os métodos são criações típicas das pesquisas fundamentadas em *design science*.

Instanciações

As **instanciações** são o quarto tipo de artefato proposto por March e Smith (1995), definidas por eles como a execução do artefato em seu ambiente. As instanciações são os artefatos que operacionalizam outros artefatos (constructos, modelos e métodos). A operacionalização visa também demonstrar a viabilidade e a eficácia dos artefatos construídos.

As instanciações informam como implementar ou utilizar determinado artefato e seus possíveis resultados no ambiente real. Elas podem se referir a um determinado artefato ou à articulação de diversos artefatos para a produção de um resultado em um contexto. A partir dessa lógica, é possível afirmar que o artefato instanciação consiste em um conjunto coerente de regras que orientam a utilização dos artefatos (constructos, modelos e métodos) em um determinado ambiente real, que compreende desde as fronteiras da organização ou da indústria onde se encontra até os contornos da realidade econômica na qual a organização está inserida. Logo, a instanciação pode ter um papel particularmente relevante, pois orienta a utilização de outros artefatos considerando múltiplos fatores (economia, cultura organizacional e regional, contexto competitivo, histórico da organização), assim como o tempo/prazo para implementação da solução.

Design propositions

O quinto e último tipo de artefato se refere às contribuições teóricas que podem ser feitas por meio da aplicação da *design science research (design propositions)*. As **design propositions** correspondem a um *template* genérico que pode ser utilizado para o desenvolvimento de soluções para uma determinada classe de problemas (Van Aken, 2011). Devemos esclarecer que, nesse contexto, a contribuições teóricas ocorrem, sobretudo, no âmbito da *design science*.

Dessa forma, o artefato que for uma contribuição teórica originária da *design science research* é apresentado como a generalização de uma solução para uma determinada classe de problemas, tornando-se um conhecimento que poder ser aplicado para diversas situações similares, desde que consideradas suas particularidades.

Para ilustrar uma *design proposition*, apresentamos, na Figura 4.5, um exemplo apontado por Van Aken (2004) e conhecido na área de gestão. Esse exemplo é baseado nos conceitos do **processo de focalização** (Goldratt; Cox,1993), que propõe que os sistemas sejam geridos a partir das restrições, a fim de alcançar a meta desejada pela empresa.

Citando outro exemplo de Van Aken (2004), mais genérico, uma *design proposition* poderia ser descrita da seguinte forma: se você quer atingir Y (objetivo ou problema a ser solucionado), em uma situação Z (ambiente externo, contexto), então você deverá utilizar X (artefato, considerando sua organização interna e suas contingências).

QUADRO 4.5

Processo de focalização

O processo de focalização constitui uma regra geral consolidada na literatura que pode ser generalizada para qualquer sistema que tenha como objetivo aumentar os seus ganhos. Portanto, um artefato construído que procure transformar entradas (*inputs*) em saídas (*outputs/outcomes*) pode se orientar pelo processo de focalização da teoria das restrições, por exemplo.

Logo, utilizando como exemplo uma empresa cuja capacidade produtiva atual é menor do que a demanda do mercado, verifica-se que ela está deixando de ganhar dinheiro por não estar utilizando de forma adequada sua restrição. Nesse contexto, Cox III e Schleier Junior (2010) recomendam que a empresa siga os seguinte passos:

- Identificar sua restrição
- Explorar a restrição
- Subordinar os demais recursos à restrição
- Elevar a restrição
- Não deixar a inércia tomar conta do sistema

PROBLEMA

- AMBIENTE
  DEMANDA > CAPACIDADE
- EMPRESA
  CAPACIDADE < DEMANDA MERCADO

SOLUÇÃO

5 PASSOS:
- IDENTIFICAR A RESTRIÇÃO
- EXPLORAR A RESTRIÇÃO
- SUBORDINAR OS DEMAIS RECURSOS À RESTRIÇÃO
- ELEVAR A RESTRIÇÃO
- NÃO DEIXAR A INÉRCIA TOMAR CONTA DO SISTEMA

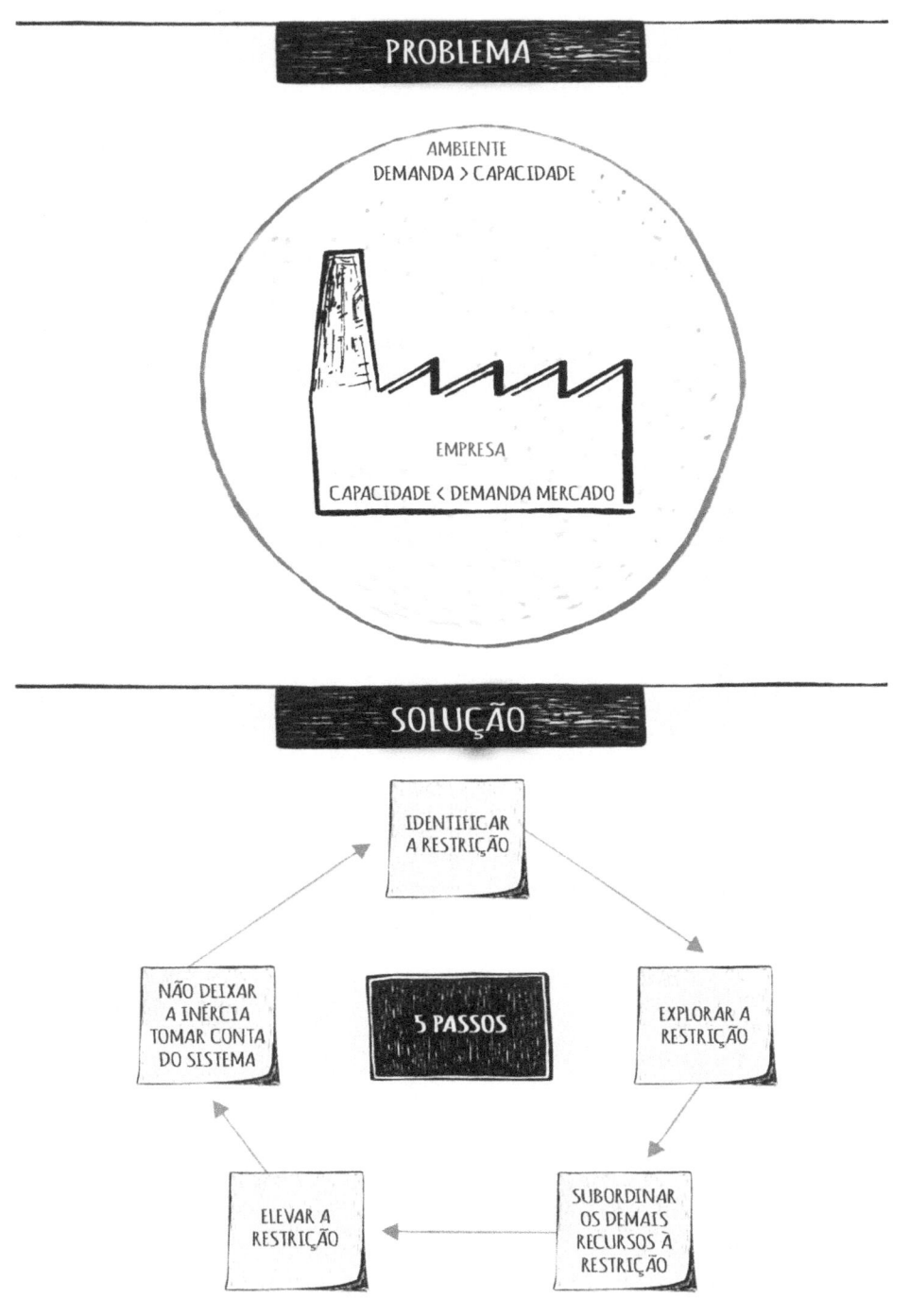

FIGURA 4.5

Exemplo de *design proposition*.
Fonte: Elaborada pelos autores com base em Van Aken (2004).

Fases do desenvolvimento de teorias

Destacamos que o desenvolvimento de teorias no âmbito da *design science*, segundo Holmström, Ketokivi e Hameri (2009), pode ser dividido em quatro fases, conforme demonstramos na Figura 4.6. Essas fases apresentam o processo de construção de uma teoria desde a sua origem (nova ideia) até a fase de testar as ideias, transformando-as em teorias mais simplificadas e, por fim, em teorias formais.

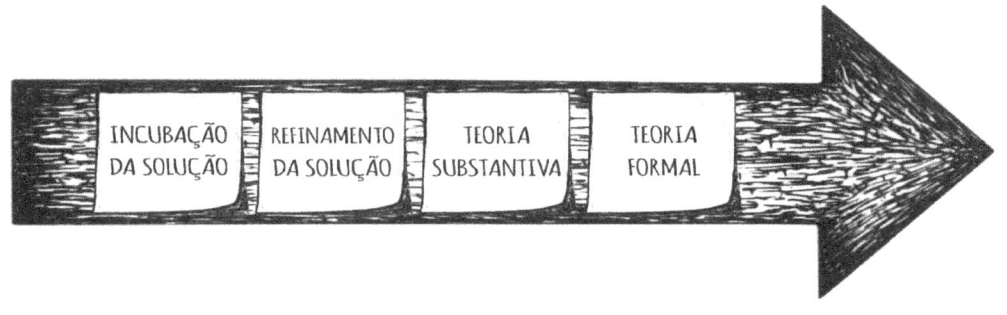

FIGURA 4.6

Fases para desenvolvimento de teorias.
Fonte: Elaborada pelos autores com base em Holmström, Ketokivi e Hameri (2009).

1ª fase — **Incubação da solução:** tem como objetivo central materializar *frameworks* que representem, da maneira mais adequada possível, o problema que está sendo estudado. Além disso, segundo Holmström, Ketokivi e Hameri (2009), a partir de um *framework*, o pesquisador terá condições de sugerir possíveis soluções para o problema em questão, as quais, uma vez formalizadas, podem permitir a sua implementação como piloto.

2ª fase — **Refinamento da solução:** é o momento em que as soluções desenvolvidas anteriormente são testadas em um ambiente real, a fim de verificar se a solução proposta pelo pesquisador é de fato é de resolver o problema. Essas duas primeiras fases que sustentam a construção de uma teoria costumam ocorrer até mesmo no âmbito das organizações. Destacamos que os profissionais das organizações costumam contribuir somente nessas duas primeiras fases, mas essa contribuição, *per se*, não é considerada uma contribuição reconhecidamente científica.

3ª fase — **Teoria substantiva ou *Mid-range theories*:** busca relevância, não apenas prática, mas também acadêmica, para o conhecimento gerado nas fases 1 e 2. Essa fase compreende atividades como a avaliação do artefato sob a ótica da teoria e não da prática.

As *mid-range theories* são dependentes do contexto em que as soluções foram desenvolvidas, portanto não podem ser consideradas teorias gerais. Isto é, as *mid-range theories* não pretendem generalizar soluções para todos os contextos, mas generalizar conceitos teóricos que, de certa forma, possam contribuir com a temática de um determinado programa de pesquisa.

Portanto, é fundamental que os limites de aplicação/utilização do artefato ou da solução desenvolvida nas fases 1 e 2 estejam bem delineados, pois a teoria não funcionará necessariamente da mesma forma em todos os contextos. Aliás, de acordo com Holmström, Ketokivi e Hameri (2009), o objetivo das *mid-range theories* é desenvolver uma compreensão mais profunda de uma teoria em um contexto de aplicação específico.

4ª fase — Teorias formais: ocupa-se do desenvolvimento de teorias que podem ser empregadas independentemente do contexto, diferenciando-se, portanto, das *mid-range theories*. Nesse último tipo de teoria, a contribuição científica é mais importante do que a relevância prática. Além disso, as teorias formais costumam ser passíveis de generalização.

Síntese

É fundamental salientar ainda que, mais importante do que enquadrar o artefato em desenvolvimento, é verificar se ele atende aos elementos fundamentais que caracterizam um artefato. O ambiente externo para o qual o artefato foi projetado deve estar caracterizado, e as características mais importantes devem ser consideradas. Segundo, explicar o objetivo ou resultado que o artefato pretende atingir no ambiente externo para o qual foi projetado. Terceiro, demonstrar que a solução que o artefato entrega é superior, em um ou mais critérios (por exemplo, tempo, custo, confiabilidade, etc.) a outros artefatos, caso existam. Por fim, justificar os mecanismos internos que compõem o artefato. Essa é a essência de um artefato. Utilizar as classificações nos ajuda a melhor compreender o que estamos desenvolvendo. Contudo, essas classificações não podem limitar as possibilidades de criação dos artefatos.

A seguir abordaremos a lógica existente entre os artefatos expostos neste capítulo, bem como uma possível trajetória da pesquisa que utiliza a *design science research* como método.

TRAJETÓRIA PARA O DESENVOLVIMENTO DA PESQUISA EM *DESIGN SCIENCE*

Na Figura 4.7, demonstramos a relação existente entre o conceito de classes de problemas e os artefatos gerados pela *design science research*. Trata-se de representação sobre a dinâmica na condução das pesquisas baseadas na *design science,* em geral, a partir da *design science research*, em particular.

A trajetória da pesquisa fundamentada na *design science* tem quatro etapas principais, e as duas primeiras ocorrem durante a condução da *design science research*. A primeira delas é a de projeto e desenvolvimento de artefatos e a segunda, a de avaliação, na qual pode ocorrer também a experimentação ou a implementação dos artefatos previamente projetados e desenvolvidos. Essas duas etapas podem resultar em artefatos do tipo constructo, modelo, método e instanciações (vistos anteriormente).

No momento em que o pesquisador faz o projeto e o desenvolvimento de artefatos, ele tem condições de definir as **heurísticas de construção** do artefato em questão, isto é, ele define quais são os requisitos necessários para o funcionamento adequado do ambiente interno do artefato, com vistas ao ambiente externo. Para isso, são expostos os mecanismos internos e sua organização, tendo em vista qual o efeito desejado no ambiente natural ou externo. Além disso, as heurísticas de construção geram um conhecimento específico que, futuramente, poderá ser utilizado para o projeto de novos artefatos ou para as melhorias no artefato construído.

Na etapa de implementação ou experimentação dos artefatos é possível formalizar as **heurísticas contingenciais**. Esse conhecimento é fundamental, pois explicita os limites do artefato, quais são suas condições de utilização e em que situações ele será útil. A formalização das heurísticas contingenciais caracteriza o ambiente externo do artefato, ou seja, o contexto em que ele poderá ser utilizado, seus limites de atuação, etc. O conhecimento gerado nessa etapa poderá ser utilizado para o projeto e construção de novos artefatos ou ainda para o reprojeto do artefato caso as contingências ambientais se alterem.

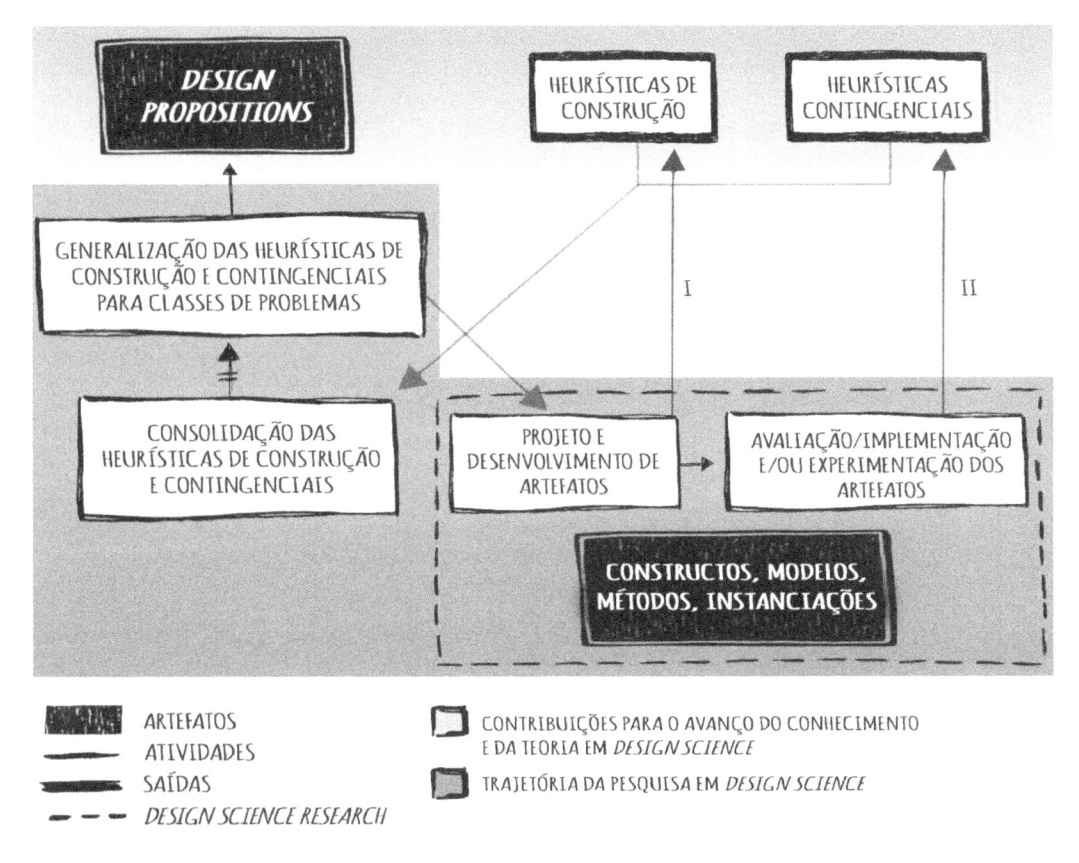

FIGURA 4.7

Classes de problemas, artefatos e a trajetória da pesquisa fundamentada na *design science*.

Tanto as heurísticas de construção quanto as contingenciais, uma vez consolidadas, necessitam ser generalizadas para uma determinada classe de problemas. Ressaltamos que a consolidação e a generalização não são etapas estanques na trajetória da pesquisa. Pelo contrário, elas são dinâmicas e devem ocorrer ao longo do tempo. Elas podem seguir a lógica da Figura 4.6, especialmente os passos 3 e 4.

Uma vez que existe a generalização das heurísticas para uma determinada classe de problemas, o conhecimento consolidado pode ser utilizado pelos pesquisadores no momento de projetar e desenvolver um novo artefato. As classes de problemas, por sua vez, organizarão tanto os artefatos desenvolvidos como o conhecimento acerca deles, que abrange desde a organização interna do artefato (heurísticas de construção) até suas características de aplicabilidade e limites de sua utilização no ambiente externo (heurísticas contingenciais).

Depois de formalizada a generalização das heurísticas para a classe de problemas correspondente, podemos definir as *design propositions*, o quinto tipo de artefato que apresentamos neste capítulo. Esse artefato contribui sobremaneira para o avanço do conhecimento em *design science*, seja no âmbito acadêmico, seja no contexto organizacional. As *design propositions* se diferenciam dos outros quatro artefatos por seu resultado e sua construção serem mais gerais e estáveis.

Uma *design proposition* precisa ser construída e verificada ao longo do tempo e não em uma situação específica, pois resulta de uma saturação das heurísticas de construção e contingenciais que surgem no momento de projetar e/ou implementar artefatos (constructos, modelos, métodos, instanciações). De fato, as *design propositions* podem orientar/balizar o desenvolvimento de artefatos em uma classe de problemas.

Devemos ressaltar a razão da nossa escolha pelo termo "heurística" para representarmos essas contribuições da *design science* para o avanço do conhecimento. Segundo Koen (2003), a heurística é caracterizada por quatro elementos:

- ✓ A heurística não garante uma solução ótima.
- ✓ Uma heurística pode contradizer outra heurística.
- ✓ Uma heurística reduz o tempo necessário para solucionar um problema.
- ✓ Sua aceitação depende mais do contexto em que está inserida do que de um parâmetro geral.

Além disso, Koen (2003) afirma que a atuação do engenheiro está fortemente relacionada ao uso de heurísticas, para causar a mudança e melhorar o desempenho de um sistema ou de uma organização.

A validade de uma heurística está condicionada à sua utilidade, ou seja, é preciso que ela funcione de forma adequada no contexto para o qual foi desenhada. Outro ponto interessante acerca das heurísticas é que elas "[...] não morrem, elas simplesmente caem em desuso." (Koen, 2003, p. 33). Isso significa que uma heurística não substitui outra por um confronto direto (como ocorre entre teorias nas ciências tradicionais, por exemplo). Uma heurística somente é substituída quando aparece outra que assegure um melhor resultado do que a primeira em um determinado contexto. Como podemos perceber, os conceitos expostos por Koen (2003) no que se refere às heurísticas estão fortemente relacionados ao que apresentamos neste livro em relação à aplicação de fundamentos da *design science* para a pesquisa orientada à solução de problemas.

> **☑ TERMOS-CHAVE**
>
> classe de problemas, artefato, termos descritivos, termos imperativos, estrutura, ambiente, espaço do *design*, desenvolvimento do artefato, uso do artefato, constructos, modelos, métodos, instanciações, *design propositions*, processo de focalização, heurísticas de construção, heurísticas contingenciais.

PENSE CONOSCO

1. Na sua área de estudo, quais seriam possíveis classes de problemas e artefatos comumente utilizados?
2. Qual é a importância da identificação das classes de problemas e dos artefatos existentes para a condução da *design science research*?
3. Busque outras definições de heurística e exemplifique. Ao exemplificar uma heurística, verifique se ela atende aos quatro elementos apresentados.
4. Em relação ao artefato modelo, exemplifique modelos que foram úteis para a sociedade.

5. Pesquise mais sobre as *mid-range theories*. Você surpreenderá sobre o que é e suas possibilidades.
6. Liste 12 ferramentas em sua área de atuação, tente agrupá-las em função dos problemas a que se propõem resolver.
7. Busque alguma dissertação ou tese (http://bancodeteses.capes.gov.br/) que propôs algum método ou modelo e analise-a a partir dos conceitos apresentados nesse capítulo.

REFERÊNCIAS

ALLORA, F. *Engenharia de custos técnicos*. Blumenau: FURB, 1985.

ALAVI, M.; LEIDNER, D. E. Knowledge management and knowledge management systems: conceptual foundations and research issues. *MIS Quarterly*, v. 25, n. 1, p. 107-136, 2001.

ALTURKI, A.; GABLE, G. G.; BANDARA, W. A design science research roadmap. In: INTERNATIONAL CONFERENCE ON DESIGN SCIENCE RESEARCH IN INFORMATION SYSTEMS AND TECHNOLOGY, 6., 2011, Milwakee. *Proceedings...* Milwakee: Springer, 2011.

ANDRADE, L. A. et al. *Pensamento sistêmico:* caderno de campo. Porto Alegre: Bookman, 2006.

ANDREU, R.; CIBORRA, C. Organizational learning and core capabilities development: the role of IT. *Journal of Strategic Information Systems*, v. 5, p. 111-127, 1996.

BALADI, P. Knowledge and competence management: Ericsson business consulting. *Business Strategy Review*, v. 10, n. 4, p. 20-28, 1999.

BEER, M.; EISENSTAT, R. Developing an organization capable of implementing strategy and learning. *Human Relations*, v. 49, n. 5, p. 597-619, 1996.

COLE, R. et al. Being proactive: where action research meets design research. In: INTERNATIONAL CONFERENCE ON INFORMATION SYSTEMS, 26., 2005, Las Vegas. *Proceedings...* Las Vegas: [s.n.], 2005.

COOPER, R.; KAPLAN, R. S. Measure costs right: make the right decisions. *Harvard Business Review*, n. 9, p. 96-104, 1988.

COX III, J. F.; SCHLEIER JUNIOR, J. G. *Theory of constraints handbook*. New York: McGraw-Hill, 2010.

DAVENPORT, T. H.; PRUSAK, L. *Working knowledge:* how organizations manage what they know. Boston: Harvard Business School Press, 1998.

GILL, T. G.; HEVNER, A. R. A fitness-utility model for design science researchservice-oriented perspectives in design science research. In: INTERNATIONAL CONFERENCE ON DESIGN SCIENCE RESEARCH IN INFORMATION SYSTEMS AND TECHNOLOGY, 6., 2011, Milwakee. *Proceedings...* Milwakee: Springer, 2011.

GOLDRATT, E. M. *A síndrome do palheiro:* garimpando informações num oceano de dados. São Paulo: Fulmann, 1991.

GOLDRATT, E. M. *Corrente crítica*. São Paulo: Nobel, 1998.

GOLDRATT, E. M. *Não é sorte:* a aplicação do processo de raciocínio da teoria das restrições. São Paulo: Nobel, 2004.

GOLDRATT, E. M.; COX, J. *A meta:* um processo de aprimoramento contínuo. São Paulo: Educator, 1993.

GREGOR, S. Building theory in the sciences of the artificial. In: INTERNATIONAL CONFERENCE ON DESIGN SCIENCE RESEARCH IN INFORMATION SYSTEMS AND TECHNOLOGY, 4., 2009, New York. *Proceedings...* New York: ACM, 2009.

GREGOR, S.; JONES, D. The anatomy of a design theory. *Journal of the Association for Information Systems*, v. 8, n. 5, p. 312-335, 2007.

HAMBRICK, D.; CANNELLA JUNIOR, A. A. Strategy implementation as substance and selling. *Academy of Management Executive*, v. 3, n. 4, p. 278-285, 1989.

HOLMSTRÖM, J.; KETOKIVI, M.; HAMERI, A. P. Bridging practice and theory : a design science approach. *Decision Sciences,* v. 40, n. 1, p. 65-88, 2009.

HUFF, A.; TRANFIELD, D.; VAN AKEN, J. E. Management as a design science. *Journal of Management Inquiry,* v. 15, n. 4, p. 413-424, 2006.

HUSTAD, E.; MUNKVOLD, B. E. IT-supported competence management: a case study at Ericsson. *Information Systems Management,* v. 22, n. 2, p. 78-88, 2005.

IFRAH, G. *Os números*: história de uma grande invenção. 11. ed. São Paulo: Globo, 2005.

KAPLAN, R.; NORTON, D. P. The balanced scorecard: measures that drive performance. *Harvard Business Review,* v. 70, n. 1, p. 71-86, 1992.

KEPNER, C. H.; TREGOE, B. B. *O administrador racional:* uma abordagem sistemática à solução de problemas e tomada de decisão. 2. ed. São Paulo: Atlas, 1980.

KOEN, B. V. *Discussion of the method:* conducting the engineer's approach to problem solving. New York: Oxford University Press, 2003.

LABOVITZ, G.; ROSANSKY, V. *The power of alignment*: how great companies stay centered and accomplish extraordinary things. EUA: John Wiley e Sons, 1997.

LACERDA, D. P. et al. Design science research: a research method to production engineering. *Gestão & Produção,* v. 20, n. 4, p. 741-761, 2013.

LE MOIGNE, J. L. *Le Constructivisme:* fondements. Paris: ESF, 1994.

MARCH, S. T.; SMITH, G. F. Design and natural science research on information technology. *Decision Support Systems,* v. 15, p. 251-266, 1995.

NUNAMAKER, J. F.; CHEN, M.; PURDIN, T. D. M. Systems development in information systems research. *Jounal of Management Information Systems,* v. 7, n. 3, p. 89-106, 1991.

OHNO, T. *O Sistema Toyota de produção:* além da produção em larga escala. Porto Alegre: Bookman, 1997.

PURAO, S. *Design research in the technology of information systems*: truth or dare. Atlanta: [s.n.], 2002.

ROTHER, M.; SHOOK, J. *Aprendendo a enxergar.* São Paulo: Lean Institute Brasil, 1999.

SCHEER, A. *Methods Aris 7.0.* Saarbrücken: IDS Scheer AG, 2005.

SEIN, M. K. et al. Action design research. *MIS Quaterly,* v. 35, n. 1, p. 37-56, 2011.

SHINGO, S. *O Sistema Toyota de produção*: do ponto de vista da engenharia de produção. Porto Alegre: Bookman, 1996.

SIMON, H. A. *As ciências do artificial.* [Coimbra: Almedina], 1981.

SIMON, H. A. *The sciences of the artificial.* 3th ed. Cambridge: MIT Press, 1996.

SPEARMAN, M. L.; WOODRUFF, D. L.; HOPP, W. J. CONWIP – a pull alternative to KANBAN. *International Journal of Production Research,* v. 28, n. 5, p. 879-894, 1990.

VAN AKEN, J. E. Management research based on the paradigm of the design sciences: the quest for field-tested and grounded technological rules. *Journal of Management Studies,* v. 41, n. 2, p. 219-246, 2004.

VAN AKEN, J. E. *The research design for design science research in management.* Eindhoven: [s.n.], 2011.

VAN AKEN, J. E.; BERENDS, H.; VAN DER BIJ, H. *Problem solving in organizations.* 2. ed. Cambridge: University Press Cambridge, 2012.

VEIT, D. R. *Em direção a produção de conhecimento modo 2:* análise e proposição de um framework para pesquisa em processos de negócios. 2013. 113 f. Dissertação (Mestrado em Engenharia de Produção e Sistemas) – Universidade do Vale do Rio dos Sinos, São Leopoldo, 2013.

VENABLE, J. R. The role of theory and theorising in design science research. In: INTERNATIONAL CONFERENCE ON DESIGN SCIENCE RESEARCH IN INFORMATION SYSTEMS AND TECHNOLOGY, 1., 2006, Claremont. *Proceedings...* Claremont: Claremont Graduate University, 2006. p. 1-18.

WALLS, J. G.; WYIDMEYER, G. R.; SAWY, O. A. E. Building an information system design theory for vigilant EIS. *Information Systems Research,* p. 36-60, 1992.

LEITURAS RECOMENDADAS

OHNO, T. *Toyota production system:* beyond large-scale production. New York: Productivity, 1988.

SHINGO, S. *A study of the Toyota production system from an industrial engineering viewpoint.* New York: Productivity, 1989.

5
Proposta para a condução de pesquisas utilizando a *design science research*

Histórica e tradicionalmente, tem sido tarefa das disciplinas científicas ensinar a respeito das coisas naturais: como elas são e como elas funcionam. E tem sido tarefa das escolas de engenharia ensinar sobre o que é artificial: como construir artefatos que tenham as propriedades desejadas e como projetar.

Herbert Alexander Simon, em *As ciências do artificial* (1981)

☑ OBJETIVOS DE APRENDIZAGEM

- Apresentar métodos e recomendações de pesquisa para a condução da *design science research*.
- Elaborar atividades de apoio que possam gerar resultados confiáveis e relevantes para a pesquisa.
- Analisar resultados por meio de técnicas e ferramentas adequadas para a resolução do problema e posterior documentação em um protocolo de pesquisa.

A *design science* é, sem dúvida, uma abordagem que pode orientar pesquisas que se destinam a projetar ou desenvolver algo novo, uma vez que a *design science* tem como foco causar a mudança, criando artefatos e gerando soluções para problemas existentes.

A proposição desse método não exclui como úteis os demais métodos de pesquisa. Ao contrário, o objetivo é justamente ampliar o portfólio de métodos disponíveis para as pesquisas em áreas como a gestão, por exemplo, evitando enquadramentos metodológicos inadequados ou impróprios para o objeto que se deseja estudar. Na verdade, com a proposição desse método de pesquisa, buscamos sintetizar e ampliar algumas questões consideradas importantes para a condução de pesquisas científicas.

Neste capítulo, propomos um método para condução da design science research. Apresentaremos, ainda, recomendações para pesquisadores que desejam utilizar esse método de pesquisa para a condução de suas investigações. Para a construção da proposta, consideramos as atividades que podem apoiar a condução de uma pesquisa capaz de gerar resultados confiáveis e relevantes. Destacamos que esse método de pesquisa pode ser aplicado a outras áreas além da gestão, que tenham como objetivo o projeto e a construção de artefatos ou, ainda, a prescrição de soluções.

CONTEXTUALIZAÇÃO PARA A PROPOSIÇÃO DO MÉTODO

Para desenvolver uma pesquisa em áreas como gestão, engenharia, arquitetura e *design*, muitas vezes é necessário o envolvimento do pesquisador com o contexto estudado. Essa interação contribui para o desenvolvimento de um conhecimento útil e aplicável, considerando máquinas, equipamentos e até os recursos humanos da organização. Ademais, pensar de forma transdisciplinar é necessário, pois os problemas reais não necessariamente respeitam as disciplinas. A produção do conhecimento que ocorre nesse contexto, portanto, é do tipo 2, apresentado por Gibbons et al. (1994) e discutido nos capítulos anteriores.

Além da forma de produção do conhecimento ser diferenciada, o objetivo da pesquisa e o conhecimento gerado, por consequência, também costumam ser distintos. Muitas vezes uma pesquisa realizada no contexto das áreas citadas anteriormente não se ocupa somente em explorar, descrever ou explicar o problema – ela se ocupa também em desenvolver propostas para solucioná-lo. Assim, o resultado esperado para uma pesquisa pode ser *prescrever uma solução* ou *projetar um artefato*. Tais objetivos não podem ser atingidos quando são aplicados os métodos de pesquisa fundamentados nas ciências tradicionais.

Não obstante, com vimos nos capítulos anteriores, qualquer pesquisa científica, independentemente do seu objetivo, também precisa evidenciar sua relevância prática (validade pragmática). Logicamente, como apontamos, o rigor da pesquisa também precisa ser mantido, garantindo que os resultados obtidos sejam confiáveis, verdadeiros e, especialmente na *design science research*, úteis. Sabemos, ainda, que os métodos de pesquisa tradicionais apresentam algumas limitações quando se trata de estudar o projeto ou a criação de algo novo. Por isso, neste capítulo nos ocuparemos essencialmente da proposta de um método para a condução da *design science research*. Essa proposta está fundamentada nos conceitos da *design science* que explicitamos.

ETAPAS PROPOSTAS PARA A CONDUÇÃO DE PESQUISAS UTILIZANDO A *DESIGN SCIENCE RESEARCH*

Para fundamentar o método de pesquisa descrito a seguir, consideramos as propostas de condução da *design science research* de diversos outros autores, apresentadas no Capítulo 3.

O método proposto, ilustrado na Figura 5.1, é composto por 12 passos principais. As setas contínuas indicam a ordem direta para realização de cada um dos passos. Com as setas tracejadas representamos os possíveis *feedbacks* que podem ocorrer entre as etapas e ao longo da execução do método.

CAPÍTULO 5 PROPOSTA PARA A CONDUÇÃO DE PESQUISAS UTILIZANDO A DESIGN SCIENCE RESEARCH

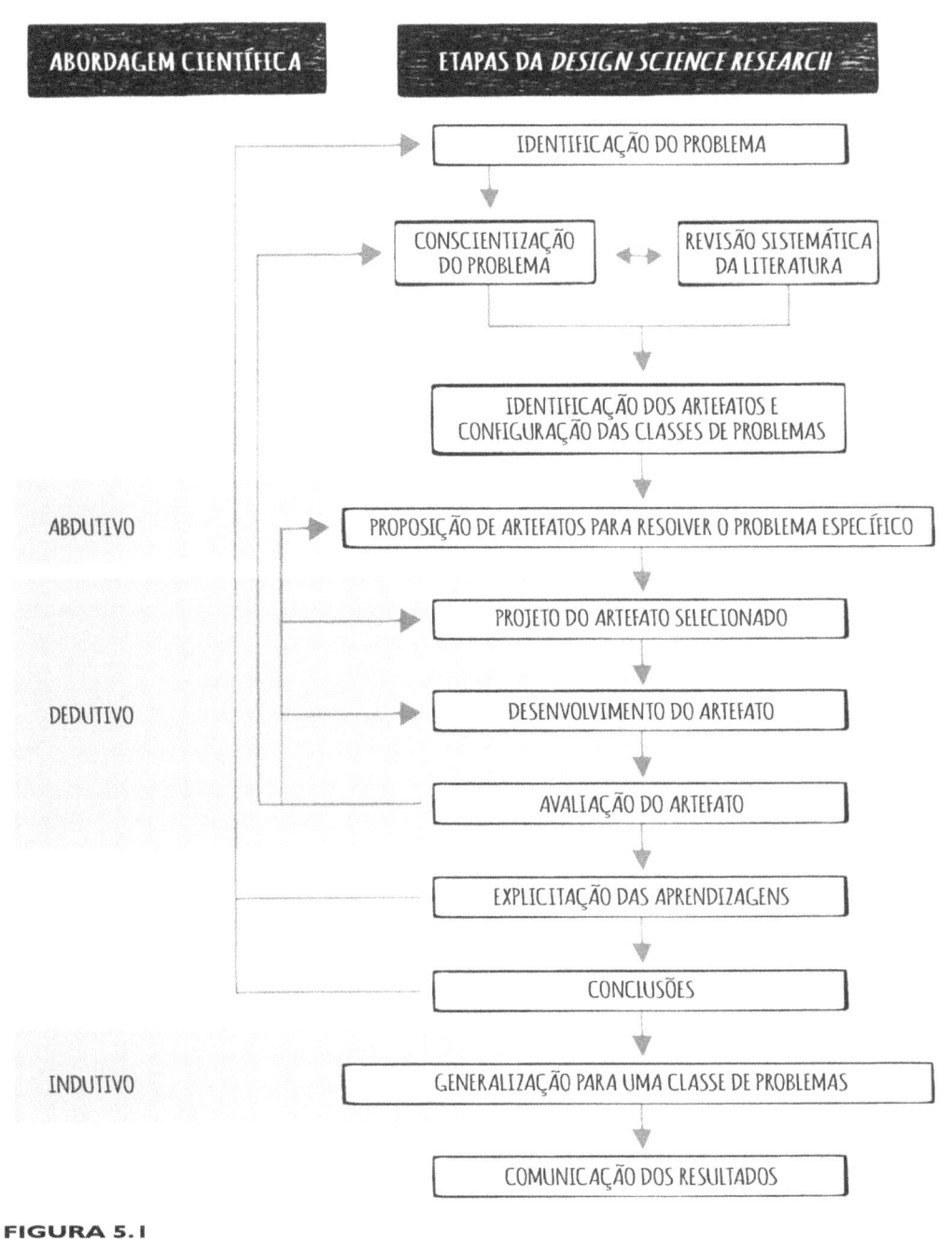

ABORDAGEM CIENTÍFICA	ETAPAS DA *DESIGN SCIENCE RESEARCH*
	IDENTIFICAÇÃO DO PROBLEMA
	CONSCIENTIZAÇÃO DO PROBLEMA ↔ REVISÃO SISTEMÁTICA DA LITERATURA
	IDENTIFICAÇÃO DOS ARTEFATOS E CONFIGURAÇÃO DAS CLASSES DE PROBLEMAS
ABDUTIVO	PROPOSIÇÃO DE ARTEFATOS PARA RESOLVER O PROBLEMA ESPECÍFICO
	PROJETO DO ARTEFATO SELECIONADO
DEDUTIVO	DESENVOLVIMENTO DO ARTEFATO
	AVALIAÇÃO DO ARTEFATO
	EXPLICITAÇÃO DAS APRENDIZAGENS
	CONCLUSÕES
INDUTIVO	GENERALIZAÇÃO PARA UMA CLASSE DE PROBLEMAS
	COMUNICAÇÃO DOS RESULTADOS

FIGURA 5.1

Método proposto para condução da *design science research*.

Identificação do problema

A exemplo de métodos propostos por outros pesquisadores, nossa sugestão de condução da *design science research* também apresenta uma primeira etapa que se ocupa da *identificação do problema* a ser estudado. O problema a ser investigado por meio da *design science research* surge, principalmente, do interesse do pesquisador em estudar uma nova ou interessante informação, encontrar resposta para uma questão importante, ou a solução para um problema prático ou para uma classe de problemas.

No momento da identificação do problema, o pesquisador precisa justificar a importância de estudá-lo. Identificado e justificado em termos de relevância, é necessário que o problema seja compreendido e definido clara e objetivamente, sendo a saída dessa etapa a questão de pesquisa formalizada.

Conscientização do problema

A segunda etapa do método ocupa-se da *conscientização do problema*. Na palavras de Simon, seria um esforço de compreensão do problema. É nessa etapa que o pesquisador deve buscar o máximo de informações possíveis, assegurando a completa compreensão de suas facetas, causas e contexto. Além disso, precisam ser consideradas as funcionalidades do artefato, a performance esperada, bem como seus requisitos de funcionamento.

Durante a conscientização da problemática a ser estudada, o pesquisador poderá valer-se de diferentes abordagens. Romme (2003) propõe, por exemplo, o pensamento sistêmico, mais especificamente a estrutura sistêmica. Ela apresenta relações do tipo efeito-causa-efeito, que podem estar relacionadas entre si e interagir de maneira proporcional, ou inversamente proporcional, causando efeitos balanceadores ou reforçadores (Andrade et al., 2006).

☑ QUADRO 5.1

Estrutura sistêmica

De acordo com Senge (1990), a **estrutura sistêmica** é uma representação que mostra os fatores existentes no sistema, mas, acima de tudo, evidencia as inter-relações existentes e contribui para a identificação dos fatores que mais influenciam o comportamento desse sistema ao longo do tempo. A partir do momento em que as causas são conhecidas, o entendimento acerca do problema pode ficar mais simples.

A estrutura sistêmica pode apoiar no melhor entendimento do problema, uma vez que contribuiu para a identificação das relações de causa e efeito de diferentes variáveis que contemplam o problema que está sendo estudado. Veja a seguir um exemplo de estrutura sistêmica que busca representar e, também, compreender o problema relativo à competitividade na cadeia automotiva.

A leitura da estrutura sistêmica pode ser feita da seguinte maneira: i) linhas contínuas representam relação de causa e efeito direta; ii) linhas pontilhadas representam relações inversas. Na figura a seguir, percebe-se que, quanto maior a capacidade da região/empresas, menor o risco; quanto menor o risco, maior a oferta de crédito; quanto maior a oferta de crédito, maior a variabilidade de novos empreendedores, etc.

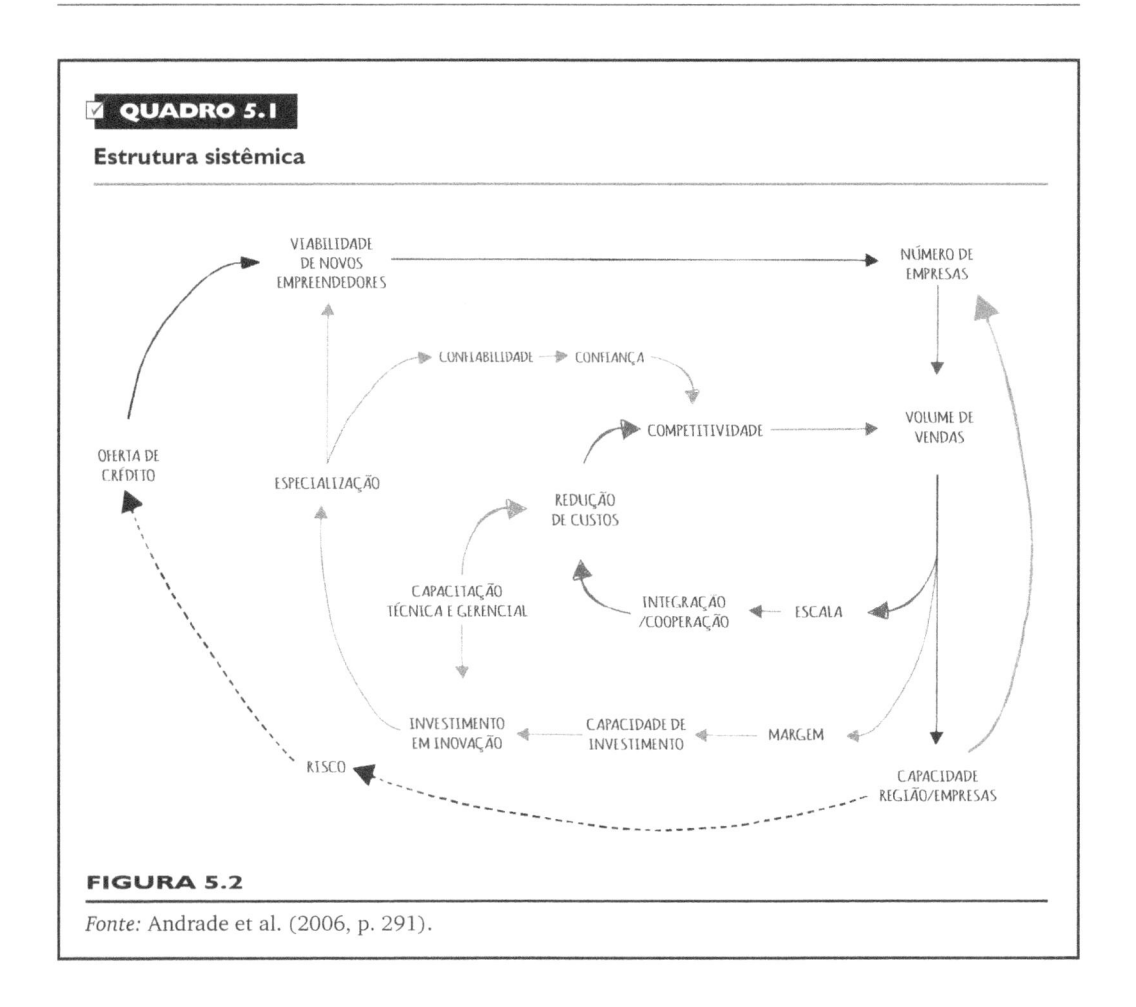

> **QUADRO 5.1**
>
> **Estrutura sistêmica**
>
> [Diagrama de estrutura sistêmica com os seguintes elementos interligados: Viabilidade de novos empreendedores, Número de empresas, Confiabilidade, Confiança, Competitividade, Volume de vendas, Oferta de crédito, Especialização, Redução de custos, Capacitação técnica e gerencial, Integração/Cooperação, Escala, Investimento em inovação, Capacidade de investimento, Margem, Capacidade região/empresas, Risco.]
>
> **FIGURA 5.2**
>
> *Fonte:* Andrade et al. (2006, p. 291).

> **QUADRO 5.2**
>
> **Teoria das restrições**
>
> Outra abordagem que se mostra adequada para a melhor conscientização do problema é a **teoria das restrições** (*theory of constraints* – TOC). Inicialmente proposta por Goldratt em 1990 e, posteriormente, detalhada em seu livro *It's not luck* (Goldratt, 1994), ela parte do pressuposto que é possível localizar problemas e suas causas-raízes a partir da aplicação de diversas ferramentas.

Vale destacar que a principal saída da etapa de conscientização é a formalização das faces do problema a ser solucionado, considerando, inclusive, suas fronteiras (ambiente externo). Além disso, para garantir uma adequada etapa de conscientização do problema, o pesquisador precisa compreender e formalizar os requisitos necessários para que o artefato seja capaz de solucionar o problema.

Revisão sistemática da literatura

Na fase de conscientização, é importante que o pesquisador faça uma consulta às bases de conhecimento, por meio de uma *revisão sistemática da literatura* (saiba mais no próximo capítulo). É importante salientar que as bases correspondem tanto ao conhecimento gerado a partir das ciências tradicionais quanto àquele fundamentado na *design science*.

Consultar as bases das ciências tradicionais constitui uma ação importante, pois o artefato que será construído sempre irá se submeter às leis das ciências naturais e sociais (Simon, 1996). Logo, consultar somente o conhecimento desenvolvido sob o paradigma da *design science* não será suficiente para garantir que o artefato atinja a performance esperada.

Segundo Gregor e Jones (2007), considerar o conhecimento existente, independentemente do tipo de ciência que o gerou, auxilia o pesquisador a explicar a importância de se construir um artefato e por que ele irá funcionar. Assim, é fundamental realizar a revisão sistemática da literatura, pois ela permite que o pesquisador faça uso de um conhecimento existente e consulte outros estudos com foco no mesmo problema ou em problemas similares ao dele. A revisão sistemática da literatura se mostra adequada ao objetivo dessa etapa por ser um método que permite ao pesquisador ter acesso a boa parte do conhecimento necessário para o desenvolvimento de seu artefato e a consequente resolução do problema.

Esses passos iniciais poderiam ser chamados de **definição do problema**. Para uma definição adequada, pode ser necessária, ainda, a entrevista com especialistas e profissionais. Definir da maneira mais clara e objetiva possível contribuirá para todo o restante da pesquisa. Além disso, subsidiará tanto a condução quanto construção das conclusões do estudo que estamos empreendendo.

Investir tempo e esforço nessas etapas iniciais do método que propomos ajudará no melhor entendimento, enquadramento e definição do problema, de seu contexto e de suas fronteiras. A definição do problema não pode ser negligenciada. Dependendo de como enquadramos e definimos o problema diferentes soluções podem ser consideradas adequadas. É preciso visualizar a situação com amplitude e foco. Por um lado, a amplitude nos ajudará a melhor compreender as inter-relações do problema em análise e o ponto que devemos focar para que nossa pesquisa seja mais relevante. Por outro lado, o foco nos permitirá compreender o problema enquadrado de maneira profunda o que permitirá uma resolução mais confiável. Além disso, o foco nos fornecerá o rumo para o qual a pesquisa deve ser conduzida.

Identificação dos artefatos e configuração das classes de problemas

A quarta etapa do método aqui proposto é denominada *identificação dos artefatos e configuração das classes de problemas*. Embora não tenha sido explicada claramente por outros autores, essa etapa pode ter relação com alguns elementos propostos nos métodos de Baskerville, Pries-Heje e Venable (2009) e Walls, Wyidmeyer e Sawy (1992).

A revisão sistemática da literatura, realizada na etapa anterior, apoiará o pesquisador na atividade de evidenciar, caso existam, artefatos e classes de problemas relacionados ao que ele está tentando resolver. É possível, contudo, que o pesquisador se depare com um artefato pronto e ideal, que atenda plenamente às suas necessidades para solucionar o problema. Nesse caso, sua pesquisa poderá continuar na medida em que o novo artefato traga melhores soluções em comparação aos existentes.

Caso exista uma classe de problemas estruturada *a priori*, o pesquisador buscará compreendê-la e aos artefatos pertencentes a esse grupo. Identificar artefatos desenvolvidos para resolver problemas similares permite que o pesquisador faça uso das boas práticas e lições adquiridas e construídas por outros estudiosos. Também é uma forma de assegurar que a pesquisa que está sendo desenvolvida oferece uma contribuição relevante para uma determinada classe de problemas. De fato, a configuração da classe de problemas definirá o alcance das contribuições do artefato. Também nesse ponto, a melhor definição possível do problema auxiliará.

Além disso, identificar artefatos existentes (constructos, modelos, métodos, instanciações ou *design propositions*) pode auxiliar o pesquisador a ser mais assertivo em suas propostas de desenvolvimento de novos artefatos. É também nesse momento que o pesquisador começa a compreender e definir as soluções que poderão ser consideradas satisfatórias no que diz respeito ao desempenho do artefato.

QUADRO 5.3

Lazzarotti (2014) se apoiou na revisão sistemática da literatura para identificar artefatos genéricos similares ao que ele desejava desenvolver. Os artefatos genéricos encontrados o auxiliaram a ser mais assertivo na proposição, no projeto e no desenvolvimento do novo artefato.

Nessa pesquisa, o objetivo de Lazzarotti (2014) era propor um modelo para priorização de projetos para a indústria petroquímica. No quadro abaixo, apresentamos os principais artefatos identificados por Lazzarotti (2014) que o apoiaram na construção deste novo modelo.

	Archer e Ghasemzadeh (1999)	Cooper, Edgett e Kleinschmidt (2000)	Rabechini, Maximiliano e Martins (2005)	Nourpanah et al. (2011)
Frases emblemáticas	O grupo de projetos de uma mesma gerência competirá entre si pelos mesmos recursos humanos, financeiros e outros.	Seleção de projetos é mais do que fazer os projetos certos, é otimizar o mix de projetos que a empresa faz, tornando-a mais competitiva.	As críticas aos modelos para gerenciamento de projetos enfatizam que eles não estão conectados com a realidade, são teóricos e difíceis de serem colocados em prática.	Os melhores projetos não surgem dentro das organizações, mas sim do lado de fora e são focados no cliente.
Alinhamento estratégico	Para a correta seleção de projetos, deve-se obter informações tanto do contexto interno quanto do externo da empresa e não somente as informações de caráter financeiro/econômico.	Os processos selecionados no final do processo devem refletir obrigatoriamente a estratégia de negócio da empresa.	Deve-se delinear um contexto estratégico por meio das análises do ambiente interno e externo para que os decisores possam avaliar os projetos corretamente, conforme critérios previamente definidos.	Devem ser definidos critérios quantitativos e qualitativos de acordo com os objetivos estratégicos da organização.

(continua)

QUADRO 5.3 *(continuação)*

	Archer e Ghasemzadeh (1999)	Cooper, Edgett e Kleinschmidt (2000)	Rabechini, Maximiliano e Martins (2005)	Nourpanah et al. (2011)
Seleção de projetos	Ao avaliar fatores em comum, facilita-se uma comparação equitativa dos projetos. Além disso, projetos fracos devem ser eliminados na pré-seleção.	Devem-se buscar grandes projetos de modo que a soma de seus retornos financeiros garantam à empresa alcançar suas metas financeiras ou, no mínimo, manter posição de competitividade.	Para selecionar corretamente, deve-se reunir de forma coerente e consistente todas as iniciativas da organização com o máximo de informações.	Devem-se listar todos os possíveis projetos com o maior número de informações possíveis.
Avaliação de projetos	O processo de seleção de projetos deve ser organizado em um determinado número de fases, permitindo aos decisores uma lógica integrada de avaliação.	Deve-se estabelecer um balanceamento entre projetos de curto e longo prazo ou os de alto contra os de menor risco, executando o número certo de projetos de forma a garantir um equilíbrio dos recursos facilitando sua execução.	Devem ser efetuadas rodadas de avaliação, em que os decisores classificam os projetos de acordo com dois "filtros": o filtro tático (analisa a efetividade do projeto) e o filtro estratégico (se preocupa com o alinhamento do projeto e com a organização).	Os decisores devem ser selecionados em caráter multidisciplinar e, após a seleção deles, devem ser definidos os critérios e os pesos de acordo com o padrão de importância de cada critério.

Saiba mais em: Lazzarotti (2014).

Proposição de artefatos para resolução do problema

Identificados os artefatos, estruturadas as classes de problemas e formalizadas as soluções satisfatórias, o pesquisador poderá iniciar a quinta etapa da design science research, que é a proposição de artefatos para resolver determinado problema. Outros métodos para condução da design science research também apresentam essa etapa, como, por exemplo, os métodos propostos por Alturki, Gable e Bandara (2011), Baskerville, Pries-Heje e Venable (2009), Bunge (1980), Eekels e Roozenburg (1991), Manson (2006), Takeda et al. (1990), Vaishnavi e Kuechler (2004), Walls, Wyidmeyer e Sawy (1992).

Essa etapa é necessária, pois a identificação de classes de problemas e de artefatos desenvolvidos tratava da visualização de possíveis artefatos genéricos para resolver um problema genérico. No entanto, mesmo tais soluções, quando consolidadas, precisam ser adaptadas à realidade em estudo. Dessa forma, o pesquisador irá propor os artefatos, considerando essencialmente a sua realidade, o contexto de atuação, a sua viabilidade, etc.

Também é nessa etapa que o investigador raciocina sobre a situação atual na qual ocorre o problema e sobre as possíveis soluções para alterar e melhorar a situação presente. Destacamos que o objetivo é encontrar soluções satisfatórias para o problema (Simon, 1996), as quais começaram a ser delineadas e compreendidas ainda na etapa anterior.

O processo de proposição de artefatos é essencialmente criativo (não entraremos na discussão sobre criatividade e suas origens), por isso o raciocínio *abdutivo*, conceituado anteriormente, mostra-se adequado a essa etapa. Além da criatividade, o pesquisador usará seus conhecimentos prévios, com o intuito de propor soluções robustas que possam ser utilizadas para a melhoria da situação atual.

Projeto do artefato

Depois que as propostas de artefatos foram devidamente formalizadas, a sexta etapa da *design science research* pode ser iniciada. Essa etapa, também abordada por Van Aken, Berends e Van der Bij (2012), Alturki, Gable e Bandara (2011), Nunamaker, Chen e Purdin (1991), Peffers et al. (2007), trata do *projeto do artefato selecionado*, ou seja, de uma série de artefatos propostos anteriormente, sendo que um precisa ser selecionado e projetado para percorrer as etapas seguintes do método.

No projeto do artefato, consideramos as características internas e o contexto em que irá operar. Componentes, relações internas de funcionamento, limites e relações com o ambiente externo não podem ser esquecidos. Essas características começaram a ser delineadas na etapa da conscientização do problema. No projeto do artefato, o pesquisador precisa avaliar as soluções formalizadas na etapa anterior que são satisfatórias para o problema em estudo.

É importante para o projeto do artefato selecionado que o pesquisador descreva todos os procedimentos de construção e avaliação do artefato. Ainda nessa etapa, deve ser informado o desempenho esperado, que vai garantir uma solução satisfatória para o problema. Tais questões são essenciais, inclusive, para a garantia do rigor da pesquisa, permitindo que possa ser replicada e confirmada posteriormente por outros pesquisadores.

Desenvolvimento do artefato

Concluído o projeto, tem início a etapa seguinte, a de *desenvolvimento do artefato*. Os autores que propõem um método para condução da *design science research* sugerem uma etapa que se ocupe do desenvolvimento do artefato. Na sua construção, podem ser utilizadas diferentes abordagens, como algoritmos computacionais, representações gráficas, protótipos, maquetes, etc. É nessa ocasião que o pesquisador constrói o ambiente interno do artefato (Simon, 1996).

É necessário frisar que, quando falamos em desenvolvimento, não estamos nos referindo única e exclusivamente ao desenvolvimento de produtos. A *design science research* pode servir para esse fim, mas tem um objetivo mais amplo: gerar conhecimento que seja aplicável e útil para a solução de problemas, melhoria de sistemas existentes e criação de novas soluções e/ou artefatos (Venable, 2006).

Ao fim dessa etapa, o pesquisador encontra duas saídas principais. A primeira é o artefato em seu estado funcional, e a segunda, a heurística de construção, que pode ser formalizada a partir do desenvolvimento do artefato. Lembramos que a heurística de construção, proveniente do desenvolvimento de artefatos, é uma das contribuições da *design science* para o avanço do conhecimento.

Avaliação do artefato

Na etapa seguinte, de *avaliação do artefato*, o investigador vai observar e medir o comportando do artefato na solução do problema. É nesse momento que os requisitos definidos na conscientização do problema precisam ser revistos e, posteriormente, comparados com os resultados apresentados, em busca do grau de aderência a essas métricas.

A avaliação pode ser conduzida em um ambiente experimental ou em um contexto real, de diferentes maneiras (algumas delas foram detalhadas no Capítulo 3). No entanto, o artefato do tipo instanciação precisa ser obrigatoriamente aplicado e analisado no ambiente real. Para isso, elementos de outros métodos de pesquisa, como a pesquisa-ação, por exemplo, poderão ser utilizados, uma vez que, muito provavelmente, haverá a necessidade de interação entre o pesquisador, os usuários e as pessoas da organização na qual o artefato está sendo instanciado.

As saídas resultantes da etapa de avaliação são o artefato devidamente avaliado e a formalização das heurísticas contingenciais, por meio das quais o pesquisador poderá explicitar os limites do artefato e suas condições de utilização, ou seja, a relação do artefato com o ambiente externo em que irá atuar, o qual foi especificado durante a conscientização do problema.

Contudo, o artefato poderá não atingir os requisitos desejados para sua aplicação. Nesses casos, o pesquisador verificará em quais etapas podem ter ocorrido falhas. Uma vez identificada a etapa em que ocorreu a falha, é recomendado que a pesquisa seja reiniciada na etapa em questão.

Ressaltamos que tanto as etapas de projeto e desenvolvimento como a de avaliação do artefato podem ser conduzidas utilizando-se uma lógica dedutiva. Dessa forma, o pesquisador parte do conhecimento existente para propor as soluções para a realização do artefato.

QUADRO 5.4

Miranda (2012) aplicou a *design science research* para condução da sua pesquisa que tinha como objetivo a construção de um artefato (modelo) que pudesse apoiar alunos de graduação a tomarem as melhores decisões acerca da sequência de matrícula em disciplinas futuras.

Na etapa de avaliação do artefato desenvolvido, Miranda (2012) utilizou diferentes ferramentas. Em um primeiro momento foi feita a avaliação por meio da simulação com dados fictícios. No segundo momento, foi realizado o teste funcional (*Black Box*). Por fim, também foram aplicados questionários junto à possíveis usuários do modelo (alunos), a fim de verificar a sua aplicabilidade e capacidade de solucionar os problemas relativos à matrícula dos alunos na graduação.

Saiba mais em: Miranda (2012).

Explicitação das aprendizagens e conclusão

Considerando-se que o artefato atingiu os resultados esperados após a etapa de avaliação, é fundamental que o pesquisador faça a *explicitação das aprendizagens* obtidas durante o processo de pesquisa, declarando fato de sucesso e pontos de insucesso (Van Aken; Berends; Van der Bij, 2012; Cole et al., 2005). O objetivo dessa etapa é assegurar que a pesquisa realizada possa servir de referência e como subsídio para a geração de conhecimento, tanto no campo prático quanto no teórico.

Na décima etapa do método, o pesquisador formaliza a conclusão, expondo os resultados obtidos com a pesquisa, bem como as decisões tomadas durante sua execução (Eekels; Roozenburg, 1991; Manson, 2006; Takeda et al., 1990; Vaishnavi; Kuechler, 2004). Nesta etapa, recomendamos que o pesquisador aponte quais foram as limitações da pesquisa, que podem orientar, inclusive, trabalhos futuros.

É possível que, vencidas essas duas últimas etapas, o pesquisador tenha novos *insights*. Por isso, essas etapas podem guiá-lo a novos problemas que mereçam ser estudados, e, assim, a *design science research* tem um novo início.

Generalização para uma classe de problemas e comunicação dos resultados

Uma vez concluída a pesquisa, é importante que o artefato desenvolvido, juntamente com suas heurísticas de construção e contingenciais, possa ser *generalizado para uma classe de problemas* (Gregor, 2009; Venable, 2006), permitindo que haja o avanço do conhecimento em *design science*.

A generalização permite que o conhecimento gerado em uma situação específica possa, posteriormente, ser aplicado a outras situações similares e que são enfrentadas por diversas organizações. Sugerimos que a generalização seja conduzida a partir de um raciocínio indutivo, por meio do qual o pesquisador procura generalizar a solução encontrada para uma determinada classe de problemas.

Por fim, é essencial que haja a *comunicação dos resultados*, por meio da publicação em *journals*, revistas setoriais, seminários, congressos, etc., com o intuito de atingir o maior número possível de interessados na temática, tanto na academia como nas organizações. A disseminação do conhecimento gerado contribui significativamente para o avanço do conhecimento geral.

Em uma síntese do que abordamos nesta seção, a Figura 5.3 apresenta as etapas constituintes da *design science research*, bem como as saídas resultantes da execução de cada uma das etapas do método.

Aplicação das heurísticas

Destacamos que as heurísticas de construção e contingenciais, além de serem as saídas respectivamente das etapas de desenvolvimento e avaliação do artefato, servirão como referência para novas pesquisas. Ou seja, uma vez consolidadas e generalizadas, as heurísticas poderão ser classificadas de acordo com a classe de problemas à qual pertencem. As classes de problemas e, por vezes, os próprios artefatos, estarão disponíveis nas bases de conhecimentos. Assim, as heurísticas poderão ser identificadas e utilizadas por outros pesquisadores para a condução de novas pesquisas. Procuramos representar essa trajetória na Figura 5.4.

PROTOCOLO DE PESQUISA

Para alcançar o rigor da pesquisa fundamentada no método da *design science research*, indicamos que o pesquisador percorra todas as etapas previstas pelo método, atentando para as saídas de cada uma delas e, além disso, formalize um **protocolo de pesquisa**. Esse protocolo visa apresentar, detalhadamente, todas as atividades que o pesquisador pretende realizar durante a sua pesquisa, bem como as percepções e *insights* que surgirem durante a realização da pesquisa. É igualmente fundamental que esse documento seja atualizado constantemente, para que o pesquisador possa registrar o que ocorreu conforme o esperado e o que teve que ser alterado para garantir o sucesso do trabalho.

ETAPAS DA *DESIGN SCIENCE RESEARCH*	SAÍDAS
IDENTIFICAÇÃO DO PROBLEMA	QUESTÃO DE PESQUISA FORMALIZADA
CONSCIENTIZAÇÃO DO PROBLEMA ↔ REVISÃO SISTEMÁTICA DA LITERATURA	FORMALIZAÇÃO DAS FACES DO PROBLEMA, COMPREENSÃO DO AMBIENTE EXTERNO, REQUISITOS DO ARTEFATO E REVISÃO SISTEMÁTICA DA LITERATURA
IDENTIFICAÇÃO DOS ARTEFATOS E CONFIGURAÇÃO DAS CLASSES DE PROBLEMAS	ARTEFATOS IDENTIFICADOS (CONSTRUCTOS, MODELOS, MÉTODOS, INSTANCIAÇÕES OU *DESIGN PROPOSITIONS*, CLASSES DE PROBLEMAS ESTRUTURADAS E CONFIGURADAS, E SOLUÇÕES SATISFATÓRIAS EXPLICITADAS
PROPOSIÇÃO DE ARTEFATOS PARA RESOLVER O PROBLEMA ESPECÍFICO	PROPOSTAS DE ARTEFATOS FORMALIZADA
PROJETO DO ARTEFATO SELECIONADO	PROJETO EXPLICITANDO TÉCNICAS E FERRAMENTAS PARA O DESENVOLVIMENTO E A AVALIAÇÃO DO ARTEFATO, E DETALHAMENTO DOS REQUISITOS DO ARTEFATO
DESENVOLVIMENTO DO ARTEFATO	**HEURÍSTICAS DE CONSTRUÇÃO;** ARTEFATO EM SEU ESTADO FUNCIONAL
AVALIAÇÃO DO ARTEFATO	**HEURÍSTICAS CONTINGENCIAIS;** ARTEFATO AVALIADO
EXPLICITAÇÃO DAS APRENDIZAGENS	APRENDIZAGENS FORMALIZADAS
CONCLUSÕES	RESULTADOS DA PESQUISA, PRINCIPAIS DECISÕES TOMADAS E LIMITAÇÕES DA PESQUISA
GENERALIZAÇÃO PARA UMA CLASSE DE PROBLEMAS	GENERALIZAÇÃO DAS HEURÍSTICAS DE CONSTRUÇÃO E CONTINGENCIAIS PARA UMA CLASSE DE PROBLEMAS
COMUNICAÇÃO DOS RESULTADOS	PUBLICAÇÃO EM *JOURNALS*, REVISTAS SETORIAIS, SEMINÁRIOS, CONGRESSOS, ETC.

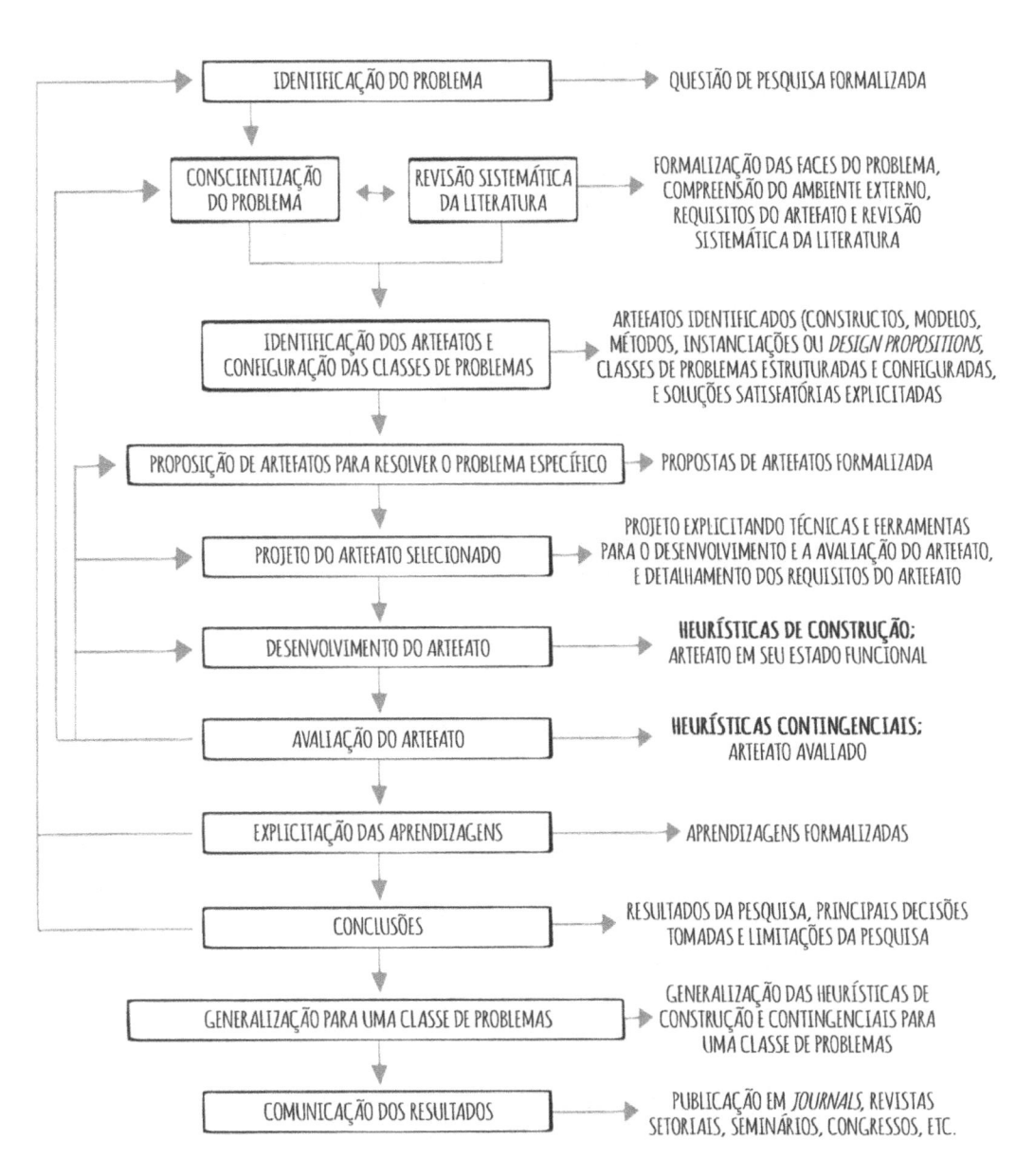

FIGURA 5.3

Etapas da *design science research* e suas saídas.

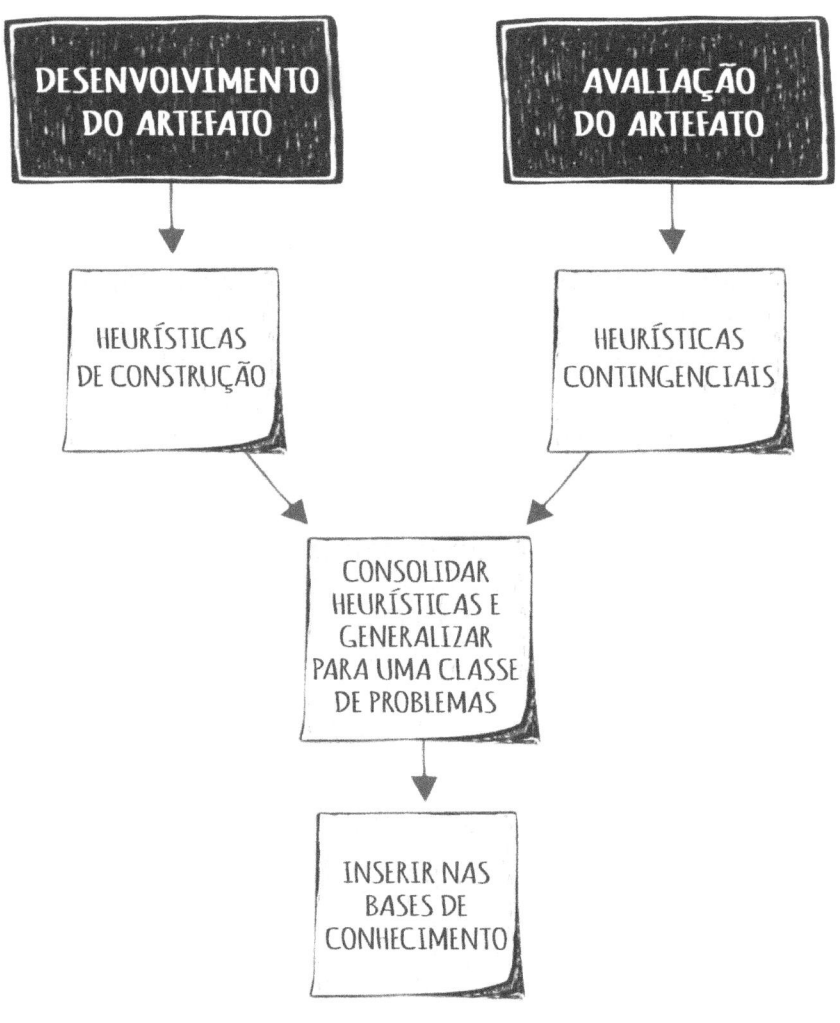

FIGURA 5.4

Contribuições das heurísticas de construção e contingenciais.

Toda a pesquisa necessita estar balizada na confiabilidade e na validade. Portanto, recomendamos que o pesquisador seja sempre verdadeiro nos seus apontamentos. A **confiabilidade** é um dos critérios centrais para uma pesquisa de qualidade, sendo que um protocolo de pesquisa pode auxiliar na obtenção desse objetivo. Yin (2013) afirma que a confiabilidade é essencial pois ela demonstra que as atividades realizadas em determinado estudo podem ser repetidas, alcançando os mesmos resultados.

O protocolo, dessa forma, precisa ser robusto o suficiente para garantir que outros investigadores possam replicar a pesquisa com sucesso. Ou seja, outros interessados em construir ou utilizar o artefato poderão, com o acesso ao protocolo da pesquisa, obter sucesso na sua missão.

QUADRO 5.5

Modelo de protocolo que pode ser utilizado pelo pesquisador

Identificação do problema	Origem do problema ☐ Nova ou interessante informação ☐ Busca pela resposta à uma questão importante ☐ Solução para um problema prático ☐ Solução para uma determinada classe de problemas ☐ Outro: _____ Faça a descrição do problema identificado, justificando, brevemente, a sua relevância.
Conscientização do problema	Descreva: • As principais informações referentes ao problema e o contexto em que ele se encontra. • Principais causas do problema (quando possível). • Funcionalidades esperadas paro o artefato a ser desenvolvido. • Performance esperada para o artefato. • Requisitos de funcionamento do artefato. • Heurísticas contingenciais do problema
Revisão sistemática da literatura	Siga o protocolo proposto no Capítulo 6 deste livro.
Identificação dos artefatos e configuração das classes de problemas	A partir da revisão sistemática da literatura, liste os artefatos e classes de problemas identificados. { Classe de problemas | Problema | Artefatos }
Proposição de artefatos para resolver o problema específico	Liste as propostas de artefatos que poderão ser desenvolvidos e justifique por que essas sugestões de artefatos trazem melhores resultados do que os desenvolvidos até o momento. Analise os prós e contras de cada artefato para posterior seleção de um para ser desenvolvido. { Artefato proposto | Justificativa | Prós | Contras }

☑ QUADRO 5.5

Modelo de protocolo que pode ser utilizado pelo pesquisador

Projeto do artefato Selecionado	Artefato selecionado: _____ Detalhe as etapas necessárias para o desenvolvimento do artefato. Esse detalhamento poderá ser feito por meio de um plano de ação. Liste as soluções que serão consideradas satisfatórias para o adequado funcionamento do artefato. Liste os procedimentos a serem aplicados para: a) Construção do artefato b) Avaliação do artefato Liste os resultados esperados com o desenvolvimento desse artefato.
Desenvolvimento do artefato	Explicite qual será a abordagem utilizada para o desenvolvimento do artefato, detalhando, inclusive, as técnicas necessárias. Detalhe quais são as características do ambiente interno do artefato e quais suas heurísticas de construção.
Avaliação do artefato	Detalhe como será realizada a avaliação do artefato, explicitando as técnicas e ferramentas aplicadas. Além disso, é o momento para verificar se os requisitos especificados para o artefato foram, de fato, atendidos. Formalize os aspectos de contexto (contingências do ambiente) que o artefato precisa considerar e/ou respeitar. | Requisito | Atendido ||| |---|---|---|---| | | Sim | Não | Por quê? | | | | | |
Explicitação das aprendizagens	Descreva os aspectos nos quais o pesquisador obteve sucesso e, também, daqueles pontos que deveriam ser melhorados para uma próxima pesquisa.
Conclusões	Descreva as principais conclusões obtidas com a pesquisa, suas limitações e, também, possíveis oportunidades de trabalhos futuros.
Generalização para uma classe de problemas	Liste as possíveis classes de problemas para as quais este artefato poderá contribuir.
Comunicação dos resultados	Selecione o formato em que será realizada a comunicação dos resultados da pesquisa: ☐ Monografia ☐ Dissertação ☐ Tese ☐ Artigo científico para periódico. Qual? _____ ☐ Artigo científico para congresso. Qual? _____

Outros parâmetros para assegurar o rigor da pesquisa

Buscando alcançar o rigor na pesquisa fundamentada em *design science*, sugerimos que alguns elementos sejam considerados a fim de assegurar a qualidade da pesquisa. Esses elementos estão materializados em uma lista de parâmetros que visam, acima de tudo, assegurar o rigor da pesquisa conduzida por meio da *design science research*. Na Figura 5.5, apresentamos esses parâmetros.

PROBLEMA DA PESQUISA
- O PROBLEMA DEVE SER RELEVANTE
- O PROBLEMA DEVE CONTRIBUIR PARA A DIMINUIÇÃO DA LACUNA ENTRE TEORIA E PRÁTICA
- O PROBLEMA DEVE CONTRIBUIR PARA O AVANÇO DO CONHECIMENTO

PRODUTOS DA PESQUISA
- DEVE SER CRIADO UM ARTEFATO.
- DEVEM SER DESENVOLVIDAS E PROJETADAS SOLUÇÕES PARA PROBLEMAS REAIS
- AS SOLUÇÕES DESENVOLVIDAS DEVEM SER SATISFATÓRIAS PARA O PROBLEMA EM ESTUDO
- AS SOLUÇÕES GERADAS DEVEM SER APRESENTADAS NA FORMA DE UM PROJETO OU DE UMA PRESCRIÇÃO

AVALIAÇÃO DO ARTEFATO
- O ARTEFATO DEVE SER AVALIADO POR MEIO DE TÉCNICAS E FERRAMENTAS ADEQUADAS
- A UTILIDADE DO ARTEFATO DEVE SER RIGOROSAMENTE DEMONSTRADA POR MEIO DA AVALIAÇÃO

GENERALIZAÇÃO DAS SOLUÇÕES
- AS SOLUÇÕES PROPOSTAS PARA O PROBLEMA DEVEM SER GENERALIZÁVEIS PARA UMA CLASSE DE PROBLEMAS
- AS HEURÍSTICAS DE CONSTRUÇÃO E CONTINGENCIAIS REFERENTES AO ARTEFATO DEVEM SER GENERALIZÁVEIS PARA UMA CLASSE DE PROBLEMAS

RIGOR NA CONDUÇÃO DO MÉTODO
- TODAS AS ETAPAS DO MÉTODO DEVEM SER PERCORRIDAS
- TODAS AS ATIVIDADES PREVISTAS E REALIZADAS PELO PESQUISADOR DEVEM SER DOCUMENTADAS EM UM PROTOCOLO DE PESQUISA

FIGURA 5.5

Parâmetros para verificação do rigor na *design science research*.

Os parâmetros expostos na Figura 5.5 estão baseados nos conceitos e fundamentos da *design science* e da *design science research*. Estando o investigador atento a essas questões, será possível assegurar que a pesquisa tenha o rigor necessário para que seus resultados sejam qualificados como confiáveis.

> **☑ TERMOS-CHAVE**
>
> estrutura sistêmica, teoria das restrições, definição do problema, protocolo de pesquisa, confiabilidade.

PENSE CONOSCO

1. Selecione alguns estudos que utilizaram a *design science research*. Em seguida, identifique quais etapas do método foram percorridas adequadamente na pesquisa selecionada.
2. Pense em um problema que as organizações que você conhece enfrentam. Faça uma busca na literatura para verificar como esse problema tem sido resolvido. Agora, faça um quadro síntese com o problema, as soluções e as vantagens/desvantagens dessas soluções para os problemas.
3. Busque saber mais sobre o método abdutivo. Em que contexto ele pode ser utilizado?
4. Procure os diferentes métodos de sequenciamento da produção e trace para quais ambientes externos eles podem ser mais úteis.
5. Procure pesquisas que propõem métodos para solucionar algum problema. Verifique se o ambiente externo, a solução que o método procura fornecer e como ele foi construído foi explicitado adequadamente.
6. Como você entende que a conscientização pode influenciar a construção do artefato?
7. Quais são as técnicas de pesquisa que podem ser utilizadas para validarmos os artefatos?
8. Quais critérios podem ser utilizados para selecionarmos os artefatos a serem desenvolvidos?

REFERÊNCIAS

ALTURKI, A.; GABLE, G. G.; BANDARA, W. A design science research roadmap. In: INTERNATIONAL CONFERENCE ON DESIGN SCIENCE RESEARCH IN INFORMATION SYSTEMS AND TECHNOLOGY, 6., 2011, Milwakee. *Proceedings...* Milwakee: Springer, 2011.

ANDRADE, L. A. et al. *Pensamento sistêmico:* caderno de campo. Porto Alegre: Bookman, 2006.

BASKERVILLE, R.; PRIES-HEJE, J.; VENABLE, J. Soft design science methodology. In: INTERNATIONAL CONFERENCE ON SERVICE-ORIENTED PERSPECTIVES IN DESIGN SCIENCE RESEARCH, 4., 2009, Malvern. *Proceedings...* Malvern: ACM, 2009.

BUNGE, M. *Epistemologia.* São Paulo: TA Queiroz, 1980.

COLE, R. et al. Being proactive : where action research meets design research. In: INTERNATIONAL CONFERENCE ON INFORMATION SYSTEMS, 26., 2005, Las Vegas. *Proceedings...* Las Vegas: [s.n.], 2005.

EEKELS, J.; ROOZENBURG, N. F. M. A methodological comparison of the structures of scientific research and engineering design: their similarities and differences. *Design Studies*, v. 12, n. 4, p. 197-203, 1991.

GIBBONS, M. et al. *The new production of knowledge:* the dynamics of science and research in contemporary societies. London: Sage, 1994.

GOLDRATT, E. M. *It's not luck.* Great Barrington: North River Press, 1994.

GOLDRATT, E. M. *What is thing called theory of constraints and how should it be implemented?* New York: North River Press, 1990.

GREGOR, S. Building theory in the sciences of the artificial. In: INTERNATIONAL CONFERENCE ON DESIGN SCIENCE RESEARCH IN INFORMATION SYSTEMS AND TECHNOLOGY, 4., 2009, New York. *Proceedings...* New York: ACM, 2009.

GREGOR, S.; JONES, D. The anatomy of a design theory. *Journal of the Association for Information Systems,* v. 8, n. 5, p. 312-335, 2007.

LAZZAROTTI, R. *Priorização de projetos:* proposição de um modelo para a indústria petroquímica. 2014. Trabalho de Conclusão de Curso (Graduação em Engenharia de Produção) – Universidade do Vale do Rio dos Sinos, São Leopoldo, 2014.

MANSON, N. J. Is operations research really research? *ORiON,* v. 22, n. 2, p. 155-180, 2006.

MIRANDA, T. de. *Desenvolvimento de um modelo de otimização de segurança de matrículas em cursos universitários:* uma aplicação prática no curso de Engenharia de Produção da Unisinos. 2012. Trabalho de Conclusão de Curso (Graduação)–Universidade do Vale do Rio dos Sinos, São Leopoldo, 2012.

NUNAMAKER, J. F.; CHEN, M.; PURDIN, T. D. M. Systems development in information systems research. *Jounal of Management Information Systems,* v. 7, n. 3, p. 89-106, 1991.

PEFFERS, K. et al. A design science research methodology for information systems research. *Journal of Management Information Systems,* v. 24, n. 3, p. 45-77, 2007.

ROMME, A. G. L. Making a difference: organization as design. *Organization Science,* v. 14, n. 5, p. 558-573, 2003.

SENGE, P. M. *The fifth discipline:* the art and practice of the learning organization. New York: Currency Doubleday, 1990.

SIMON, H. A. *The sciences of the artificial.* 3. ed. Cambridge: MIT Press, 1996.

TAKEDA, H. et al. Modeling design processes. *AI Magazine,* v. 11, n. 4, p. 37-48, 1990.

VAISHNAVI, V.; KUECHLER, W. *Design research in information systems.* [S.l.: s.n.], 2004. Disponível em: <http://desrist.org/design-research-in-information-systems>. Acesso em: 20 dez. 2011.

VAN AKEN, J. E.; BERENDS, H.; VAN DER BIJ, H. *Problem solving in organizations.* 2. ed. Cambridge: University Press Cambridge, 2012.

VENABLE, J. R. The role of theory and theorising in design science research. In: INTERNATIONAL CONFERENCE ON DESIGN SCIENCE RESEARCH IN INFORMATION SYSTEMS AND TECHNOLOGY, 1., 2006, Claremont.

Proceedings... Claremont: Claremont Graduate University, 2006. p. 1-18.

WALLS, J. G.; WYIDMEYER, G. R.; SAWY, O. A. E. Building an information system design theory for vigilant EIS. *Information Systems Research,* v. 3, n. 1, p. 36-59, 1992.

YIN, R. K. *Case study research:* design and methods. 5. ed. Thousand Oaks: Sage, 2013.

LEITURAS RECOMENDADAS

BOOTH, W. C.; COLOMB, G. C.; WILLIAMS, J. M. *The craft of research.* 3. ed. Chicago: The University of Chicago Press, 2008.

MARCH, S. T.; STOREY, V. C. Design science in the information systems discipline: an introduction to the special issue on design science research. *MIS Quaterly,* v. 32, n. 4, p. 725-730, 2008.

MORANDI, M. I. W. M. et al. Foreseeing iron ore prices using system thinking and scenario planning. *Systemic Practice and Action Research,* v. 27, n. 3, p. 287-306, 2014.

6
Revisão sistemática da literatura

Maria Isabel Wolf Motta Morandi
Luis Felipe Riehs Camargo

O conhecimento do mundo apenas pode ser adquirido no mundo, não num armário.

Phillip Chesterfield

OBJETIVOS DE APRENDIZAGEM

- Definir o papel dos *stakeholders* para uma melhor fundamentação da pesquisa.
- Selecionar as fontes e os termos de busca, os critérios e as estratégias de eliminação do viés.
- Justificar a importância e os benefícios da revisão sistemática da literatura para as pesquisas orientadas sob a perspectiva da *design science*.
- Propor um protocolo para a realização de sua revisão sistemática da literatura.

A revisão sistemática da literatura é uma etapa fundamental da condução de pesquisas científicas, especialmente de pesquisas realizadas sob o paradigma da *design science*. Neste capítulo, vamos conhecer as etapas desse processo, começando com uma discussão sobre o papel dos *stakeholders*. Vamos avaliar, ainda, os vários aspectos envolvidos na definição da questão de revisão e a importância da elaboração de um *framework* conceitual que possibilite a definição da melhor composição para a equipe de trabalho e das estratégias de pesquisas a serem adotadas.

Na sequência, trataremos dos estudos primários, detalhando as possíveis fontes de busca e as estratégias para minimização do viés, sua seleção e codificação. Então, apresentaremos uma discussão sobre a etapa de avaliação da qualidade dos estudos selecionados e, por fim, concluiremos com a apresentação das várias ferramentas disponíveis para a síntese dos resultados e a apresentação do estudo.

Maria Isabel Wolf Motta Morandi e Luis Felipe Riehs Camargo são professores da Unisinos e pesquisadores do GMAP | Unisinos.

FUNDAMENTOS DE UMA REVISÃO SISTEMÁTICA

Como vimos no Capítulo 1, uma pesquisa se trata de uma investigação sistemática com o objetivo de desenvolver teorias, estabelecer evidências e resolver problemas. Para isso, é importante que o pesquisador esteja suficientemente informado do que foi pesquisado, como foi pesquisado, que resultados foram encontrados e, talvez o mais importante, o que ainda não foi pesquisado.

Conforme o volume de estudos primários se acumula, aumenta a dificuldade de acompanhar tudo o que tem sido pesquisado e publicado, mesmo para aqueles que se atêm a um assunto bastante específico. Nesse sentido, Saunders, Lewis e Thornhill (2012) propõem que todo o projeto de pesquisa considere como um de seus passos a realização de uma revisão sistemática da literatura. Kirca e Yaprac (2010 *apud* Seuring; Gold, 2012) reforçam que a revisão sistemática da literatura é crucial para que possamos obter as informações desejadas em um crescente volume de resultados publicados, algumas vezes similares; outras, contraditórios.

Revisões sistemáticas da literatura são estudos secundários utilizados para mapear, encontrar, avaliar criticamente, consolidar e agregar os resultados de estudos primários relevantes acerca de uma questão ou tópico de pesquisa específico, bem como identificar lacunas a serem preenchidas, resultando em um relatório coerente ou em uma síntese. A expressão **sistemática** significa que a revisão deve seguir um método explícito, planejado, responsável e justificável, assim como nos estudos primários. Esse método deve ser planejado para garantir que a revisão seja isenta de **viés** (tendência a apresentar uma perspectiva parcial em detrimento de outras possivelmente também válidas), rigorosa, auditável, replicável e atualizável.

Outra característica fundamental de uma revisão sistemática da literatura é que a síntese deve ser muito mais do que uma coletânea dos diferentes elementos pesquisados. É esperado que a consolidação e agregação dos resultados dos estudos primários resultem em novo conhecimento (Evidence for Policy and Practice Information and Ordinating Centre, 2013; Gough; Oliver; Thomas, 2012).

Trajetória da revisão sistemática

O uso da revisão sistemática da literatura não é novo. Remonta ao século XVII e tem relação com as áreas de educação e psicologia. Karl Pearson, em sua síntese de resultados de diversos estudos sobre febre tifoide, em 1904, representa o surgimento da meta-análise, um conjunto de técnicas estatísticas utilizadas para sintetizar os resultados de uma revisão sistemática.

Novas aplicações surgiram na década de 1970, em estudos de ciências sociais e de comportamento. A publicação, em 1984, de *Summing up: The science of reviewing research*, de Light e Pillemer, e, em 1994, da primeira edição do *Handbook of Research Synthesis*, de Cooper e Hedges, despontam como marcos da área.

O crescente número de revisões sistemáticas desde a metade da década de 1990, especialmente nas áreas das ciências sociais, comportamentais e da saúde, está associado ao movimento na direção das **práticas baseadas em evidências**, as quais vêm sendo incorporadas em outras áreas do conhecimento, contribuindo com o crescente uso da revisão sistemática da literatura. Uma pesquisa na base de dados MEDLINE/PubMed retorna mais de 50 mil resultados para o termo *systematic review*, enquanto o Google Acadêmico apresenta mais de 40 mil resultados para os mesmos termos.*

---

* Pesquisas realizadas em junho de 2013.

Benefícios da revisão sistemática

Uma revisão sistemática da literatura adequada oferece importantes benefícios aos pesquisadores. Primeiramente, qualquer estudo individual pode apresentar falhas relacionadas ao modo como foi concebido, executado ou reportado, e mesmo um estudo que tenha sido corretamente realizado pode apresentar resultados atípicos ou de relevância limitada. Por essa razão, é apropriado que as decisões sejam baseadas em um conjunto amplo, idealmente contendo todos os estudos relevantes, do que em estudos individuais ou em um grupo limitado de estudos.

As revisões sistemáticas proporcionam uma visão abrangente e robusta, permitindo que os pesquisadores mantenham-se a par do que tem sido estudado em suas áreas de interesse. Os resultados de novas pesquisas podem ser mais bem interpretados tendo o arcabouço da literatura como base, podendo confirmar, rejeitar, contrastar ou complementar conclusões de pesquisas anteriores. Novas pesquisas, que não levem em consideração os resultados de estudos anteriores, podem resultar em trabalhos desnecessários, inapropriados, irrelevantes ou até mesmo antiéticos.

ETAPAS PARA A CONDUÇÃO DAS REVISÕES SISTEMÁTICAS

Embora não haja um único método para a realização de uma revisão sistemática da literatura, algumas etapas estão presentes nos métodos descritos por vários autores (Figura 6.1). Percebe-se que há um núcleo comum que engloba a busca, seleção e avaliação da qualidade dos estudos a ser considerados, embora o método apresentado por Smith et al. (2011) tenha como objetivo a revisão sistemática de outras revisões sistemáticas. Apesar de não apresentar claramente em seu método uma etapa voltada à definição da questão de revisão, ela está presente em seu texto quando afirma que "[...] os objetivos e razões para a realização de uma revisão sistemática devem ser explicitados no início do processo." (Smith et al., 2011, p.2). Da mesma forma, a síntese dos resultados, que não é tratada explicitamente, pode ser considerada como parte integrante da etapa de apresentação dos resultados, uma vez que os autores citam a necessidade de organização dos resultados encontrados antes da sua apresentação (Smith et al., 2011). Apenas Khan et al. (2003) não fazem referência explícita à apresentação dos resultados.

Lacunas a serem preenchidas

Apesar de não aparecer explicitamente em nenhum dos métodos propostos pesquisados, a *relação com as partes interessadas* (*stakeholders*) deve ser considerada durante todo o processo de revisão sistemática, especialmente quando o objetivo for o desenvolvimento de políticas públicas (Rees; Oliver, 2012).

Outro aspecto não explicitado como uma etapa é a *seleção da equipe de trabalho que conduzirá a revisão sistemática*. Segundo Abrami et al. (2010), uma revisão sistemática cuidadosa e completa frequentemente exige tempo e recursos, então é preciso avaliar a necessidade de formar uma equipe de trabalho antes de serem definidas as estratégias de pesquisa que serão utilizadas.

FIGURA 6.1

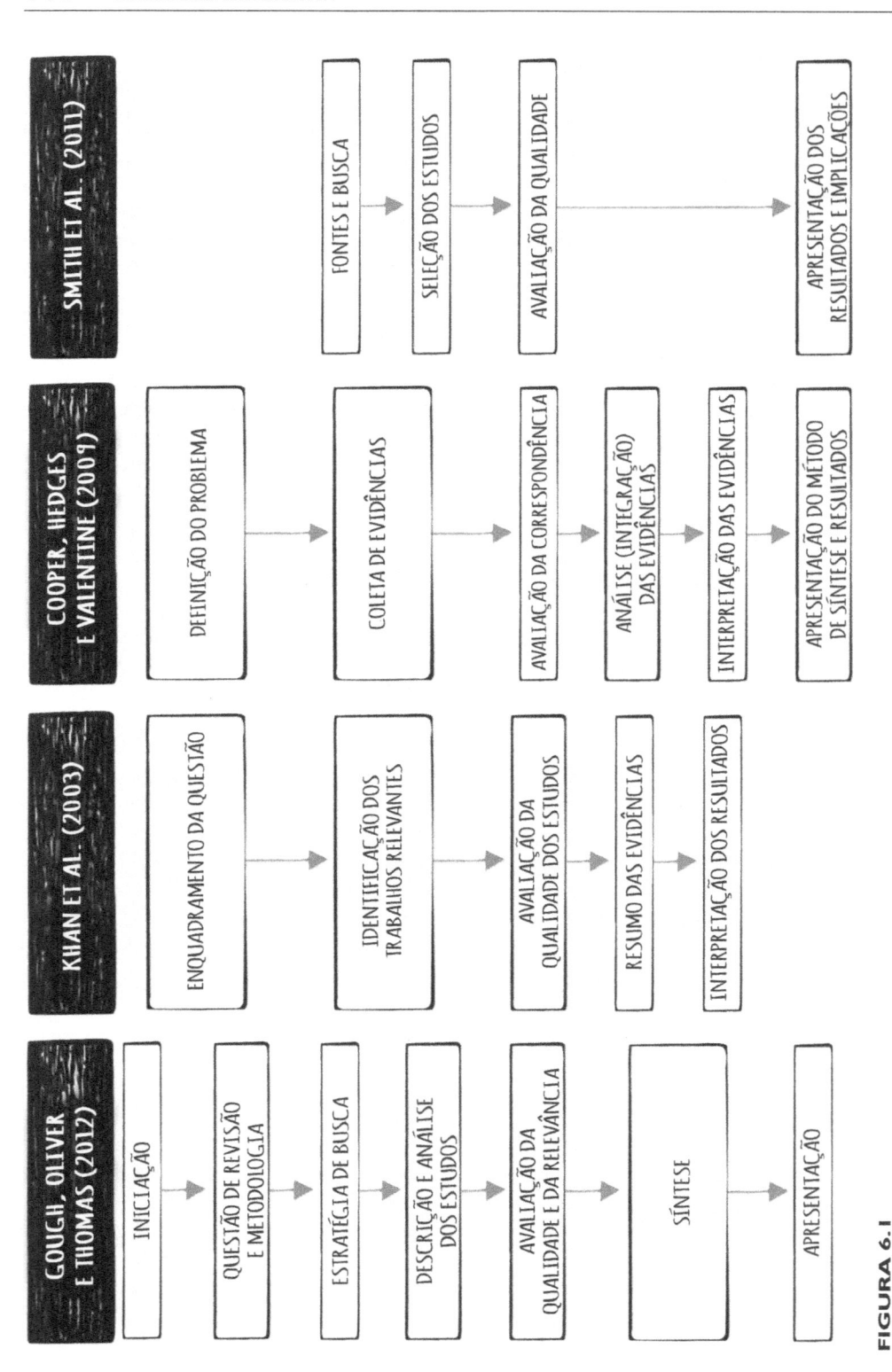

Passos do método de revisão sistemática.

GOUGH, OLIVER E THOMAS (2012)
- INICIAÇÃO
- QUESTÃO DE REVISÃO E METODOLOGIA
- ESTRATÉGIA DE BUSCA
- DESCRIÇÃO E ANÁLISE DOS ESTUDOS
- AVALIAÇÃO DA QUALIDADE E DA RELEVÂNCIA
- SÍNTESE
- APRESENTAÇÃO

KHAN ET AL. (2003)
- ENQUADRAMENTO DA QUESTÃO
- IDENTIFICAÇÃO DOS TRABALHOS RELEVANTES
- AVALIAÇÃO DA QUALIDADE DOS ESTUDOS
- RESUMO DAS EVIDÊNCIAS
- INTERPRETAÇÃO DOS RESULTADOS

COOPER, HEDGES E VALENTINE (2009)
- DEFINIÇÃO DO PROBLEMA
- COLETA DE EVIDÊNCIAS
- AVALIAÇÃO DA CORRESPONDÊNCIA
- ANÁLISE (INTEGRAÇÃO) DAS EVIDÊNCIAS
- INTERPRETAÇÃO DAS EVIDÊNCIAS
- APRESENTAÇÃO DO MÉTODO DE SÍNTESE E RESULTADOS

SMITH ET AL. (2011)
- FONTES E BUSCA
- SELEÇÃO DOS ESTUDOS
- AVALIAÇÃO DA QUALIDADE
- APRESENTAÇÃO DOS RESULTADOS E IMPLICAÇÕES

A participação dos *stakeholders*

Políticas sociais e governamentais, decisões profissionais, recomendações de tratamento médicos, etc., muitas vezes são embasadas por revisões sistemáticas da literatura em um movimento chamado de **decisão baseada em evidências**. As pessoas que serão afetadas pelas decisões, bem como aquelas que podem contribuir para a sua construção, são consideradas como partes interessadas ou ***stakeholders***.

O processo de revisão sistemática é impactado pelas diferentes perspectivas das pessoas que dele participam. Os *stakeholders* podem influenciar a pesquisa em praticamente todos os seus estágios, desde a definição da questão de revisão até a disseminação dos resultados do estudo.

Identificar os *stakeholders* é fundamental, especialmente quando a pesquisa está sendo financiada por alguém. Isso garante que o processo os interesses estejam alinhados e que o resultado da revisão seja, posteriormente, considerado e utilizado (Keown; Van Eerd; Irvin, 2008; Lavis, 2009).

As diferenças de perspectiva também estão presentes, tanto no grupo que conduz a revisão como em qualquer um que seja consultado durante o processo. A definição da estratégia, dos critérios e fontes de busca, a seleção dos estudos e o processo de síntese são diretamente influenciados pela experiência e o conhecimento dos envolvidos (Rees; Oliver, 2012).

A equipe condutora da revisão pode também se valer dos conhecimentos e experiências dos *stakeholders* que podem contribuir com o processo. Dessa forma, o envolvimento deles no processo de revisão pode ocorrer mais ativamente, pela contribuição com experiência e conhecimento nos diversos campos, como conhecimento organizacional, conhecimento prático sobre o tema que está sendo pesquisado, experiência na condução de revisões sistemáticas, entre outros. Esse conhecimento pode ser utilizado *a priori*, na sugestão de termos e de fontes de busca, bem como de critérios de relevância para a elegibilidade dos estudos primários, ou na forma de síntese dos resultados. Pode ser utilizado, ainda, *a posteriori*, para avaliar a relevância dos estudos selecionados (Keown; Van Eerd; Irvin, 2008; Rees; Oliver, 2012).

Ao final do processo, é importante que os resultados da revisão sejam apresentados aos *stakeholders*, especialmente àqueles que participaram com *inputs* nas fases iniciais. Nessa etapa, o objetivo da equipe condutora é obter *feedback* sobre a clareza do estudo, bem como sobre o impacto e utilidade dos resultados dentro do contexto de cada um. Também pode ser solicitado *feedback* sobre outras questões, como formas de divulgação do estudo e identificação de outros potenciais públicos de interesse (Keown; Van Eerd; Irvin, 2008).

O envolvimento dos *stakeholders* traz benefícios para o processo de revisão sistemática, proporcionando maior alinhamento nas revisões, ampliando a busca de literatura e enriquecendo a avaliação crítica dos resultados produzidos. A satisfação dos *stakeholders* tende a se traduzir em uma maior comunicação dos resultados nas suas áreas de atuação. No entanto, esse envolvimento pode trazer alguns desafios, como a tendência a flexibilizar o rigor científico para incluir as sugestões dos *stakeholders*, além de exigir mais tempo e envolvimento do grupo condutor. Outro ponto apontado é a dificuldade em identificar os principais *stakeholders* e obter a sua participação. Normalmente esse processo é guiado pela intuição e pelo conhecimento da equipe condutora, e, muitas vezes, a participação dos *stakeholders* ocorre mais por conveniência do que por um processo sistemático e estruturado (Keown; Van Eerd; Irvin, 2008; Schiller et al., 2013).

Método integrado

A seguir propomos um método que procura compilar e ampliar as etapas descritas pelos autores estudados. Mantemos as etapas comuns aos métodos expostos e incluímos a escolha da equipe de trabalho e a relação com os *stakeholders*, tanto como fornecedores de entrada (*input*) para o processo de revisão quanto no papel de clientes do resultado final. Na Figura 6.2, apresentamos os passos que compõem o método proposto para a condução de uma revisão sistemática da literatura.

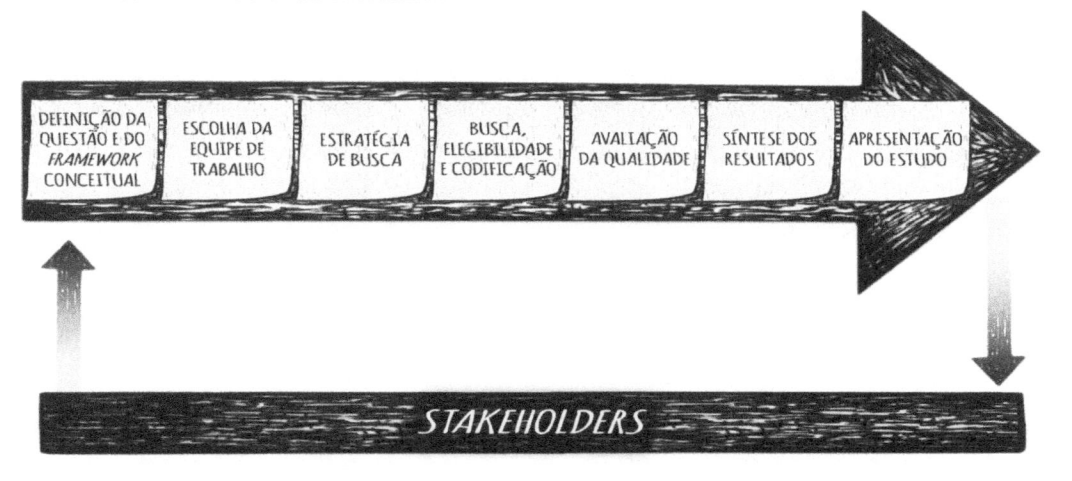

FIGURA 6.2
Método para revisão sistemática da literatura.

Definição do tema central e do *framework* conceitual

O primeiro passo na realização de qualquer revisão sistemática é a *definição do tema central*. No entanto, para que seja cumprida corretamente, é importante entender que as revisões sistemáticas podem variar em muitas dimensões, como extensão, amplitude, profundidade, tempo e recursos empregados. A extensão da busca se refere à variedade de trabalhos pesquisados. Uma revisão sistemática pode ser mais extensa e abranger um escopo maior, ou ser menos extensa e focar uma abordagem específica (Gough; Thomas, 2012).

Definido o tema central, é fundamental explicitar a questão de revisão e como será respondida, ou seja, *definir o escopo da revisão por meio da elaboração de um framework conceitual*, que pode ser entendido como um esqueleto para a realização da pesquisa, um ponto de partida que permita entender a revisão e seu contexto, e que pode ser desenvolvido, refinado ou confirmado durante o andamento da pesquisa. Para as revisões agregativas, o escopo pode ser claramente definido *a priori*, enquanto para as revisões configurativas apenas conceitos-chave são previamente definidos (Oliver; Dickson; Newman, 2012).

Revisão agregativa versus revisão configurativa

O tipo de questão a ser respondida define a amplitude da revisão sistemática e, consequentemente, dos critérios, estratégias e fontes de busca. Questões abertas conduzem a revisões mais amplas, enquanto questões fechadas conduzem a revisões com menor amplitude.

Cabe salientar que uma revisão pode iniciar ampla e, posteriormente, ser complementada por outras revisões que foquem tópicos específicos, permitindo uma maior profundidade.

Essas dimensões estão interligadas, ou seja, não é possível esperar que uma revisão sistemática ampla e profunda seja realizada em um curto espaço de tempo. Também é necessário avaliar a estratégia de revisão que melhor responderá à questão de revisão motivadora do estudo. Questões fechadas, que buscam testar uma teoria a partir da coleta de observações empíricas (método hipotético-dedutivo) conduzem às chamadas **revisões agregativas**, nas quais os resultados dos estudos primários são agregados para a obtenção dos resultados.

Embora sejam normalmente associadas a dados quantitativos, as revisões agregativas também podem fazer uso de estudos primários qualitativos. Nesse tipo de revisão, busca-se a relação ou conexão entre dois ou mais aspectos de um fenômeno, sem preocupação com os objetivos, motivações ou metodologias dos estudos primários nos quais os resultados foram produzidos. Usualmente, nas revisões agregativas, utilizam-se estudos primários mais homogêneos (Gough; Oliver; Thomas, 2012; Sandelowski et al., 2011).

Questões abertas, que visam explorar um tema de forma mais abrangente, são bem respondidas por meio de uma **revisão configurativa**. Nessa revisão, as questões tendem a ser respondidas com dados qualitativos, extraídos de estudos primários mais heterogêneos, que são explorados e interpretados ao longo do estudo a fim de gerar e explorar a teoria (método indutivo). O principal objetivo da revisão, nesse caso, é o arranjo de diversos resultados individuais em uma renderização teórica coerente.

Embora apresentadas binariamente, as revisões podem revelar aspectos agregativos e configurativos em diferentes graus. Por essa razão, representamos, na Figura 6.3, as estratégias de revisão sobrepostas, com suas respectivas características. Retomaremos essa figura mais adiante, quando forem abordados os processos de busca, categorização e síntese.

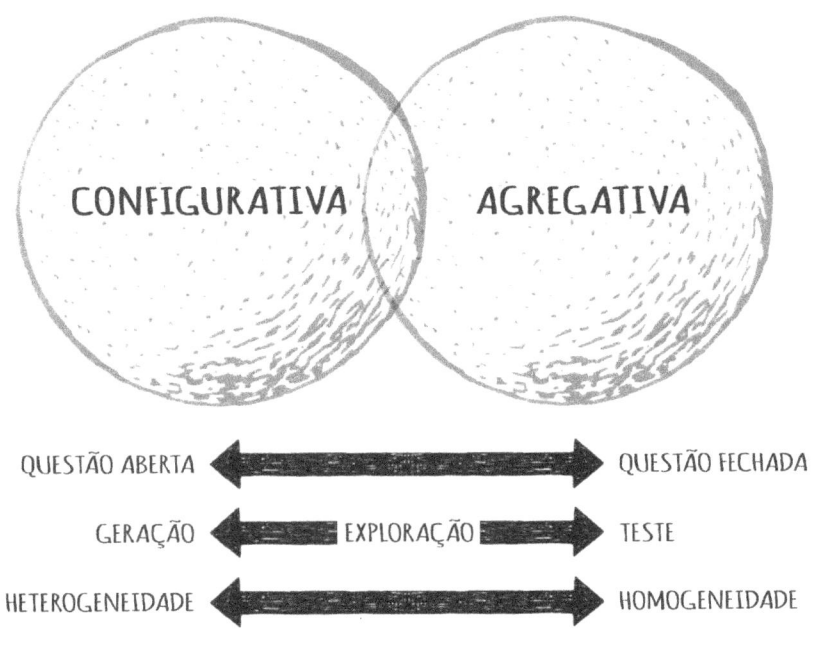

FIGURA 6.3

Revisões configurativas e agregativas.
Fonte: Adaptada de Gough e Thomas (2012).

Escolha da equipe de trabalho

Embora seja possível a realização de uma revisão sistemática da literatura por uma única pessoa, ela geralmente é realizada por uma equipe. A primeira razão disso é que dificilmente uma pessoa detém todo o conhecimento técnico e metodológico e as habilidades necessários para a sua realização. Mesmo nos casos em que uma única pessoa tenha condições de fazer a revisão sozinha, a questão do prazo pode ser decisiva para a constituição de uma equipe, uma vez que uma revisão sistemática pode demandar muito tempo. A qualidade da revisão também pode ser incrementada quando a busca e elegibilidade dos estudos e a codificação dos resultados são feitas de forma independente por duas pessoas.

A constituição da equipe de revisão depende claramente da questão de revisão, podendo os conhecimentos técnicos e metodológicos ser complementados pela participação de especialistas – identificados ou não como *stakeholders* – que atuem como consultores. É fundamental que pelo menos um membro da equipe domine o processo de revisão sistemática sob o ponto de vista metodológico. Quanto ao conhecimento técnico sobre o tema central da revisão, é importante ter vários níveis dentro da equipe. Enquanto os *experts* podem trazer contribuições importantes na definição de fontes e critérios de busca e de elegibilidade, bem como no processo de codificação e, principalmente, de síntese, aqueles com menor conhecimento do tópico podem desafiar os pressupostos e suposições trazidos pelos *experts*.

A equipe deve ter um núcleo que se mantém durante todo o processo, mas os especialistas podem participar apenas em algumas etapas. Por exemplo, profissionais de tecnologia da informação podem auxiliar na elaboração de estratégias de busca (Beverley; Booth; Bath, 2003), bibliotecários podem ser extremamente úteis na busca e localização de estudos primários (Harris, 2005) e estatísticos podem contribuir nas etapas de síntese de revisões agregativas com base em dados quantitativos (Oliver; Dickson; Newman, 2012).

Estratégia de busca

Revisões sistemáticas envolvem uma elevada quantidade de informação a ser gerenciada. Antes de se lançar no processo de busca, é fundamental investir na preparação da estratégia de busca dos estudos primários. A *estratégia de busca* parte da questão de revisão e do *framework* conceitual e se propõe a responder as seguintes perguntas:

- ✓ O que buscar?
- ✓ Onde buscar?
- ✓ Como minimizar o viés?
- ✓ Quais estudos considerar?
- ✓ Qual será a extensão da busca?

Precisamos também considerar os recursos disponíveis, desde a equipe de revisão até os recursos tecnológicos, a fim de elaborar uma estratégia factível (Brunton; Thomas, 2012; Hammerstrøm; Wade; Jorgensen, 2010). As perguntas não são respondidas isoladamente, estão totalmente interligadas, como ilustramos na Figura 6.4.

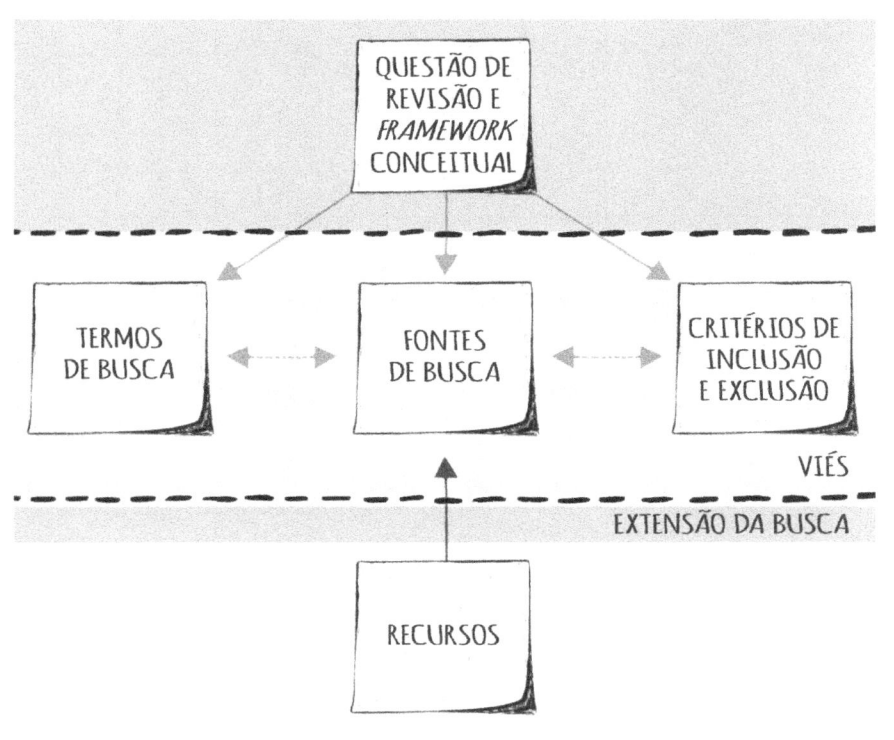

FIGURA 6.4

Estratégia de busca.

Termos de busca

O primeiro passo é *definir os termos de busca*. Para isso, um *framework* conceitual abrangente é a primeira fonte, tanto para a escolha dos termos de busca (o que buscar?) quanto para a seleção das fontes de busca (onde buscar?) e a definição dos critérios de inclusão e exclusão de estudos (quais estudos considerar?). Tais ações também estão interligadas, pois, dependendo da fonte selecionada, pode ser necessário expressar os termos de busca de forma diferente (em outro idioma, p.ex.).

Fontes de busca

A *definição das fontes de busca* é uma etapa essencial para a formulação de uma estratégia adequada. De acordo com a disponibilidade de recursos, as fontes devem ser o mais abrangentes possível, aumentando a chance de que todos os estudos relevantes sejam localizados e contribuindo para minimizar o viés (Sinha; Montori, 2006).

A fonte mais usual de busca são as **bases de dados eletrônicas**, cujo acesso é facilitado por provedores de bases de dados como ProQuest, EBSCOhost e Emerald. Essas bases de dados permitem acesso a uma série de fontes, como periódicos científicos, teses, dissertações, materiais de conferências, etc. (Hammerstrøm; Wade; Jorgensen, 2010). As principais bases de dados usadas nas revisões sistemáticas da área de gestão são apresentadas na Tabela 6.1.

TABELA 6.1
Principais bases de dados para pesquisas na área de gestão*

	Periódicos Capes Biblioteca virtual que reúne e disponibiliza a instituições de ensino e pesquisa no Brasil o melhor da produção científica internacional. Conta atualmente com um acervo de mais de 35 mil periódicos com texto completo, 130 bases referenciais, 11 bases dedicadas exclusivamente a patentes, além de livros, enciclopédias e obras de referência, normas técnicas, estatísticas e conteúdo audiovisual.
	EBSCO Disponibiliza mais de 375 bases de dados de texto completo e pesquisa secundária e mais de 420 mil e-books, além de serviços de gerenciamento de subscrição para 355 mil periódicos eletrônicos e pacotes de e-revista. EBSCO também fornece ferramentas de apoio à decisão de ponto de atendimento para os profissionais de saúde e os recursos de aprendizagem organizacional para treinamento e desenvolvimento de profissionais.
	Web of Science™ Fornece acesso rápido aos principais bancos de dados de citações do mundo. Multidisciplinar, abrange mais de 12 mil das maiores revistas de impacto mundial, incluindo acesso aberto a revistas e mais de 150 mil procedimentos de conferências, com cobertura que remonta a 1900.
	Scopus | Elsevier Com mais de 21 mil títulos e mais de 50 milhões de registros, possui ferramentas inteligentes para acompanhar, analisar e visualizar a pesquisa. Oferece a visão mais abrangente da produção de pesquisa do mundo nas áreas de ciência, tecnologia, medicina, ciências sociais e artes e humanidades.
	Scielo Base de dados com acesso a 1.149 periódicos, 31.894 fascículos, 467.362 artigos e mais de 10 milhões de citações.
	ProQuest Especializada em negócios, gestão e áreas correlatas, traz conteúdo essencial em todos os seus ramos. Acesso a mais de 22 mil dissertações e teses de mestrado e doutorado com texto completo, selecionadas da base ProQuest Dissertation & Theses.
	Emerald A Emerald é uma editora global líder na área de gestão que publica pesquisas que tenham um impacto prático e benefício direto para a sociedade. A empresa gerencia um portfólio com mais de 290 periódicos, mais de 2.000 livros e volumes de séries de livros. Também oferece uma ampla gama de produtos, recursos e serviços de valor agregado para satisfazer às necessidades de seus clientes.

* Os números de periódicos, teses, bases de dados, etc., apresentados são de consulta realizada em fevereiro de 2014.

Embora sejam abrangentes, as bases de dados eletrônicas não devem ser a única fonte de busca em uma revisão sistemática da literatura. Estudos primários importantes podem ser encontrados na chamada *grey literature*, também denominada literatura fugitiva, definida como "[...] o que é produzido em todos os níveis do governo, academia, negócios e indústria, impresso ou em meio eletrônico, mas que não é controlado por editores comerciais." (Hammerstrøm; Wade; Jorgensen, 2010, p. 20). Anais de congressos, seminários e conferências, são uma boa fonte de *grey literature*, uma vez que mais da metade dos estudos apresentados nunca chegam a ser publicados (Hammerstrøm; Wade; Jorgensen, 2010).

Uma forma adicional de localização é por meio do contato com especialistas da área. Nesse caso, pode ser empregada a **técnica da "bola de neve"**, que consiste em apresentar a lista de fontes previamente elaborada a um especialista, solicitando que ele sugira novas fontes e indique outros especialistas a ser consultados (Littel; Corcoran; Pillai, 2008).

Algumas vezes é necessário complementar o processo de identificação dos estudos primários pela **busca manual**, que, como o nome sugere, consiste no exame manual de página por página de um jornal, revista, livro ou qualquer outra fonte impressa. Essa abordagem deve ser considerada, uma vez que nem todos os estudos relevantes podem estar incluídos nas bases de dados eletrônicas, e, mesmo estando presentes, eles podem não conter os termos de busca relevantes no título ou resumo, fazendo com que não sejam retornados nas pesquisas (Hammerstrøm; Wade; Jorgensen, 2010).

O uso de ferramentas de busca na internet, como Google, Bing e Yahoo! Search, pode fornecer acesso direto a estudos primários, como também permitir identificar organizações e pesquisadores que podem constituir novas fontes de busca.

As listas de referência dos estudos primários encontrados podem ser úteis para a localização de outros estudos, utilizando-se dois procedimentos similares, porém distintos: o primeiro, chamado de **backward** ou retrospectivo, consiste em consultar as referências do estudo; o segundo, denominado **forward** ou prospectivo, refere-se a buscar novos estudos que citem o documento já selecionado (Brunton; Thomas, 2012).

Finalmente, há que considerar a importância de estudos nunca publicados ou que estejam em andamento. Muitos estudos que não se enquadram na linha editorial dos periódicos podem não ter sido publicados, mas conter informações relevantes e contribuir para a redução do viés da pesquisa. Por exemplo, pesquisas com resultados negativos têm menor tendência a serem publicadas, mas considerá-las é fundamental para uma revisão sistemática. Embora não seja tarefa fácil localizá-los, os contatos com especialistas e colegas podem permitir a sua identificação, da mesma forma como foi descrito para a *grey literature* (Hammerstrøm; Wade; Jorgensen, 2010).

Seleção: inclusão e exclusão

Uma revisão sistemática também pode ficar sujeita a viés em função do processo de *seleção dos estudos* (o que é ou não relevante). Portanto, é importante que os critérios de inclusão e exclusão sejam definidos com base no escopo da revisão, claramente explicitados e rigorosamente seguidos durante o processo de busca.

Os critérios de inclusão e exclusão de estudos são definidos com base no escopo da revisão, explicado no *framework* conceitual. Alguns exemplos de critérios que advêm do escopo são população, área geográfica e método. Esses critérios podem, no entanto, ser limitados pelos recursos disponíveis, como, por exemplo, definir como critério de exclusão o idioma de publicação do estudo.

Extensão da busca

A *extensão da busca* é uma decisão importante para a elaboração da estratégia. Embora uma revisão sistemática deva abranger todos os estudos primários relevantes, a busca exaustiva é, na maioria das vezes, muito mais uma intenção do que uma realidade, uma vez que é quase impossível garantir que todos os estudos sejam localizados. Entendemos, portanto, que a **estratégia exaustiva**, que procura localizar a maior quantidade possível de estudos relevantes, é a mais recomendada para revisões agregativas.

A **estratégia de saturação** é aquela que visa localizar os estudos primários suficientes para uma coerente configuração do tema que está sendo estudado. Assim, a busca por novos estudos se estende até o ponto em que eles não mais contribuam com novos conceitos para o processo de síntese. Essa estratégia é a mais indicada para as revisões configurativas (Brunton; Stansfield; Thomas, 2012).

Viés

Uma vantagem da revisão sistemática, quando comparada a outros estudos ou mesmo a opiniões de especialistas, é a aplicação de estratégias que minimizem a possibilidade de ocorrência de viés, garantindo que todos os estudos relevantes tenham sido identificados e considerados.

A primeira fonte de viés advém do fato de que, em estudos quantitativos, os pesquisadores tendem a dar maior ênfase àqueles com resultados estatisticamente significativos. Estudos que não apresentam resultados estatisticamente significativos muitas vezes não são considerados para publicação. Esse problema é conhecido como **viés de reporte de resultado**.

O **viés de publicação** pode ocorrer quando a busca se limita a estudos primários publicados, entendidos como aqueles, na maioria das vezes empíricos, em que o conhecimento sobre o objeto de estudo foi produzido. Esse problema decorre do fato de periódicos e conferências terem maior tendência a aceitar e publicar estudos que apontem resultados positivos do que aqueles que apresentem nenhum resultado ou resultados negativos.

Já o **viés de disseminação** está relacionado ao acesso a estudos primários. Estudos com resultados positivos também tendem a ser publicados mais rapidamente, são mais citados, costumam estar disponíveis em maior número de bases e têm mais chance de ter uma versão em inglês, tornando-se, assim, mais prováveis de serem incluídos nas revisões sistemáticas.

A preocupação com a minimização do viés deve estar presente em toda a estratégia de busca, a começar pela definição dos termos de busca. Considerando as diferenças que podem ser encontradas nos estudos primários, é importante que, além do termo de busca principal, sejam incluídos sinônimos, antônimos, diferentes grafias e expressões similares. A maioria das fontes de busca permite o uso de termos truncados, o que pode ser importante nas buscas. Por exemplo, se o termo desejado é "governo", ao pesquisar o termo truncado "govern*" a busca retornará todas as variantes, como: governo, governar, governante, entre outras.

Os operadores booleanos AND, OR e NOT são utilizados para retornar combinações específicas de termos. Os operadores de proximidade NEAR, WITHIN e ADJ especificam a relação entre dois termos em um campo. Na Tabela 6.2, sintetizamos e exemplificamos o uso dos termos de busca e dos operadores booleanos e de proximidade. Salientamos que a sintaxe de busca pode variar de uma base de dados para a outra, sendo importante verificar as funcionalidades oferecidas em cada uma antes de iniciar a busca.

Também devemos considerar os índices de busca, ou seja, a posição no documento em que os termos serão buscados. Os mais comuns são o título, as palavras-chaves, o resumo e o documento inteiro, mas algumas bases de dados não apresentam todas essas possibilidades.

TABELA 6.2
Termos de busca, operadores booleanos e de proximidade

		Descrição	Exemplo
Termos de Busca	Palavra exata	Retorna os estudos que contenham a palavra procurada nos índices de busca definidos.	**Governo**: retorna os estudos que contenham a palavra "governo".
	Palavra truncada	Retorna os estudos que contenham as variantes do termo nos índices de busca definidos.	**Govern***: retorna os estudos que contenham as variantes "governo", "governante", "governador", "governar", etc.
	Expressão exata	Retorna os estudos que contenham a expressão entre aspas nos índices de busca definidos.	**"Governo federal"**: retorna os estudos que contenham a expressão exata, mas não aqueles que contenham apenas a palavra "governo" ou apenas a palavra "federal".
Operadores Booleanos	AND	Limita a busca aos estudos que contenham as palavras listadas nos índices de busca definidos, independentemente de sua ordem.	**Governo AND federal**: retorna os estudos que contenham essas palavras, estando elas próximas ou não.
	OR	Retorna os estudos que contenham ao menos um dos termos nos índices de busca definidos.	**Governo OR federal**: retorna os estudos que contenham ao menos uma dessas palavras.
	NOT	Retorna os estudos que contenham o primeiro termo e não incluam o segundo termo nos índices de busca definidos	**Governo NOT federal**: retorna os estudos que contenham o termo "governo", mas exclui aqueles que contenham o termo "federal"
Operadores de Proximidade	NEAR	Retorna os estudos que contenham os termos localizados próximos no texto. São mais utilizados quando se utiliza o documento inteiro como índice de busca.	**Governo NEAR/6 federal**: retorna os estudos que contenham a palavra "governo" e a palavra "federal" em um raio de seis palavras, independentemente da ordem.
	WITHIN	Retorna os estudos que contenham os termos localizados próximos no texto e na ordem em que os termos são definidos. São mais utilizados quando se utiliza o documento inteiro como índice de busca.	**Governo WITHIN/6 federal**: retorna os estudos que contenham a palavra "governo" e a palavra "federal" em um raio de seis palavras, nesta ordem.
	ADJ	Retorna os estudos que contenham os termos adjacentes no texto. São mais utilizados quando se utiliza o documento inteiro como índice de busca.	**Governo ADJ federal**: retorna os estudos que contenham as palavras "governo" e "federal" adjacentes no texto.

Fonte: Adaptada de Hammerstrøm, Wade e Jorgensen (2010).

Outro ponto a ser considerado na definição dos termos de busca é o idioma. Embora a maioria dos estudos primários tenha um *abstract* (resumo escrito em inglês), a busca exclusiva por termos nesse idioma não garante que os resultados sejam abrangentes. Caso a equipe pretenda buscar estudos primários em um idioma específico, é recomendado que os termos de busca também sejam formulados nesse idioma.

Proposta de protocolo

Embora não haja uma única forma de estruturar uma estratégia de busca, apresentamos, na Tabela 6.3, uma sugestão de protocolo voltado a revisões sistemáticas com fins acadêmicos, podendo ser adaptado a revisões com outras finalidades.

Busca, elegibilidade e codificação

Definida a estratégia de busca, passamos à sua operacionalização, ou seja, à *busca dos estudos primários, sua seleção e codificação* para posterior avaliação, síntese e apresentação dos resultados. Ilustramos a sequência dessas atividades na Figura 6.5.

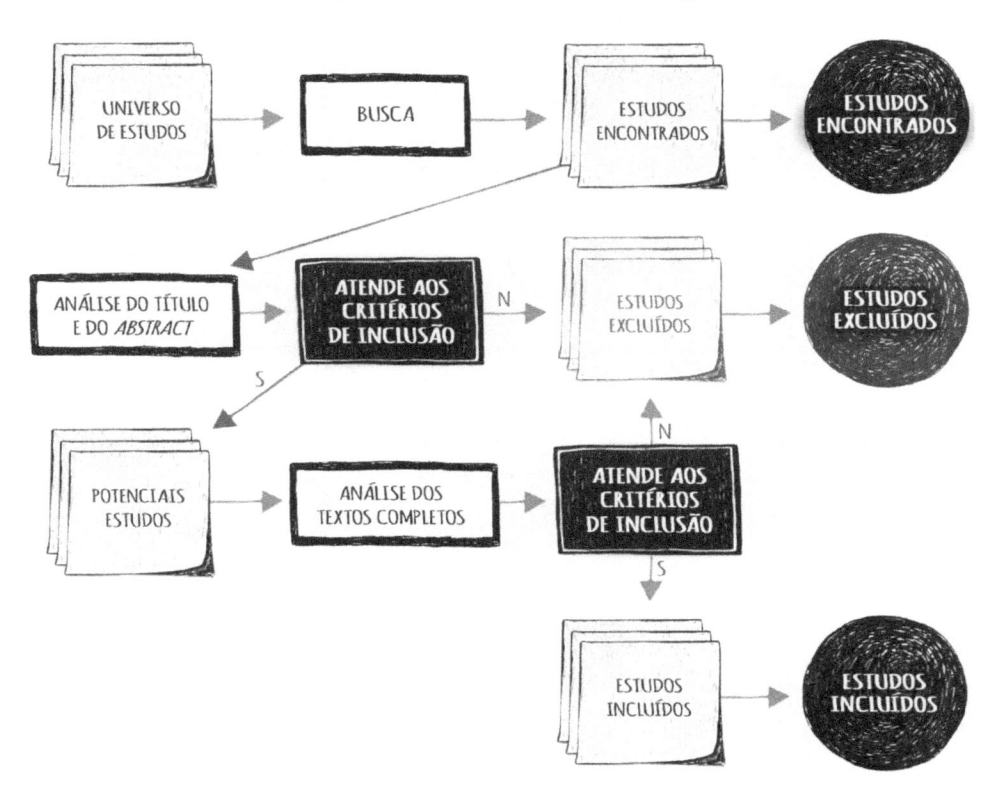

FIGURA 6.5

Processo de busca, elegibilidade e codificação.
Fonte: Adaptada de Brunton e Thomas (2012).

TABELA 6.3
Protocolo para revisões sistemáticas

Framework conceitual	Conceitos que conduziram à realização da revisão sistemática. Pode incluir um resumo da situação problema para a qual está sendo conduzida a pesquisa, bem como conceitos e resultados já conhecidos.
Contexto	Contexto no qual a pesquisa está sendo conduzida. Pode incluir, mas não se limita a uma indústria, um setor, uma localização. Por exemplo: pequenas empresas do ramo de vestuário localizadas no estado de Santa Catarina.
Horizonte	Horizonte de tempo que se pretende pesquisar. Por exemplo: estudos publicados a partir de 1990.
Correntes teóricas	A estratégia pode ou não limitar as correntes teóricas a serem pesquisadas. Por exemplo, métodos de sequenciamento de produção baseados na teoria das restrições.
Idiomas	Idioma (s) a ser (em) considerado (s) no processo de busca
Questão de revisão	Questão a ser respondida pela revisão sistemática. Pode ser a própria questão de pesquisa ou derivada dela.
Estratégia de revisão	( ) Agregativa ( ) Configurativa
Critérios de busca	Critérios de inclusão / Critérios de exclusão — Critérios que servirão para decidir pela inclusão ou não dos estudos primários.
Termos de busca	Termos que serão utilizados para a busca nas bases de dados. Considerar além dos termos propriamente ditos, os operadores booleanos e de proximidade.

Fontes de busca:

Bases de dados:	Anais:	Internet:	Outras:
( ) Periódicos Capes	( ) ENEGEP	( ) Google Acadêmico	( )
( ) EBSCO	( )	( )	
( ) Web of Science™	( )		
( ) Scopus | Elsevier			
( ) Scielo			
( ) ProQuest			
( ) Emerald			

Do universo de estudos existentes, completamente desconhecido, depois de aplicar os termos de busca em fontes selecionadas, temos um conjunto de estudos que deve ser arquivado para posterior utilização. O elevado número de documentos passará por um processo de avaliação que procura identificar os estudos relevantes.

Chamado de *screening*, esse processo exige uma leitura inspecional de cada um dos estudos encontrados. O objetivo é identificar do que trata o estudo e decidir se é útil para auxiliar a responder a questão de revisão.

Em um primeiro momento, são lidos os títulos e resumos dos estudos, a fim de verificar sua relevância para a revisão. Mesmo os não relevantes devem mantidos arquivados e codificados. É importante ressaltar o critério que norteou a decisão. Nesses casos, é comum a duplicidade de documentos, uma vez que várias fontes são utilizadas.

Os estudos potencialmente relevantes devem, então, ser analisados em profundidade. Esse **nível de leitura**, chamado de **analítico**, tem por objetivo o entendimento profundo do estudo (Adler; Van Doren, 1972), para ter certeza de que ele atende aos critérios de inclusão. A partir dessa análise, mais alguns estudos podem vir a ser excluídos, devendo ser igualmente arquivados e codificados com o registro do motivo da exclusão.

Algumas vezes, o estudo precisa ser excluído por não ser possível obter acesso ao texto completo. Da mesma forma, os estudos que forem considerados relevantes para a revisão também devem ser arquivados e codificados para uso na etapa de síntese (Brunton; Thomas, 2012). O processo de codificação dos estudos selecionados (estudos incluídos) depende da estratégia de revisão que está sendo conduzida, conforme ilustramos na Figura 6.6.

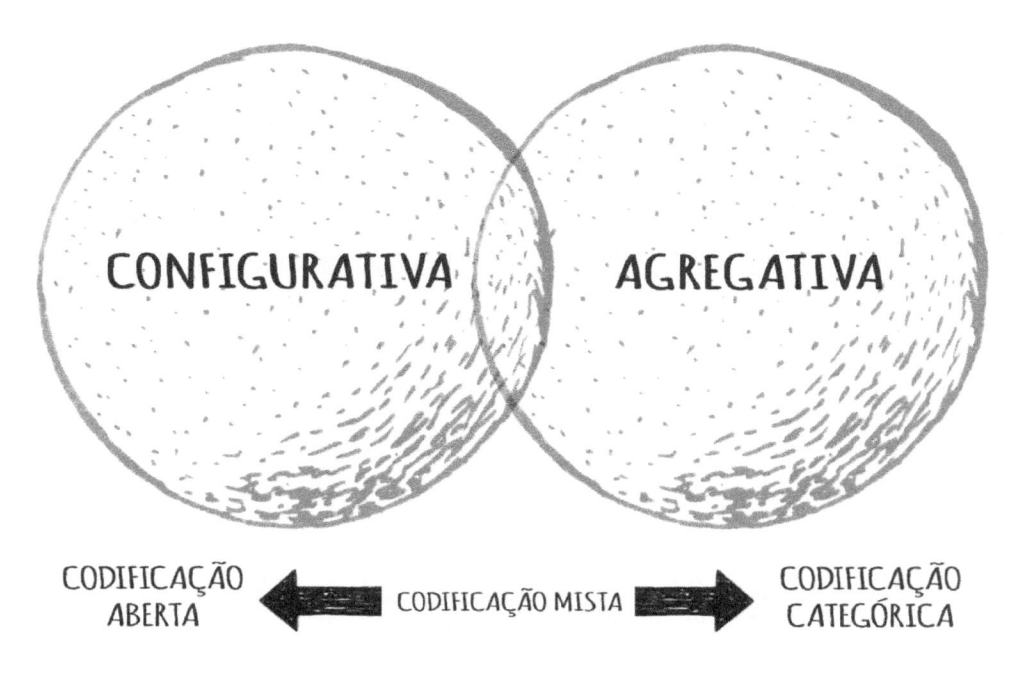

FIGURA 6.6

Tipos de codificação.
Fonte: Adaptada de Oliver e Sutcliffe (2012).

Nas revisões agregativas, em que o objetivo é testar hipóteses, é esperado que a equipe tenha os principais conceitos definidos *a priori*. Tais conceitos são a base da codificação, embora novas inclusões possam ser feitas à medida que os estudos são analisados. Essa é a chamada *codificação categórica*. Nas revisões configurativas, em que o propósito é gerar ou explorar teorias, poucos são os conceitos existentes *a priori*, e a maioria emerge ao longo da análise dos estudos primários; é a chamada *codificação aberta*. Nesse caso, a identificação dos conceitos e a criação dos códigos por meio da análise qualitativa dos dados extraídos dos estudos primários configuram-se como um produto da revisão. Ainda é possível ocorrer um processo de codificação mista, quando, por exemplo, deseja-se explorar as diferenças encontradas em uma revisão agregativa (Oliver; Sutcliffe, 2012).

Avaliação da qualidade

O tamanho da credibilidade dos resultados produzidos por uma revisão sistemática da literatura — e, consequentemente, sua utilidade para os *stakeholders* — será diretamente proporcional à qualidade e à relevância da revisão, que deve considerar os estudos primários selecionados e o processo de revisão de uma maneira ampla (Harden; Gough, 2012; Smith et al., 2011).

Pré-avaliação

Do ponto de vista dos estudos primários, três dimensões devem ser avaliadas. A primeira delas é a qualidade da execução. O estudo foi conduzido dentro dos padrões considerados adequados para o tema (amostragem, entrevistas, entre outros fatores)? As conclusões estão baseadas em fatos e dados?

A segunda e a terceira dimensões procuram avaliar a pertinência do estudo primário para a revisão, analisando sua adequação à questão de revisão e ao foco da revisão (população, método, contexto, etc.) (Harden; Gough, 2012).

Embora essa avaliação possa ser feita por apenas uma pessoa, é recomendável que seja conduzida de forma independente por pelo menos dois membros da equipe de revisão. Cada estudo primário deve ser avaliado pelos membros da equipe, que atribuem uma nota numérica ou categórica (alta, média ou baixa) a cada uma das dimensões. É importante salientar que uma estratégia de busca adequada – critérios de inclusão e exclusão bem definidos, fontes de busca amplas e confiáveis, etc. – contribui para a qualidade da pesquisa (Harden; Gough, 2012). Na Tabela 6.4, fornecemos um exemplo dos critérios a serem adotados na avaliação das dimensões, mas adaptações podem e devem ser feitas a fim de adequá-los a cada revisão.

Pós-avaliação

Depois de feitas individualmente, as avaliações das dimensões devem ser consolidadas, a fim de fornecer uma nota para o estudo que está sendo analisado. Essa nota pode ser definida com base na média, no caso de notas numéricas, ou em uma regra, no caso de notas categóricas. Na Tabela 6.5 apresentamos um exemplo de regra de consolidação de notas categóricas, na qual um estudo será considerado de baixa qualidade se apresentar baixa avaliação em qualquer uma das dimensões. É importante destacarmos que esta regra também pode ser adaptada.

TABELA 6.4
Exemplo de critérios para avaliação das dimensões de qualidade de estudos primários

	Dimensão		
	Qualidade da execução do estudo	Adequação à questão de revisão	Adequação ao foco da revisão
Alta	O método proposto atende aos padrões exigidos para o tema em estudo, o estudo seguiu rigorosamente o método proposto e os resultados apoiam-se em fatos e dados.	O estudo aborda exatamente o assunto alvo da revisão sistemática. Ex.: métodos de sequenciamento de produção em empresas de vestuário.	O estudo foi realizado em um contexto idêntico ao definido para a revisão. Ex.: pequenas empresas do ramo de vestuário, localizadas no estado de Santa Catarina no período compreendido entre 1990 e 2013.
Média	O método proposto possui lacunas em relação aos padrões exigidos para o tema em estudo ou o estudo não demonstra ter seguido o método proposto na sua totalidade ou os resultados não se apoiam integralmente em fatos e dados.	O estudo aborda parcialmente o assunto alvo da revisão sistemática. Ex: métodos de programação de produção em empresas de vestuário.	O estudo foi realizado em um contexto semelhante ao definido para a revisão. Ex.: pequenas empresas do ramo têxtil, localizadas no estado de Santa Catarina no período compreendido entre 1990 e 2013.
Baixa	O método proposto não está de acordo com padrões exigidos para o tema em estudo ou o estudo não demonstra ter seguido o método proposto ou os resultados não se apoiam em fatos e dados.	O estudo apena tangencia o assunto alvo da revisão sistemática. Ex.: gerenciamento de produção em empresas de vestuário.	O estudo foi realizado em um contexto diverso do definido para a revisão. Ex.: empresas de porte médio, do ramo têxtil, localizadas no estado de São Paulo.

Fonte: Adaptada de Harden e Gough (2012).

TABELA 6.5
Exemplo de consolidação das avaliações

Avaliação das dimensões			Avaliação do estudo
Alta	Alta	Alta	Alta
Alta	Alta	Média	Média
Alta	Média	Média	Média
Média	Média	Média	Média
Alta	Alta	Baixa	Baixa
Alta	Média	Baixa	Baixa
Média	Média	Baixa	Baixa
Média	Baixa	Baixa	Baixa
Baixa	Baixa	Baixa	Baixa

Nos casos de as avaliações chegarem a resultados divergentes, sugerimos que os avaliadores busquem um consenso. Os estudos considerados de baixa qualidade podem ou não ser incluídos nos resultados da revisão. Alguns autores (Brunton et al., 2006; Harden et al., 2009; Kitchenham et al., 2010) adotam como padrão a exclusão desses estudos dos resultados. No entanto, Harden e Gough (2012) sugerem mais três opções:

i. incluir todos os estudos, atribuindo pesos menores aos de baixa qualidade (aplicável para revisões quantitativas);
ii. incluir todos os estudos, descrevendo sua qualidade e relevância, para que o leitor tire suas próprias conclusões (Coren et al., 2010);
iii. realizar uma análise de sensibilidade a fim de examinar os efeitos de incluir ou não os estudos de baixa qualidade.

A qualidade da revisão não depende apenas dos estudos primários selecionados, mas do processo de revisão de uma forma mais ampla, desde a correta definição da questão de revisão até a síntese e apresentação dos resultados. Deve ser avaliado se foram evitados os vieses de publicação, disseminação e seleção, ou seja, se os critérios de inclusão e exclusão foram adequadamente selecionados, se as fontes de busca utilizadas cobriram todos os estudos relevantes e se a qualidade dos estudos incluídos foi corretamente avaliada (Kitchenham et al., 2010). Essa avaliação é feita antes da síntese dos resultados, enquanto a robustez da síntese deve ser verificada durante o processo e antes da divulgação dos resultados, como será discutido na próxima seção.

Síntese dos resultados

O processo de *síntese* pressupõe a combinação dos resultados interconectada, a fim de gerar um novo conhecimento que inexistia nos estudos primários originais. Nessa etapa, os estudos selecionados devem ser alvo de uma leitura sintópica, buscando estabelecer relações entre os textos (Adler; Van Doren, 1972). Isso pressupõe, além de uma listagem ou resumo dos resultados encontrados, a transformação dos dados, a fim de responder a questão inicial que motivou a revisão (Thomas; Harden; Newman, 2012).

As técnicas de síntese a serem utilizadas dependem fortemente do tipo de questão e, consequentemente, do tipo de revisão que está sendo feita. No entanto, os passos ilustrados na Figura 6.7 são comuns à maioria dos métodos de síntese empregados. Assim como o processo de revisão em geral, a síntese não segue um fluxo linear de atividades, podendo requerer iterações durante o processo.

Etapas do processo de síntese

O ponto de partida é a *análise e organização dos dados disponíveis* em cada um dos estudos primários selecionados, seguida pela *identificação da existência de padrões entre eles*. A *integração dos dados* é a próxima fase, na qual várias técnicas podem ser utilizadas e é onde ocorre a maior diferença entre as estratégias de síntese utilizadas. Em revisões agregativas que utilizam dados quantitativos, a meta-análise ou a síntese narrativa são as principais técnicas empregadas. Já para as revisões qualitativas, o leque de técnicas é bem maior (Barnett-Page; Thomas, 2009). (Veja as seções a seguir.)

FIGURA 6.7

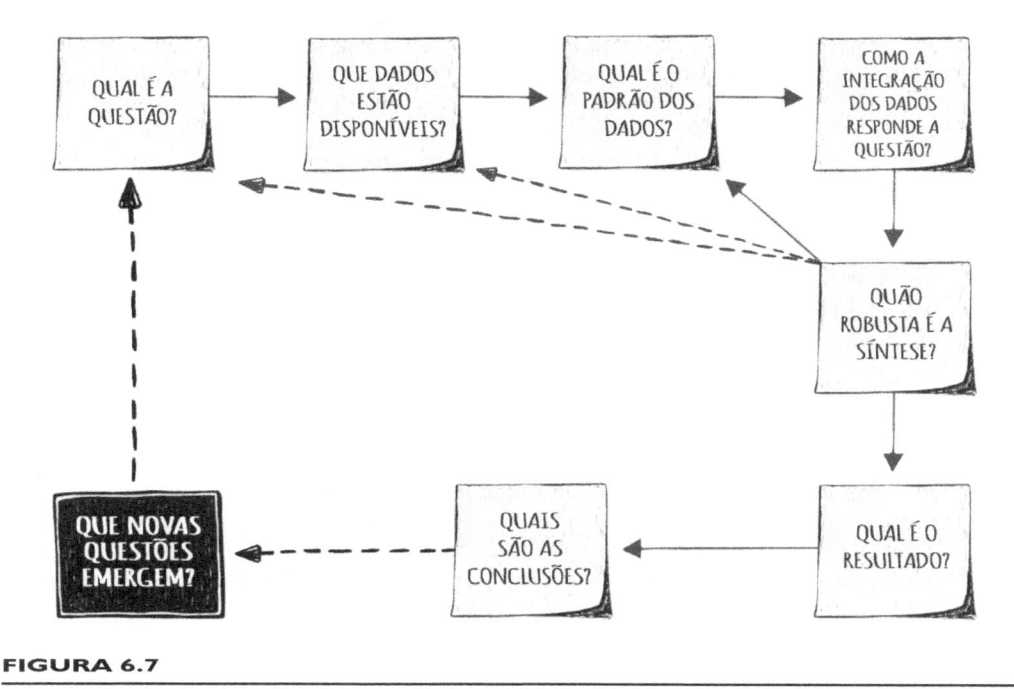

Processo de síntese.
Fonte: Cooper (1982 apud THOMAS; HARDEN; NEWMAN, 2012).

Uma *verificação da robustez da síntese* deve ser feita antes da definição dos resultados. Essa verificação, que faz parte do processo de avaliação da qualidade, pode ser encarada como uma análise de sensibilidade, ou seja, do quanto os resultados encontrados são dependentes de um ou de outro estudo específico. Feita a análise, *os resultados devem ser descritos de forma adequada*, para que as *conclusões* sejam entendidas por aqueles que vão fazer uso deles (Thomas; Harden; Newman, 2012). Na Tabela 6.6, sugerimos algumas questões que podem ser utilizadas para verificar a robustez da revisão.

Estratégias de síntese para revisões qualitativas

Há várias técnicas de síntese que podem ser empregadas em **revisões sistemáticas qualitativas**. Suas diferenças e similaridades podem ser analisadas segundo uma série de dimensões, sendo a principal delas a epistemologia. Dentro da epistemologia, na vertente do idealismo subjetivo, estão aqueles que acreditam que não existe uma única realidade independente das múltiplas alternativas da condição humana. Aí aninham-se a metanarrativa, a síntese crítica interpretativa (CIS) e o metaestudo.

Por sua vez, a metaetnografia e a teoria fundamentada estão dentro do paradigma do idealismo objetivo, que considera a existência de um entendimento global compartilhado.

Alinhados com o realismo crítico, que postula que o conhecimento da realidade é mediado pelas nossas percepções e crenças, encontram-se a síntese temática, a síntese narrativa textual e a *framework* síntese. Por fim, a triangulação ecológica pode ser associada ao realismo científico, que defende ser possível para o conhecimento aproximar-se da "realida-

TABELA 6.6
Exemplos de questões para verificação da robustez da revisão

Questão	Descrição e objetivo
Quão confiáveis são os estudos primários incluídos?	É resultado do processo de avaliação da qualidade dos estudos primários. Tem por objetivo o uso inadvertido de estudos primários de baixa qualidade.
Os resultados variam de acordo com a qualidade dos estudos primários utilizados?	Análise de sensibilidade dos resultados da revisão. Visa a avaliar o impacto da inclusão ou exclusão dos estudos de baixa qualidade.
Os resultados são muito dependentes de um estudo primário específico?	Trata-se também de uma análise de sensibilidade dos resultados da revisão. Porém, neste caso, o objetivo é verificar se os resultados variam significativamente com a inclusão ou exclusão de um estudo, independentemente de sua qualidade.
Em que contexto estes resultados podem ser aplicáveis?	Visa descrever em que contextos os resultados encontrados se aplicam. Esta análise aplica-se especialmente às revisões com questões abertas, onde o contexto não tenha sido previamente definido antes da busca e elegibilidade dos estudos primários.
O quão bem a síntese responde à questão de revisão?	Avaliação final do resultado da revisão. Tem por objetivo verificar se a questão de revisão pode ser plenamente respondida. Algumas vezes, novas questões podem emergir da análise dos resultados.

Fonte: Adaptada de Thomas, Harden e Newman (2012).

de" externa. Cada um desses métodos apresenta similaridades e diferenças e aplica-se à síntese de diferentes revisões sistemáticas (Barnett-Page; Thomas, 2009). A seguir, eles serão brevemente abordados.

Metanarrativa. Parte da visão proposta por Thomas Kuhn de que o conhecimento é produzido dentro de um determinado paradigma. Assim, esse método pressupõe que os principais conceitos de interesse de uma dada revisão sistemática variam de acordo com os diferentes paradigmas vigentes durante a realização dos estudos primários selecionados. A proposta do método é mapear as principais características, como rota histórica, base teórica, métodos e instrumentos de pesquisa utilizados, procurando entender como o conhecimento se desenvolveu, ou seja, como resultados anteriores influenciaram os posteriores, bem como identificar as forças e limitações de cada paradigma (Barnett-Page; Thomas, 2009).

Metaestudo. Contempla três componentes de análise. A análise de metadados é essencialmente interpretativa e tem por objetivo identificar as similaridades e discrepâncias entre os estudos primários, em termos dos fenômenos descritos, enquanto o metamétodo analisa os métodos em seus diversos aspectos (amostra, coleta de dados, desenho de pesquisa, etc.) e a metateoria pressupõe a análise dos pressupostos teóricos e filosóficos de cada um dos estudos primários, buscando construir uma visão mais ampla para a geração da nova teoria (Barnett-Page; Thomas, 2009).

Metaetnografia. Foi proposta em 1988 por Noblit e Hare como um processo de síntese que procura combinar relatos interpretativos cuja mera integração não seria apropriada. Seus primeiros estudos de síntese foram no campo da educação. A metaetnografia envolve três diferentes etapas. A primeira é a tradução dos conceitos presentes nos estudos primários em conceitos mais globais, denominada pelos autores de análise de tradução recíproca (*reciprocal translational analysis* – RTA). A etapa seguinte, chamada de síntese refutacional, pressupõe a exploração e explicação das contradições encontradas entre os estudos primários. Por fim, a etapa chamada de síntese de linhas de argumento (*lines-of-argument synthesis* – LOA) envolve a construção de uma imagem do todo, ou seja, da cultura, da organização, etc. (Barnett-Page; Thomas, 2009; Thomas; Harden; Newman, 2012). Uma vantagem deste método é que as interpretações feitas pelo time de revisão são explicitadas de forma que o leitor posteriormente seja capaz de julgá-las e decidir se as considera ou não justificáveis (Thomas; Harden; Newman, 2012).

Síntese crítica interpretativa. É uma adaptação da metaetnografia com elementos da teoria fundamentada. Mais do que um método de síntese, é considerada um método de revisão sistemática em geral, uma vez que envolve uma abordagem iterativa de refinamento da questão de revisão, de busca e seleção dos estudos primários e de definição e aplicação de códigos e categorias. Uma característica deste método é avaliar a qualidade dos estudos primários muito mais pela sua relevância do que pelo método empregado (Barnett-Page; Thomas, 2009).

Teoria fundamentada. Elaborada por Glaser e Strauss, foi adaptada por diversos autores como processo de síntese de revisões qualitativas. Esse processo se desenvolve a partir de uma abordagem indutiva na qual a teoria emerge em um processo simultâneo de coleta e análise dos dados até que seja atingida a saturação teórica e a geração de uma nova teoria (Barnett-Page; Thomas, 2009).

Síntese temática. Combina e adapta abordagens tanto da metaetnografia como da teoria fundamentada. Foi desenvolvida para tratar de necessidades de adequação, aceitabilidade e eficácia de intervenções. Códigos livres gerados a partir dos estudos individuais são organizados em temas descritivos, que posteriormente são interpretados em temas analíticos, ou seja, conforme mencionado no conceito de síntese, não se trata apenas da tradução dos resultados dos estudos primários, mas de sua análise para a constituição de um todo coerente (Barnett-Page; Thomas, 2009; Thomas; Harden; Newman, 2012). Esta técnica é especialmente adequada para sintetizar resultados de estudos multidisciplinares, quando o time condutor da revisão precisa considerar na sua análise diferentes paradigmas (Thomas; Harden; Newman, 2012).

Síntese textual narrativa. Tem como abordagem a criação de grupos mais homogêneos, a partir de um relato estruturado das características dos estudos primários – contexto, qualidade e resultados – e da comparação de suas semelhanças e diferenças (Barnett-Page; Thomas, 2009).

Framework **síntese.** Propõe uma abordagem altamente estruturada para a extração, organização e análise dos dados a partir de um *framework* conceitual construído *a priori*, de cuja coerência depende fortemente o sucesso do processo de síntese. Assim, trata-se de uma abordagem inicialmente dedutiva, embora admita que novos tópicos possam ser incorporados à medida que emerjam dos estudos primários, introduzindo, assim, um elemento indutivo ao processo de síntese. O produto final pode ser expresso graficamente, de modo a permitir mapear a natureza e variedade dos conceitos estudados, identificar as associações entre diferentes temas, bem como prover explanações para os resultados entre os diversos estudos primários incluídos (Barnett-Page; Thomas, 2009; Thomas; Harden; Newman, 2012).

Triangulação ecológica. Tem como principal objetivo responder questões como: que tipo de intervenção provoca que resultado para quais pessoas sob quais condições? Por considerar que a relação entre comportamento, pessoas e ambiente é mutuamente interdependente, propõe que um fenômeno seja estudado sob diferentes pontos de vista, uma vez que esse tipo de questão de revisão pode ser respondido a partir de evidências cumulativas e multifacetadas (Barnett-Page; Thomas, 2009).

Um resumo dos diferentes métodos e suas características nas diversas dimensões é apresentado na Tabela 6.7. Podemos verificar que as similaridades são maiores entre os métodos que compartilham a mesma vertente epistemológica, embora, ainda nesse caso, existam diferenças entre eles.

É importante destacarmos que há outras técnicas de síntese além das apresentadas, porém com aplicação mais restrita. Por essa razão, não foram abordadas.

Estratégias de síntese para revisões quantitativas

Enquanto para as revisões qualitativas há uma série de técnicas de síntese, para as **revisões quantitativas** a técnica de síntese por excelência é a **meta-análise**, um conjunto de métodos estatísticos para combinar resultados numéricos de estudos primários a fim de produzir um resumo geral do conhecimento empírico sobre um dado tópico.

Um conceito importante na meta-análise é o chamado "tamanho do efeito", uma métrica comum para a qual são convertidos os resultados dos estudos primários e que permite sintetizá-los mesmo quando expressos em diferentes métricas em seus estudos de origem (Littel; Corcoran; Pillai, 2008). Embora normalmente seja usado o termo "tamanho do efeito", é importante salientar que, por se tratarem de trabalhos amostrais, cada um dos estudos primários, na verdade, apresenta uma estimativa do efeito associada a uma estimativa de precisão, normalmente o desvio padrão. Quanto menor o desvio padrão, maior a precisão do tamanho do efeito, ou seja, maior é a probabilidade de que o mesmo efeito seja encontrado em outras amostras da mesma população. Estudos primários que utilizam amostras pequenas tendem a apresentar desvios padrão altos, enquanto estudos com amostra maior tendem a apresentar resultados que se aproximem mais daqueles que seriam observados na totalidade da população de interesse. A estimativa de precisão permite criar um intervalo de confiança para cada um dos tamanhos do efeito observados em cada estudo primário (Thomas; Harden; Newman, 2012).

Embora não seja o único objetivo de uma meta-análise, a estimativa do tamanho do efeito médio por meio dos estudos primários é uma das respostas que se busca quando esse método de síntese é utilizado em uma revisão sistemática (Littel; Corcoran; Pillai, 2008). Uma vez que os estudos primários apresentam diferentes relevâncias, o cálculo do efeito médio deve considerar essa variação, atribuindo diferentes pesos aos efeitos observados (Thomas; Harden; Newman, 2012). A atribuição do peso para cada estudo primário normalmente é feita usando-se o inverso da variância, fazendo com que estudos com maior variabilidade contribuam menos para o resultado final (Littel, Corcoran e Pillai, 2008).

O resultado da meta-análise é geralmente expresso por um gráfico de floresta, conforme ilustramos na Figura 6.8, onde cada linha representa um estudo. O quadrado em cada linha identifica o tamanho do efeito estimado no estudo primário, e o seu tamanho representa o peso atribuído a este estudo. Já a linha que se estende para cada lado representa o intervalo de confiança. O valor zero indica "nenhum efeito", e estudos cujos intervalos de confiança contêm este valor são considerados estatisticamente não significativos. Alguns estudos podem apresentar o valor 1 como sendo de referência, dependendo da métrica utilizada para representar o tamanho do efeito. O efeito médio e seu intervalo de confiança são representados por um losango (Thomas; Harden; Newman, 2012).

TABELA 6.7
Técnicas de síntese para revisões qualitativas

Métodos	Epistemologia	Dimensões				
		Tipo de questão	Avaliação da qualidade dos estudos primários	Similaridade dos estudos primários	Extensão da iteração	Produto
Metanarrativa	Idealismo subjetivo		Avaliação da validade e robustez do método; tamanho da amostra e validade das conclusões	Heterogêneos	Em todas as etapas	
Síntese crítica interpretativa		Explorar	Processo menos claramente especificado; avaliação realizada menor *a priori*; foco maior no conteúdo do que no método	Heterogêneos	Durante o processo de busca – não está claro se ocorre nos demais processos	Mais complexo, requerendo posterior interpretação para sua aplicação
Metaestudo			Foco maior no conteúdo do que no método	Heterogêneos	Durante a coleta de dados	
Metaetnografia	Idealismo objetivo		Avalia a relevância dos estudos	Homogêneos		
Teoria fundamentada			Avaliação do contexto, qualidade e utilidade	Homogêneos	Durante o processo de síntese	

Fonte: Adaptada de Barnett-Page e Thomas (2009).

TABELA 6.7 Técnicas de síntese para revisões qualitativas

Métodos		Dimensões					
	Epistemologia	Tipo de questão	Avaliação da qualidade dos estudos primários		Similaridade dos estudos primários	Extensão da iteração	Produto
Síntese temática	Realismo crítico	Responder	Processo altamente especificado, com critérios bem definidos	Processo altamente especificado, com critérios bem definidos	Heterogêneos	Durante os processos de codificação e de síntese	
Síntese narrativa textual					Heterogêneos	Não está claro	
Framework síntese					Heterogêneos	Durante o processo de busca	
Triangulação ecológica	Realismo científico		Método adaptado de pesquisas quantitativas. Exclui estudos de baixa qualidade	Método adaptado de pesquisas quantitativas. Exclui estados de baixa qualidade	Não está claro	Não está claro	Diretamente aplicável na elaboração de políticas e design de intervenções

Fonte: Adaptada de Barnett-Page e Thomas (2009).

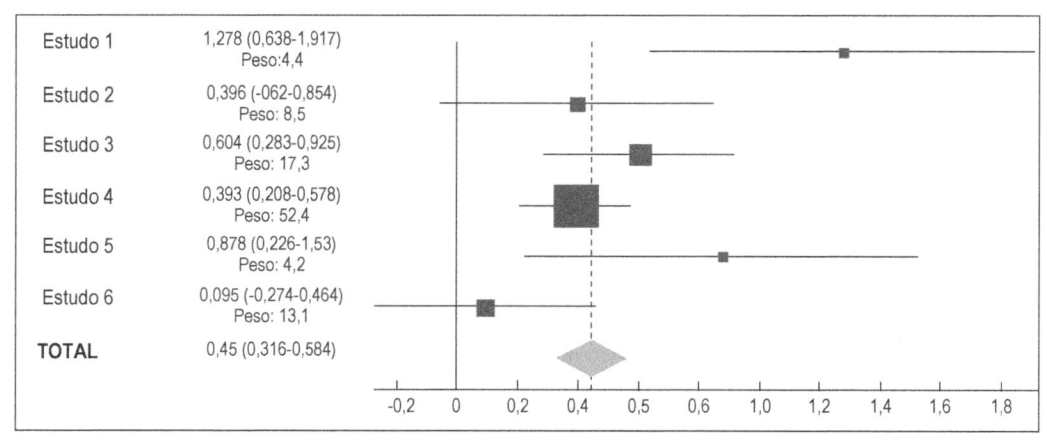

Estudo 1	1,278 (0,638-1,917) Peso:4,4
Estudo 2	0,396 (-062-0,854) Peso: 8,5
Estudo 3	0,604 (0,283-0,925) Peso: 17,3
Estudo 4	0,393 (0,208-0,578) Peso: 52,4
Estudo 5	0,878 (0,226-1,53) Peso: 4,2
Estudo 6	0,095 (-0,274-0,464) Peso: 13,1
TOTAL	0,45 (0,316-0,584)

FIGURA 6.8

Exemplo de resultado de meta-análise.
Fonte: EVIDENCE FOR POLICE AND PRACTICE INFORMATION AND ORDINATING CENTRE (2013).

Uma alternativa à meta-análise é o método chamado de sumarização temática, que procura quantificar os resultados de maneira mais simples, sumarizando quantos estudos reportaram resultados positivos estatisticamente significativos, quantos reportaram resultados negativos estatisticamente significativos e quantos apresentaram resultados inconclusivos e utilizando essas informações para responder a questão de pesquisa (Thomas; Harden; Newman, 2012).

RSL E DSR: UMA CONEXÃO POSSÍVEL E NECESSÁRIA

Como vimos no decorrer deste livro, a *design science research* tem por objetivo o estudo, a pesquisa e a investigação do artificial para, a partir do entendimento do problema, construir e avaliar artefatos que permitam transformar situações, alterando suas condições, para estados melhores ou desejáveis. Seus produtos – os artefatos propostos – devem ter validade pragmática. Ou seja, é preciso que os artefatos propostos gerem os resultados pretendidos, o que requer do pesquisador conhecimento prescritivo.

Em função disso, alguns autores apresentam a revisão sistemática da literatura (RSL) como um elemento importante na condução da *design science research*. Além de identificar soluções para determinada classe de problemas, a RSL pode também ajudar a identificar *design propositions* que mereçam uma continuação de seu desenvolvimento – aplicação de um artefato a uma classe de problemas em diferentes heurísticas de construção ou contingenciais – bem como identificar lacunas na literatura existente (Van Aken, 2011).

O método da RSL adaptado para a DSR

O método de revisão sistemática da literatura proposto anteriormente é genérico e aplica-se às necessidades da *design science research*. Nossa proposta é um novo olhar para torná-lo mais específico às necessidades da pesquisa. Por isso, a seguir dedicamos atenção especial às etapas de definição da questão de revisão, estratégia de pesquisa e síntese dos resultados, conforme ilustrado na Figura 6.9. As demais etapas, embora não apresentem especificidades significativas quando aplicadas à *design science research*, também devem estar presentes.

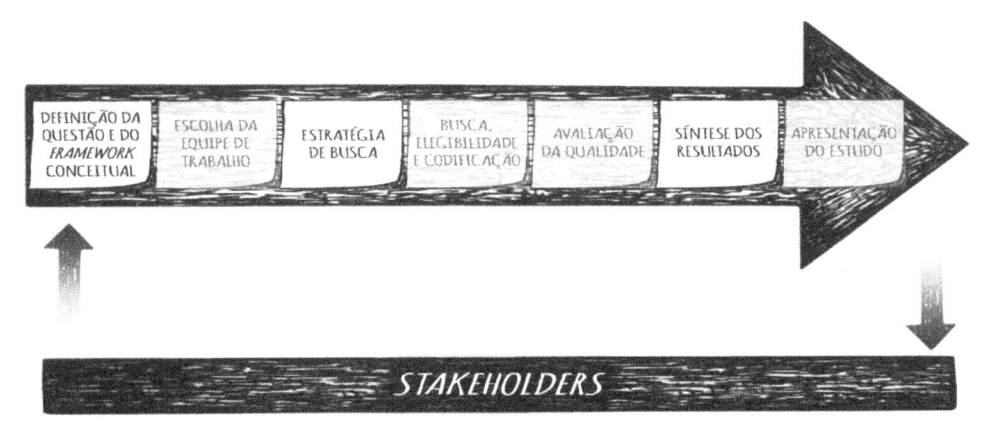

FIGURA 6.9

Método para revisão sistemática da literatura.

Sobre a questão de revisão

O objetivo da revisão sistemática da literatura durante a *design science research* é formar um arcabouço teórico-prático dos artefatos utilizados para a solução de um determinado problema ou classe de problemas. Por prático, nesse caso, entende-se que os artefatos devem ter sido testados no campo. Também é interesse do pesquisados identificar as heurísticas de construção ou contingenciais presentes em cada um dos estudos primários pesquisados.

Dessa forma, a questão de revisão genérica a ser utilizada seria: que artefato X já foi utilizado para solucionar o problema Y? Ou: para que problema Y ou classe de problemas Z o artefato X já foi utilizado com sucesso? (Van Aken; Romme, 2009). A critério do pesquisador, a revisão poderá ser mais genérica e não especificar as heurísticas de construção ou contingenciais ou mais restritivas com a definição do contexto em que o artefato foi utilizado.

Sobre a estratégia de busca

Os termos de busca a serem utilizados na pesquisa estão fortemente associados à questão de revisão e devem permitir identificar o problema, bem como o seu contexto, caso seja interesse do pesquisador limitar a busca.

Quanto à definição das fontes de busca, é importante salientar que uma *design proposition* deve não somente ser fundamentada em teoria, mas também ter sido testada no campo. Por isso, algumas vezes as fontes clássicas utilizadas na revisão sistemática da literatura, como bases de dados acadêmicas e periódicos, podem não ser suficientes. Nesse caso, pode ser necessário recorrer à pesquisa de campo para obter as bases necessárias para a formulação de uma *design proposition*.

Assim, recomenda-se fortemente a utilização complementar de *grey literature*, bem como de pesquisas empíricas realizadas junto a organizações e consultas a especialistas como fonte de busca de estudos primários que não tenham ainda sido publicados. A consulta a essas fontes, conforme já mencionado, são também uma forma de minimizar o viés de publicação, ou seja, permite identificar estudos cujos resultados não tenham sido positivos, o que também é de grande interesse.

Os critérios de inclusão devem ser definidos com base na questão de revisão e nas características desejadas em um estudo para embasar a formulação de uma *design proposition*. Assim, devem ser selecionados os estudos que abordem o problema ou classe de problemas de interesse, cuja proposição de artefatos tenha sido fundamentada em teoria e os artefatos tenham sido testados no campo e produzido os resultados esperados. Ainda de acordo com a questão de revisão, podem ser incluídos todos os estudos primários que atendam a esses requisitos ou somente aqueles cujo contexto esteja alinhado às heurísticas de construção ou contingenciais selecionadas pelo pesquisador. Estudos primários cujos artefatos não tenham sido testados ou aqueles cujos resultados tenham sido negativos também podem ser incluídos na revisão, mas, no processo de síntese, devem receber um tratamento diferenciado, permitindo o correto entendimento de suas contribuições.

A revisão sistemática proposta apresenta tanto características agregativas como configurativas. No primeiro caso, considera-se que é importante entender que artefatos foram utilizados com sucesso mais vezes para a solução de um problema, mas sem a necessidade de um tratamento estatístico. Já o caráter configurativo está relacionado à exploração do contexto em que cada estudo primário foi realizado, permitindo entender sob que condições um artefato tem maior possibilidade de gerar os resultados esperados. Sendo assim, quanto à extensão da busca, sugerimos adotar a estratégia de saturação, ou seja, localizar os estudos primários suficientes para uma coerente resposta à questão de revisão (Brunton; Stansfield; Thomas, 2012).

Ainda em relação ao fato de a revisão apresentar tanto características configurativas quanto agregativas, a categorização mista deve ser a opção adotada, isto é, alguns códigos relacionados aos artefatos, problemas e heurísticas de interesse devem ser gerados *a priori*, mas deve haver espaço para que novos códigos emerjam durante a busca e elegibilidade dos estudos primários.

Sobre a síntese dos resultados

Logicamente, não há uma única técnica de síntese passível de ser adotada nesse tipo de revisão, mas, por suas características, a mais adequada é a triangulação ecológica, que, no presente caso, pode ser adaptada para "que tipo de artefato provoca que resultado para que tipo de problema sob que heurísticas".

O processo de síntese pode iniciar-se com uma tabulação dos estudos primários selecionados, de forma a constituir um mapa dos resultados obtidos. Apresentamos uma proposta de organização dos dados no Tabela 6.8.

O tipo de organização apresentado na Tabela 6.8 já permitiria identificar alguns padrões, como, por exemplo: o artefato X1 é adequado como solução do problema Y2 somente em alguns contextos, uma vez que, no estudo 2, ele apresentou resultados positivos, porém, no mesmo estudo, com diferentes heurísticas, não repetiu a performance. Já o artefato X2 mostrou-se mais robusto como solução para o problema Y1, uma vez que os estudos 4 e 5 apresentaram resultados positivos em diferentes contextos.

Ao final do processo de síntese, o que se deseja é responder à questão de revisão original, ou seja, qual artefato X já foi utilizado para solucionar o problema Y ou a classe de problemas Z e em que contexto? Ou: para que problema Y ou classe de problemas Z e em que contexto o artefato X já foi utilizado com sucesso? Uma possibilidade para a organização das informações é a construção de uma matriz, conforme apresentamos na Tabela 6.9.

TABELA 6.8
Proposta de organização dos dados para síntese

Estudo primário	Problema	Artefato	Heurísticas de construção	Heurísticas contingenciais	Resultado	Observações
1	Y1	X3	H1	H5	Negativo	
2	Y2	X1	H4	H7	Positivo	
3	Y1	X2	H2	H5	Positivo	
4	Y3	X1	H4	H7	Positivo	
5	Y1	X2	H3	H6	Positivo	
6	Y2	X1	H3	H8	Negativo	

TABELA 6.9
Matriz de síntese

Classe de Problema	Problemas	Artefato	Heurísticas de Construção	Heurísticas Contingenciais	Resultado	Observação	Referência
Z1	Y1	X2	H2	H5	Positivo		EP3
		X2	H3	H6	Positivo		EP5
		X3	H1	H5	Negativo		EP1
	Y2	X1	H4	H7	Positivo		EP2
		X1	H3	H8	Negativo		EP6
	Y3	X1	H4	H7	Positivo		EP4

Por questões didáticas, os exemplos citados apresentam resultados referentes a poucos estudos primários. Na prática, o que se espera é que cada linha da Tabela 6.9 seja a síntese dos resultados de vários estudos primários. Da mesma forma, é possível que os problemas localizados nos estudos primários sejam agregados em diferentes classes de problema.

TERMOS-CHAVE

revisões sistemáticas da literatura, sistemática, viés, práticas baseadas em evidências, benefícios da revisão sistemática, decisão baseada em evidências, *stakeholders*, revisões agregativas, revisão configurativa, bases de dados eletrônicas, *grey literature*, técnica da "bola de neve", busca manual, procedimentos *backward* e *forward*, estratégia exaustiva, estratégia de saturação, viés de reporte de resultado, viés de publicação, viés de disseminação, *screening*, nível de leitura analítico, revisões sistemáticas qualitativas, revisões quantitativas, meta-análise.

PENSE CONOSCO

1. Busque trabalhos de conclusão, dissertações e teses e tente preencher o protocolo que foi proposto. Você se surpreenderá com os resultados!
2. Escolha um tema ou problema sobre o qual você tenha curiosidade e realize uma revisão sistemática utilizando os procedimentos que estamos propondo.
3. Experimente buscar 4 ou 5 textos e realizar uma análise individual deles e uma análise comparativa entre eles. Você perceberá a dificuldade de construir a síntese dos pontos principais.
4. Sugerimos que você assista: https://www.youtube.com/watch?v=fmgB_hkNcog&list=PLgXXv1Y63BsxZJHxyp04mgJiESisEaBz4
5. Baixe o gerenciador de referências gratuito Mendeley (http://www.mendeley.com/) e assista (https://www.youtube.com/watch?v=1hNmznAAX8Q&list=PLgXXv1Y63BsxZJHxyp04mgJiESisEaBz4&index=2). Em seguida, escreva o que você desenvolveu no item 3 utilizando o Mendeley para fazer as suas referências.
6. Em função da velocidade de geração de conhecimento, você acredita que as revisões sistemáticas são mais ou menos necessárias hoje?

REFERÊNCIAS

ABRAMI, P. C. et al. Issues in conducting and disseminating brief reviews of evidence. *Evidence & Policy: a journal of research, debate and practice*, v. 6, n. 3, p. 371-389, 2010.

ADLER, M. J.; VAN DOREN, C. *How to read a book*. New York: Simon and Schuster, 1972.

BARNETT-PAGE, E.; THOMAS, J. Methods for the synthesis of qualitative research: a critical review. *BMC Medical Research Methodology*, v. 9, n. 59, p. 1-11, 2009.

BEVERLEY, C. A; BOOTH, A.; BATH, P. A. The role of the information specialist in the systematic review process: a health information case study. *Health Information and Libraries Journal*, v. 20, n. 2, p. 65-74, 2003.

BRUNTON, G. et al. *A synthesis of research addressing children's, young people's and parent's views of walking and cycling for transport*. London: [s.n.], 2006.

BRUNTON, G.; STANSFIELD, C.; THOMAS, J. Finding relevant studies. In: GOUGH, D.; OLIVER, S.; THOMAS, J. (Ed.). *An introduction to systematic reviews*. London: Sage, 2012. p. 107-134.

BRUNTON, G.; THOMAS, J. Information management in reviews. In: GOUGH, D.; OLIVER, S.; THOMAS, J. (Ed.). *An introduction to systematic reviews*. London: Sage, 2012. p. 83-106.

COOPER, H. M.; HEDGES, L. V. *The handbook of research synthesis and meta-analysis*. London: Sage, 1994.

COOPER, H. M.; HEDGES, L. V.; VALENTINE, J. C. *The handbook of research synthesis and meta-analysis*. London: Sage, 2009.

COREN, E. et al. *Parent-training support for intellectually disabled parents*. Canterbury: Coren, 2010. Disponível em: <http://campbellcollaboration.org/lib/project/172/>. Acesso em: 23 fev. 2014.

EVIDENCE FOR POLICY AND PRACTICE INFORMATION AND CO-ORDINATING CENTRE. [Site]. London: EPPI Centre, 2013. Disponível em: <http://eppi.ioe.ac.uk/>. Acesso em: 06 set. 2014.

GOUGH, D.; OLIVER, S.; THOMAS, J. *An introduction to systematic reviews*. London: Sage, 2012.

GOUGH, D.; THOMAS, J. Commonality and diversity in reviews. In: GOUGH, D.; OLIVER, S.; THOMAS, J. (Ed.). *An introduction to systematic reviews*. London: Sage, 2012. p. 35-65.

HAMMERSTRØM, K.; WADE, A.; JORGENSEN, A.-M. K. *Searching for studies*: a guide to information retrieval for Campbell systematic reviews. Oslo: The Campbell Collaboration, 2010.

HARDEN, A. et al. Teenage pregnancy and social disadvantage: systematic review integrating controlled trials and qualitative studies. *BMJ,* v. 339, n .424, p. 1-11, 2009.

HARDEN, A.; GOUGH, D. Quality and relevance appraisal. In: GOUGH, D.; OLIVER, S.; THOMAS, J. *An introduction to systematic reviews.* London: Sage, 2012. p. 153-178.

HARRIS, M. R. The librarian's roles in the systematic review process: a case study. *Journal of the Medical Library Association:* JMLA, v. 93, n. 1, p. 81-87, 2005.

KEOWN, K.; VAN EERD, D.; IRVIN, E. Stakeholder engagement opportunities in systematic reviews: knowledge transfer for policy and practice. *Foundations of Continuing Education,* v. 28, n. 2, p. 67-72, 2008.

KHAN, K. S. et al. Five steps to conducting a systematic review. *Journal of the Royal Society of Medicine,* v. 96, n. 3, p. 118-121, 2003.

KITCHENHAM, B. et al. Systematic literature reviews in software engineering – A tertiary study. *Information and Software Technology,* v. 52, n. 8, p. 792-805, 2010.

LAVIS, J. N. How can we support the use of systematic reviews in policymaking? *PLoS medicine,* v. 6, n. 11, p. e. 1000141, 2009.

LIGHT, R. J.; PILLEMER, D. B. *Summing up*: the science of reviewing research. Cambridge: Harvard University, 1984.

LITTEL, J. H.; CORCORAN, J.; PILLA, V. *Systematic reviews and meta-analysis.* New York: Oxford University Press, 2008.

OLIVER, S.; DICKSON, K.; NEWMAN, M. Getting started with a review. In: GOUGH, D.; OLIVER, S.; THOMAS, J. (Ed.). *An introduction to systematic reviews.* London: Sage, 2012. p. 66-82.

OLIVER, S.; SUTCLIFFE, K. Describing and analysing studies. In: GOUGH, D.; OLIVER, S.; THOMAS, J. (Ed.). *An introduction to systematic reviews.* London: Sage, 2012. p. 135-152.

REES, R.; OLIVER, S. Stakeholder perspectives and participation in systematic reviews. In: GOUGH, D.; OLIVER, S.; THOMAS, J. (Ed.). *An introduction to systematic reviews.* London: Sage, 2012. p. 17-35.

SANDELOWSKI, M. et al. Mapping the mixed methods – mixed research synthesis terrain. *Journal of Mixed Methods Research,* v. 6, n. 4, p. 317-331, 2011.

SAUNDERS, M.; LEWIS, P.; THORNHILL, A. *Research methods for business students.* 6. ed. London: Pearson Education, 2012.

SCHILLER, C. et al. A framework for stakeholder identification in concept mapping and health research: a novel process and its application to older adult mobility and the built environment. *BMC Public Health,* v. 13, p. 1-9, 2013.

SEURING, S.; GOLD, S. Conducting content-analysis based literature reviews in supply chain management. *Supply Chain Management:* an international journal, v. 17, n. 5, p. 544-555, 2012.

SINHA, M. K.; MONTORI, V. M. Reporting bias and other biases affecting systematic reviews and meta-analyses: a methodological commentary. *Expert Review of Pharmacoeconomics and Outcomes Research,* v. 6, n. 5, p. 603-611, 2006.

SMITH, V. et al. Methodology in conducting a systematic review of systematic reviews of healthcare interventions. *BMC Medical Research Methodology,* v. 11, n. 1, p. 15, 2011.

THOMAS, J.; HARDEN, A.; NEWMAN, M. Synthesis: combining results systematically and appropriately. In: GOUGH, D.; OLIVER, S.; THOMAS, J. (Ed.). *An introduction to systematic reviews.* London: Sage, 2012. p. 179-226.

VAN AKEN, J. E. *The research design for design science research in management.* Eindhoven: [s.n.], 2011.

VAN AKEN, J. E.; ROMME, G. Reinventing the future: adding design science to the repertoire of organization and management studies. *Organization Management Journal,* v. 6, n. 1, p. 5-12, 2009.

LEITURAS RECOMENDADAS

ALTURKI, A.; GABLE, G. G.; BANDARA, W. A design science research roadmap. desrist. In: INTERNATIONAL CONFERENCE ON DESIGN SCIENCE RESEARCH IN INFORMATION SYSTEMS AND TECHNOLOGY, 6., 2011, Milwakee.

Proceedings... Milwaukee: Springer, 2011.

BAYAZIT, N. Investigating design : a review of forty years of design research. *Massachusetts Institute of Technology:* design issues, v. 20, n. 1, p. 16-29, 2004.

DIXON-WOODS, M. et al. How can systematic reviews incorporate qualitative research? A critical perspective. *Qualitative Research,* v. 6, n. 1, p. 27-44, 2006.

GREGOR, S.; JONES, D. The anatomy of a design theory. *Journal of the Association for Information Systems,* v. 8, n. 5, p. 312-335, 2007.

HIGGINS, J. P.; GREEN, S. Cochrane handbook for systematic reviews of intervention. In: HIGGINS, J. P.; GREEN, S. (Ed.). *Cochrane library.* Chichester: John Wiley e Sons, 2006.

KITCHENHAM, B. What's up with software metrics? – A preliminary mapping study. *Journal of Systems and Software,* v. 83, n. 1, p. 37-51, 2010.

LUNDH, A.; GØTZSCHE, P. C. Recommendations by Cochrane review groups for assessment of the risk of bias in studies. *BMC medical research methodology,* v. 8, n. 22, p. 1-9, 2008.

MARCH, S. T.; SMITH, G. F. Design and natural science research on information technology. *Decision Support Systems,* v. 15, n. 4, p. 251-266, 1995.

MARCH, S. T.; STOREY, V. C. Design science in the information systems discipline: an introduction to the special issue on design science research. *MIS Quaterly,* v. 32, n. 4, p. 725-730, 2008.

TRANFIELD, D.; DENYER, D.; SMART, P. Towards a methodology for developing evidence-informed management knowledge by means of systematic review. *British Journal of Management,* v. 14, n. 3, p. 207-222, 2003.

WALLS, J. G.; WYIDMEYER, G. R.; SAWY, O. A. E. Building an information system design theory for vigilant EIS. *Information Systems Research,* v. 3, n. 1, p. 36-60, 1992.

7
Perspectivas

Este livro procurou retomar as propostas de Herbert Simon em sua obra fundamental, *The sciences of the artificial*, na qual importantes ideias e conceitos foram lançados. Uma relevante contribuição do livro consiste em convidar-nos a repensar nossas práticas de pesquisa, não no sentido de abandonar o que vem sendo realizado, mas procurando expandir nossa concepção sobre a ciência, seus objetos e objetivos, e a necessidade de desenvolver conhecimentos de natureza prescritiva que se expressem no projeto e na construção de artefatos.

Os trabalhos que compartilham das ideias e conceitos da *design science* vêm se desenvolvendo de maneira fragmentada, tanto no que se refere a áreas de pesquisa (gestão, sistemas de informação, contabilidade, engenharias) quanto em termos de problemáticas associadas à *design science*. Apesar disso, diversos avanços foram realizados, fruto do esforço de importantes pesquisadores ao redor do mundo. Procuramos, ao longo deste livro, consolidar o conjunto de contribuições que foram realizadas, avançar em alguns aspectos e proporcionar uma base para a condução de pesquisas usando o paradigma da *design science* e o método *design science research*.

Nesse sentido, entendemos que os conceitos e métodos aqui apresentados podem ser utilizados em diversas áreas de pesquisa. O essencial para a condução das pesquisas utilizando o paradigma da *design science* é o foco no projeto, na construção e nos conhecimentos gerados a partir dos artefatos. O resultado final, o próprio artefato, é uma contribuição tanto para o conhecimento acadêmico quanto para a prática. Contudo, o processo de construção e o conhecimento gerado durante seu desenvolvimento são fundamentais para os avanços científicos e, principalmente, tecnológicos. Países com baixa capacidade tecnológica necessitam conduzir parte de seus recursos e esforços intelectuais nessa direção. As motivações para isso são eminentes, mas não nos cabe discuti-las neste momento.

Cabe à comunidade de pesquisadores repensar suas práticas de pesquisa, a relevância dos resultados de seus esforços intelectuais e as implicações disso para a sociedade. A lógica do produtivismo acadêmico deve ser relativizada como medida única de avaliação do esforço e dos resultados de pesquisa. É cada vez mais necessário ampliar essa lógica no sentido de perceber as implicações reais e concretas da pesquisa – sua relevância. Essa perspectiva deveria ser difundida em todos os níveis do processo formativo, com destaque para o de fomento, buscando retornar à sociedade a confiança e, principalmente, os recursos investidos.

Dessa forma, o paradigma da *design science* e o método *design science research* se apresentam como um caminho para:

- ✓ Reduzir a distância entre o desenvolvimento teórico e as repercussões práticas.
- ✓ Refletir pragmaticamente os resultados das pesquisas.
- ✓ Aproximar o ambiente acadêmico das organizações, em geral, e das empresas, em particular.
- ✓ Desenvolver conhecimentos sobre o projeto de artefatos e, por consequência, promover o desenvolvimento tecnológico.
- ✓ Desenvolver tanto conhecimentos quanto artefatos que encaminhem melhores soluções aos problemas identificados em um determinado contexto.

Ou seja, precisamos nos preocupar não somente em descrever, analisar, explicar e, eventualmente, predizer, mas também em prescrever, projetar e sintetizar. Talvez este seja o maior desafio da pesquisa em gestão e engenharia: simultaneamente avançar no conhecimento científico e tecnológico. Evoluir equilibradamente nesses aspectos é fundamental para a construção de um corpo de conhecimento necessário para as gerações futuras.

Simon lançou as bases para esse desenvolvimento fornecendo uma síntese nesse sentido. Alguns de seus conceitos são centrais para a compreensão do desenvolvimento científico tecnológico:

- ✓ A distinção entre as ciências da natureza e as ciências do artificial e o reconhecimento de que as ciências do artificial se submetem ao conhecimento das leis das ciências naturais. Contudo, as ciências do artificial se constituem em um corpo de conhecimento (conceitos, métodos, técnicas, ferramentas) em si e não devem ser negligenciadas.
- ✓ A definição de artefato e os componentes necessários a sua compreensão (ambiente externo, ambiente interno e objetivo).
- ✓ A distinção entre a racionalidade substantiva e a racionalidade procedimental (*procedural rationality*).
- ✓ A importância das soluções satisfatórias em relação às soluções ótimas, conceito importante para a justificativa e avaliação dos artefatos.
- ✓ A hierarquia da complexidade, que contribui para a possibilidade de modularizar e interconectar os artefatos.
- ✓ A importância de representar adequadamente o problema a ser equacionado.
- ✓ A natureza heurística das pesquisas.

Com essas bases conceituais, outros conceitos e métodos foram necessários para a utilização da *design science* e da *design science research*, também retratados neste livro. Procuramos apresentar uma taxonomia dos artefatos (constructos, modelos, métodos, instanciações e *design propositions*). Apresentamos ainda, ao longo do livro, as bases históricas e o posicionamento epistemológico da *design science* e da *design science research*. Em temos metodológicos, apresentamos as diversas proposições para a conduções de pesquisas baseadas na *design science*.

Além da formalização, procuramos avançar em alguns pontos, primeiro abordando a organização da pesquisa em *design science* e sua evolução ao longo do tempo. A seguir, procuramos recuperar e organizar, em termos históricos, a evolução do paradigma da *design science* e distingui-lo do método de pesquisa denominado *design science research*. Também nos propusemos a conceituar e operacionalizar a configuração de classes de problemas, que são centrais para a extensão/alcance dos resultados dos artefatos e para a avaliação das soluções entregues pelos artefatos. Propusemos ainda um método para a condução de pesquisas fundamentadas na lógica da *design science research* e nos pressupostos da *design science*. Por fim, apresentamos uma visão dinâmica da pesquisa fundamentada na *design science*, destacando o papel central das heurísticas contingenciais e de construção.

Ainda há muito a ser desenvolvido, mas a boa notícia é que o interesse pela *design science* tem crescido consistentemente. Esperamos firmemente que esse assunto não se torne um modismo, mas uma forma de compreender e desenvolver a pesquisa nos mais diversos campos. Empreendemos o melhor de nossos esforços desde 2009 nesse sentido. Neste momento tomamos a liberdade de sugerir alguns direcionamentos de pesquisa que venham tornar a *design science* e a *design science research* cada vez mais robustos.

Precisamos avançar no sentido de compreender e explicitar o rigor na condução das pesquisas que utilizam o design science research. É necessário compreender melhor o processo de desenvolvimento de pesquisas que articulem pesquisadores de diferentes áreas do conhecimento para a construção de um mesmo artefato (*design action research* seria uma alternativa?). Outro aspecto que precisa de atenção é a ampliação da taxonomia de artefatos que respeitem os princípios propostos por Simon. Também é preciso compreender melhor as instanciações como artefatos.

Faz-se necessário realizar uma análise crítica profunda das pesquisas conduzidas utilizando o *design science research* para verificar os avanços e as práticas equivocadas e refletir a respeito desse método de pesquisa. É preciso ainda avançar, profundamente na definição das classes de problemas e sua importância para determinar a justificativa, avaliação e, principalmente, o alcance/extensão dos artefatos desenvolvidos.

Também devemos compreender melhor e formalizar a utilização de métodos de pesquisa consagrados (por exemplo, o estudo de caso) quando conduzidos sob os conceitos e pressupostos da *design science*. Por fim, precisamos compreender melhor como a gestão baseada em evidências (*evidence-based management*) pode contribuir para o processo de construção de artefatos oriundos da prática (processo indutivo) e sua formalização, entendimento e generalização a partir da *design science*.

Essas são inquietações de pesquisa que nos motivam a olhar para a frente e servem de convite para aqueles que tenham se sensibilizado com o que tratamos neste livro. Reforçamos a necessidade do desenvolvimento de pesquisas relevantes, além de rigorosas. Entendemos que a pesquisa também deve orientar-se para o desenvolvimento de artefatos que melhorem a sociedade em geral e dedicamos o melhor dos nossos esforços nesse sentido.

Ou seja, procurarmos formalizar um percurso epistemológico que permita o avanço do conhecimento científico e tecnológico e a geração de conhecimento sobre o projeto, execução e avaliação dos produtos da ciência do artificial. Um percurso que leve os pesquisadores ao contato direto com os problemas da realidade e suas consequências e, principalmente, direcione sua inteligência na construção de soluções. Desejamos que esse ciclo constante de aprendizagens orientadas para a busca por soluções se constitua em um corpo de conhecimento sólido hoje e no futuro.

Índice

C

Ciência do artificial, *design science*, 49
Classes de problemas e artefatos, 103
  artefatos, 107
    ambiente como matriz, 109
    caracterização, 108
  classe de problemas, 103
    construção de classes, 106
      gestão de competências, 107
      lógica para a construção, 106
        configuração da classe de problemas, 106
        conscientização, 106
        identificação dos artefatos, 106
        revisão sistemática da literatura, 106
    em pesquisa de negócios, 105
  exemplos, 104
  processo de desenvolvimento de artefatos, 109
    camadas do processo, 109
      camadas do artefato em construção, 109
      espaço do *design*, 109
    fases do desenvolvimento de teorias, 115
      incubação da solução, 115
      refinamento da solução, 116
      teoria substantiva ou *Mid-range theories*, 116
      teorias formais, 116
    síntese, 116
    tipos de artefatos, 110
      constructos, 112
        números, 112
      design propositions, 113
        exemplo, 114
          elevar a restrição, 114
          explorar a restrição, 114
          identificar a restrição, 114
          não deixar a inércia tomar conta do sistema, 114
          subordinar os demais recursos à restrição, 114
        processo de focalização, 115
      instanciações, 113
      métodos, 112
      modelos, 112
    produtos da *design science research*, 111
    trajetória para o desenvolvimento da pesquisa, 116
      classes de problemas, artefatos e a trajetória da pesquisa, 117
      heurísticas contingenciais, 117
      heurísticas de construção, 117

D

Design science, a ciência do artificial, 49
  conceitos fundamentais, 57
    fontes que podem suscitar uma nova ideia, 58
      invenção de novas tecnologias, 58
      organização de conceitos sobre um certo problema, 58
      organização de ideias sobre um certo problema, 58
      organização de soluções e tecnologias existentes, 58
      visualização de novas aplicações para tecnologias existentes, 58
      visualização de possíveis soluções para um problema, 58
    síntese dos principais conceitos, 59
  críticas às ciências tradicionais, 49, 51
  design science vs. ciências tradicionais, 59
    distinção entre pesquisa orientada à descrição e aquela orientada à prescrição, 60
    função de cada um dos métodos científicos, 63
      método abdutivo, 63
      método dedutivo, 63
      método indutivo, 63
    pêndulo para construção do conhecimento fundamentado no *design science*, 62
    estratégia para condução de pesquisas científicas, 62
    principais diferenças, 60
  estrutura, 56
  principais autores que contribuíram para a *design science*, 53, 55
    relação entre os principais autores, 56
  surgimento e evolução da *design science*, 51

Design science research, 67
    características e fundamentos para sua condução, 67
        artefatos e base do conhecimento, 69
        importância e bom desenvolvimento do método, 69
        sete critérios fundamentais, 69
    critérios para condução da pesquisa, 70
        avaliação do *design*, 70
        comunicação da pesquisa, 70
        contribuições da pesquisa, 70
        design como artefato, 70
        design como um processo de pesquisa, 70
        relevância do problema, 70
        rigor da pesquisa, 70
    escolha do método de pesquisa, 93
        características dos métodos de pesquisa, 94
        comparações entre os três métodos de pesquisa, 93
        elementos a serem considerados, 93
        objetivo determina o melhor método, 95
    métodos formalizados para operacionalizar a *design science*, 72
        histórico dos métodos, 72
        principais autores, 72
            Ahmad Alturki, Guy Gable e Wasana Bandara (2011), 89
                design science research cycle, 89
            Hideaki Takeda et al. (1990), 73
                design cycle, 74
            Jay F. Nunamaker, Minder Chen e Titus Purdin (1991), 76
                processo para a pesquisa em desenvolvimento de sistemas, 77
            Joan Ernst van Aken, Hans Berends e Hans van der Bij (2012), 80
                ciclo para resolução de problemas, 80
            Johan Eekels e Norberto Roozengurg (1991), 74
                design cycle, 75
            Joseph Walls, George Wyidmeyer e Omar El Sawy (1992), 77
                components para a construção de teorias na área de sistemas da informação, 78
            Ken Peffers et al. (2007), 84
                métodos de pesquisa, 84
            Mário Bunge (1980), 72
                passos para condução da pesquisa tecnológica, 73
            Neil Manson (2006), 83
                saídas da *design science reseach*, 83
            Richard Baskervile, Jan Pries-Heje e John Venable (2009), 87
                método, 88
            Robert Cole et al. (2005), 81
                design reflexivo, 82
            Shirley Gregor e David Jones (2007), 85
                método proposto, 86
            Vijay Vaishnavi e Bill Kuechler (2004), 79
                design cycle, 79
    semelhanças entre os métodos, 91
        principais elementos que compõem a *design science research*, 92
    relevância e rigor, 68
        ambiente (área do problema), 68
        avaliação no ambiente adequado, 68
        contribuições para a base de conhecimento, 68
        desenvolver/construir, 68
        fundamentos, 68
        justificar/avaliar (formas), 68
        metodologias, 68
        organizações, 68
        pessoas, 68
        tecnologia, 68
    síntese dos conceitos e fundamentos, 71
        paradigmas epistemológicos, 71
        produtos da *design science research*, 71
    validade das pesquisas, 96
        avaliação analítica, 97
        avaliação de artefatos, 96
            métodos e técnicas, 97
        avaliação descritiva, 98
        avaliação experimental, 97
        avaliação observacional, 96
        considerações sobre a escolha do método de avaliação, 100
        grupos focais: outra abordagem de avaliação, 98
            tipos em *design science research*, 99
        teste, 98

I

Introdução, 1
    importância de utilizar o método de pesquisa correto, 4
    problema da aplicação da pesquisa em gestão, 1
    categorias e subcategorias dos artigos analisados, 8
    categorias e subcategorias para análise de artigos, 7
    classificação em termos de rigor e relevância, 2

número de artigos encontrados no
   horizonte temporal definido, 9
relevância deste livro, 5

P

Proposta para a condução de pesquisas, 123
   utilizando *design science research*, 123
      contextualização para a proposição do
         método, 124
      etapas propostas para a condução de
         pesquisa, 124
         aplicação das heurísticas, 133
         avaliação do artefato, 132
         conscientização do problema, 126
            estrutura sistêmica, 126
            teoria das restrições, 127
         desenvolvimento do artefato, 131
         explicitação das aprendizagens e
            conclusão, 132
         generalização para uma classe de
            problemas e comunicação dos
               resultados, 133
         identificação do problema, 126
         identificação dos artefatos e configuração
            das classes de problemas, 128
         método proposto, 125
            abordagem científica, 125
               abdutivo, 125
               dedutivo, 125
               indutivo, 125
            etapas da *design science research*, 125
         projeto de artefato, 131
         proposição de artefatos para resolução de
            problemas, 129
         revisão sistemática da literatura, 128,
            129
      outros parâmetros para assegurar o rigor
         da pesquisa, 138
         avaliação do artefato, 138
         generalização das soluções, 138
         problema da pesquisa, 138
         produto da pesquisa, 138
         rigor na condução do método, 138
      protocolo de pesquisa, 133
         contribuições das heurísticas de
construção e contingenciais, 135
         etapas da *design science research*, 134
         modelo de protocolo, 136
         saídas, 134

R

Revisão sistemática de literatura, 141
   etapas para a condução das revisões, 143

avaliação da qualidade, 157
   exemplo de consolidação das avaliações,
      158
   exemplos de critérios para avaliação, 158
   pré-avaliação, 157
   pós-avaliação, 157
busca, elegibilidade e codificação, 154
   processo de busca, 154
   protocolos, 155
   tipos e codificação, 156
definição do tema central e do *framework*
   conceitual, 146
   revisão agregativa *vs.* revisão
      configurativa, 146, 147
escolha da equipe de trabalho, 148
estratégia de busca, 148, 149
   extensão da busca, 152
   fontes de busca, 149
   principais bases de dados para pesquisa
      na área de gestão, 150
   proposta de protocolo, 154
   seleção: inclusão e exclusão, 151
   termos de busca, 149
   termos de busca, operadores booleanos
      e de proximidade, 153
   viés, 152
lacunas a serem preenchidas, 143
método integrados, 146
participação dos *stakeholders*, 145
   método para revisão, 162
passos do método, 143
síntese dos resultados, 159
   estratégias de síntese para revisões
      qualitativas, 160
      framework síntese, 162
      metaestudo, 161
      metaetnografia, 162
      metanarrativa, 161
      síntese crítica interpretativa, 162
      síntese temática, 162
      síntese textual narrativa, 162
      teoria fundamentada, 162
      triangulação ecológica, 162
   estratégias de síntese para revisões
      quantitativas, 163
      exemplo de resultado de meta-análise,
         166
      técnicas de síntese, 164
   etapas do processo de síntese, 159
   exemplos de questões para verificação
      da robustez da revisão, 161
   processo de síntese, 160
fundamentos, 142
   benefícios, 143

trajetória, 142
RSL E DSR: uma conexão possível e necessária, 166
   método da RSL adaptado para a DSR, 166
   método para revisão sistemática, 167
   sobre a estratégia de busca, 167
   sobre a questão de revisão, 168
   sobre a síntese dos resultados, 168
     matriz de síntese, 169
     proposta de organização dos dados, 169

S

Sobrevoo pela pesquisa, 13
   ciência e produção do conhecimento, 13
     ciências naturais, ciências sociais e *design science*, 15
   contextualização da evolução científica, 38
     anarquismo epistemológico, 41
     nova produção do conhecimento, 42
     origens da produção do conhecimento, 38
       dedução, 38
       indução, 38
     paradigmas de pesquisa, 41
       avanço da ciência segundo Thomas Kuhn, 41
         ciência normal, 41
         crise-revolução, 41
         nova ciência normal, 41
         nova crise, 41
         pré-ciência, 41
     programas de pesquisa, 40
       heurística negativa, 40
       heurística positiva, 40
   estrutura para condução da pesquisa científica, 15
     estratégias, 16
     métodos científicos, 17
       dedutivo, 17, 19, 20
       indutivo, 17, 18, 19
         descoberta de relações entre os fenômenos, 18
         generalização das descobertas, 18
         observação dos fenômenos de interesse, 18
       hipotético-dedutivo, 17, 20, 21
         conhecimentos prévios, 21
         explicação de proposições ou hipótees, 21
         identificação de um problema ou lacuna, 21
         testes de falseamento, 21
     métodos de pesquisa, 22
       abordagens *hard vs. soft*, 29

       construção de teoria por meio de simulação, 29
       estudo de caso, 23
         analisar dados, 24
         coletar dados, 24
         conduzir o teste piloto, 24
         definir a estrutura conceitual, 24
         gerar relatório, 24
         planejar o(s) caso(s), 24
       modelagem, 23, 26
       pesquisa-ação, 23, 25
         contexto e propósito, 25
         monitoramento, 25
           analisar dados, 25
           avaliar resultado, 25
           coletar dados, 25
           feedback dos dados, 25
           implantar ações, 25
           planejar a ação, 25
       survey, 23, 26
         atividades da *survey* para teste de teoria, 28
         analisar dados, 28
         coletar dados para teste da teoria, 28
         conduzir o teste piloto, 28
         definir relação com a teoria, 28
         elaborar o projeto da *survey*, 28
         gerar relatório, 28
         características de cada tipo, 27
   método de trabalho, 30
     análise e revisão do referencial teórico, 31
     categorizar e identificar fatores de ação estratégica, 31
     conclusão e análises, 31
     configuração de fontes de evidências, 31
     construção e análise da matriz de realização das intenções estratégicas, 31
     construir matriz de análise documental, 31
     construir matriz de entrevista, 31
     entrevistas para validação documental preliminar, 31
     gestão da universidade/estratégia, 31
     inventário de orçamento por período, 31
     levantamento das percepções realizadas das intenções estratégicas, 31
     realizar entrevistas para compreender ações estratégicas, 31
     revisão documental, 31
     seleção e definição dos períodos e das unidades de análise, 31

selecionar intenções para posterior análise, 31
técnicas de análise dos dados, 35
   diretrizes para adequada aplicação da análise multivariada, 37
     buscar modelos parcimoniosos, 37
     conhecer os dados, 37
     estabelecer significância prática e estatística, 37
     examinar seus erros, 37
     reconhecer a influência do tamanho da amostra, 37
     validar resultados, 37
   etapas da análise do conteúdo, 36
     exploração do material, 36
     pré-análise, 36
     tratamento e interpretação dos resultados obtidos, 36
   etapas para a análise do discurso, 36
     análise da construção das frases, 36
     análise das palavras do texto, 36
     considerações acerca da produção social do texto, 36
     construção de uma rede semântica, 36
técnicas de coleta de dados, 33
técnicas de coleta e análise de dados, 32
   análise dos dados, 32, 33
     análise de conteúdo, 32
     análise do discurso, 32
     bibliográfica, 32
     documental, 32
     entrevista, 32
     estatística multivariada, 32
     grupo focal, 32
     observação direta, 32
     questionários, 32
objetivos de aprendizagem, 13